KB028836

전국 맛집 가이드북

전문 여행작가의 베스트 맛집 300곳

(사)한국여행작가협회 지음

상상출판

일러두기

1. 이 책은 한국여행작가협회 소속 작가들의 현지 취재 결과를 기준으로 선정한 테마형 맛집 가이드북입니다.
   원하는 지역과 테마를 골라 맛있는 여행을 시작해 보세요.

2. 이 책에 실린 모든 정보는 2024년 5월까지 취재한 내용을 바탕으로 합니다.
   자세한 정보는 여행 시점에 따라 달라질 수 있습니다.

3. 시기에 따라 운영 시간이나 메뉴에 변동이 있을 수 있습니다.
   방문 전 전화나 홈페이지, 네이버 소식, 인스타그램 등을 참고하시길 바랍니다.

4. 본문의 내용은 최대한 한글 맞춤법 원칙과 외래어 표기법을 기준으로 하였으나,
   업소의 이름과 몇몇 메뉴의 경우 독자들에게 친숙한 명칭 혹은 간판명을 따랐습니다.

실패 없는
대한민국
식도락 여행
바이블

CONTENTS

 Part 1 유일한 맛 **시그니처** 메뉴

Part 2 푸짐한 맛 **식사** 메뉴

Part 3 향긋한 맛 **카페** 메뉴

Part 4 즐거운 맛 **실비** 메뉴

MUST-EAT

올리베떼

파스타의 퀄리티는 높고 가격은 저렴하다. 맛은 물론 분위기도 좋아 MZ 세대부터 중장년층까지 모두 만족할 수 있는 곳이다. 파스타에 샐러드와 음료가 포함된 세트 메뉴는 더욱 가성비 좋다.

(고상환, p.37)

남부정육점 본점

신선한 육회 맛에 한 번, 착한 가격에 두 번 놀라는 곳이다. 심지어 스스로의 이문을 줄이면서 오랜 단골과 의리를 지켜나가는 고집 세고 품격 있는 경기 남부 최고의 고깃집이다.

(고상환, p.38)

완벽한인생

양조장에서 갓 뽑아낸 수제 맥주, 남해산 특산물을 주재료로 만든 석탄치킨, 모던한 느낌의 외관, 고급스러운 분위기의 내부. 완벽한인생에 앉아 있으면 오감이 즐거운 덕분에 쭉 머물고 싶다.

(박지원, p.108)

진로집

1969년에 문을 열었으며, 대전 맛집 하면 항상 손에 꼽는 곳이다. 숭덩숭덩 으깬 연두부로 요리한 매콤한 두부두루치기가 대표 메뉴. 어른이라면 술 한 잔 곁들이지 않고는 못 배길 맛이다. (박지원, p.68)

진복호

진복호는 선주가 직접 조업해서 잡은 물고기를 손님에게 제공하는 횟집이다. 각종 TV 프로그램에 10여 회 이상 맛집으로 소개되었을 정도로 유명세를 탔다. 회전율이 빨라 회가 매우 싱싱하다.

(박동식, p.25)

010

메밀꽃향기

메밀과 이효석의 고장 봉평. 그중에서도 메밀꽃향기의 메밀막국수는 시간이 지날수록 오래 기억되는 구수한 여운이 있다. 국산 타타리메밀로 쑤는 특별한 메밀묵도 꼭 맛봐야 한다. (고상환, p.58)

오동여식당

추자도에서 가장 맛 좋은 삼치회를 내는 집이다. 큼지막한 삼치회 한 점을 양념장에 푹 담가서 알싸한 갓김치에 싸 먹는 맛은 길게 말할 필요도 없다. 삼치를 찾아 일부로 추자도에 와도 좋다.
(고상환, p.127)

나영집밥

소박하고 투박한 엄마의 냉면. 그러나 한번 빠지면 헤어나오기 어려운 강한 중독성이 있다. 혹시 우리 몸 속 깊이 각인된 엄마에 대한 향수가 아닐까? 냉면을 먹으며 집밥이 떠오르는 신기한 곳.
(고상환, p.154)

수양식당

담백하고 차진 숭어회에 게장과 생선구이까지 맛깔난 반찬만 10가지. 그 안에 고성 바다가 모두 담겼다. 사람 좋은 노부부가 정성껏 차리는 밥상은 보기만 해도 마음까지 든든하다. (고상환, p.211)

동흥관

식당 앞을 북적이게 만들던 모든 기업이 떠나갔어도 여전히 승승장구하며 '백년가게'로 지정된 동흥관. 시흥동 사람들이 어릴 적 추억 하나씩은 묻어둔 이곳은 모든 메뉴가 본토의 맛에 충실하다.
(이승태, p.131)

동부식육식당

1938년 무안 장터에서부터 4대째 가업을 이어온 밀양돼지국밥의 원조 식당이다. 소뼈로 진하게 우려낸 육수에 부드러운 수육과 깍두기까지, 서민의 애환을 달래주는 든든한 한 끼다. (길지혜, p.213)

쌍쌍식육식당

정부로부터 백년가게로 지정된 가조면사무소 앞 쌍쌍식육식당은 지역민들에게도, 가조온천을 들른 후 찾는 관광객들에게도 인정받고 있다. 대물림받은 아들이 직접 고기를 다루며 전통을 잇고 있다. (김수남, p.212)

광천원조어죽

잡어 따위는 넣지 않고 늙은 호박을 먹인 자연산 미꾸라지로만 요리한 추어죽이 별미. EBS 시사교양 프로그램 <한국기행> 출연, 중소벤처기업부 인증 백년가게 등 거느린 수식어도 많다. (박지원, p.183)

회포차 THE30

규모는 작지만 매우 알찬 횟집이다. '쓰키다시'를 제공하지 않는 대신에 가격이 합리적이다. 이 때문에 젊은 여행자들이 많이 찾는 곳이다. 단품보다 세트 메뉴를 주문하는 것이 좋다. (박동식, p.335)

술상대첩

세트 주문 시 주류가 무제한으로 제공된다. 단, 2인 이상 주문이 가능하다. 2인의 경우 4가지 안주를 고를 수 있다. 시간은 2시간으로 제한되어 있지만 아무리 적게 마셔도 본전은 뽑는 집이다. (박동식, p.327)

닌나난나

닌나난나는 인테리어는 물론이고 메뉴까지 예쁜 카페다. 카페의 넓은 창밖으로는 들녘이 보인다. 일명 '논 뷰'다. 시그니처 메뉴는 곰도리크로플. 크로플 위에서 잠자는 곰돌이가 매우 사랑스럽다.

(박동식, p.271)

발리다

발리다는 발리보다 더 발리 같은 곳이다. 카페 어디에서 사진을 찍어도 이국적인 모습을 담을 수 있다. 시그니처 메뉴인 '핑크온더비치'와 '오렌지선라이즈'까지 더하면 그야말로 열대의 바다다.

(박동식, p.256)

뻘다방

뻘다방의 규모는 매우 크다. 마치 바닷가 일부를 통째로 사용하는 느낌이다. 덕분에 동남아는 물론이고 쿠바나 남미, 아프리카 감성까지 품고 있다. 차 한 잔을 마시며 이국적 풍경에 빠져보자.

(박동식, p.243)

미안커피

남원 김병종 미술관 옆집이다. 말쑥한 외관은 까무룩 할 정도로 온도 차가 느껴지는 카페다. 오종종한 소품과 옹호하고 싶은 위트로 꾸몄다. 꼭 먹어야 할 대표 커피는 서리태크림을 올린 라떼다.

(송윤경, p.288)

적당

을지로 빌딩 사이, 작은 대숲에 둘러싸인 미니멀 정원이 숨어 있다. 옛스러우면서 힙하고 빌딩 안인데도 전통 정원에 온 듯하다. 나무 찻상에 내온 양갱과 모나카, 적당의 시그니처 메뉴는 팥양갱이다.

(황정희, p.236)

Part 1

유 일 한   맛
시그니쳐 메뉴

까폼

한국에서 즐기는
태국의 맛

강남은 볼거리 맛집이 밀집된 곳이다.
압구정 로데오거리, 신사동 가로수길, 논현동 먹자골목 등
카페와 더불어 다양한 테마의 식당이 많다.
그중 까폼은 블랙핑크 리사와 갓세븐 뱀뱀이 자주 찾는
태국 음식 전문 식당이다. 리사와 뱀뱀이 온라인 팬 미팅과
인터뷰 등에서 언급하여 널리 알려지게 되었다.
　_ 신지영

까폼으로 내려가는
지하 중간 계단에 대기자를
등록하는 키오스크가 있다.
연락처를 남기면 카톡으로
안내 문구가 전송되는데,
차례가 되었을 때 한 명이라도 인원이
빠졌거나 늦으면 예약이 취소된다.
대기 두 팀이 남았을 때만
카톡 알림이 오기 때문에 수시로
확인해야 한다.

까폼은 압구정 로데오거리 지하 1층의 작은 식당으로,
태국 현지의 맛을 잘 살린 곳이다. 식당은 태국 야시장
같은 분위기고, 메뉴판도 태국어로 되어 있어 그림을
보고 주문하면 된다. 대표 메뉴인 랭쎕은 돼지등뼈찜이
다. 한정 수량이라 미리 예약해야 한다. 랭쎕은 고수만
없다면 한식 같은 비주얼이다. 다진 마늘과 청양고추가
가득, 한국인이라면 좋아할 수밖에 없는 맛이다. 고기
를 오래 삶아 돼지고기 잡내도 없다. 매콤하고 새콤하
여 계속해서 먹게 된다. 카오카무는 흥건한 국물을 족
발과 밥에 뿌려 먹으면 된다. 향이 조금 강하지만 실제
먹어보면 생각보다 심하지 않다. 현지 음료도 판매한다.
저녁 시간에는 간단한 맥주와 곁들여 먹어도 좋으니,
일상에서 이국의 자유를 잠시 누려보는 건 어떨까.

🏠 서울 강남구 선릉로153길 18 지하 1층 📞 02 6081 7318 🕐 월~금 11:30~22:00, 토·일 11:30~23:00(월~토 발렛 가능)
🍽 태국소고기쌀국수 12,000원, 뿌님팟퐁커리 28,000원, 카오카무/텃만꿍/쏨땀/팟타이/팟씨유 13,000원,
뜸얌꿍 20,000원, 카무 24,000원 📷 @krap_pom

002

달마시안

유럽스러운 분위기와 함께
브런치를 즐기다

압구정역에서 로데오거리에 이르는 거리는
80~90년대 젊은이들이 자유를 마음껏 발산하던 성지로
1988년 맥도날드 1호점이 들어오는 등 유행의
선두를 달렸다. 이곳에서 담벼락부터 심상치 않은
한 카페를 만났다. 문을 넘자마자 유럽풍의 분수와
야외 테이블, 조화롭게 꾸며진 정원이 우리를 반겨준다.

_ 윤민

브런치를 즐기고 나서 많은 사람들은
이곳의 시그니처인 분수대에서
저마다 사진을 찍는다.
특히 받침대의 물가에는 형형색색의
꽃들이 떠 있는데 저마다 SNS의
인증사진을 남기기 위해 여념이 없다.
조금 더 산책을 즐기고 싶은 분들은
아래로 조금만 내려가면 안창호 선생의
기념관과 묘소가 있는 도산공원이
자리한다.

'달마시안'은 이름에 걸맞게 곳곳에 달마시안 강아지
가 그려져 있다. 이국적인 정원을 바라볼 수 있는 야외
테이블의 인기가 좀 더 높지만 일반 가정집을 독특한 인
테리어로 꾸민 실내 좌석도 색다른 분위기가 감돈다. 식
물원을 연상시킬 정도로 화초들이 많고, 와인 병을 활용
한 외벽과 집주인의 심미안이 보이는 미술품은 흡사 갤
러리 같다. 여기서 끝이 아니다. 창의적이고 뛰어난 맛을
자랑하는 브런치 메뉴들이 기다리고 있다. 인기 메뉴가
많지만 그중 대표 격인 크런치프렌치토스트와 달마시안
브랙퍼스트가 가장 잘 나간다고 한다. 튀겨내듯이 구운
토스트에 달콤한 크랜베리 잼을 곁들인 프렌치토스트는
절로 미소가 지어지는 맛이다. 달마시안 모양의 구운 빵
이 들어간 달마시안브랙퍼스트는 브런치가 아니라 점
심 한 끼를 해결할 정도로 푸짐한 양이다.

🏠 서울 강남구 압구정로42길 42　　📞 0507 1491 0926
🕐 09:00~23:00
🍽 **달마시안브랙퍼스트** 29,500원, **에그베네딕트** 22,500원, **크런치프렌치토스트** 21,000원

램니쿠야

조금 특별한
일상을 위한 곳

K-뷰티, K-영화, K-음식 등 한국의 문화가 유행이다.
거기에 더해 K-컬처의 시발점이라 볼 수 있는
K-POP 아이돌 가수들의 아지트가 새로운 여행 문화로
자리 잡았다. 그들이 갔던 여행지, 뮤직비디오의 장소,
자주 가는 음식점 등 성지순례라고 불리는
이른바 '덕후 투어'다.
　　　　　　　　　　　　　　　　- 신지영

램니쿠야는 데이식스와 스트레이키즈가 연습생 시절 자주 다녔다던 양갈빗집이다. JYP 엔터테인먼트 사옥에서 약 10분 거리다. 색색의 메모지가 가장 먼저 눈에 띈다. 사랑하는 가수를 향한 팬들의 메시지다. 내부는 그리 넓지 않고, BAR 형태의 개방형 주방을 둘러 배치된 테이블에서 직접 조리하는 모습을 볼 수 있다. 양고기모둠과 시그니처 메뉴인 카레순두부를 주문했다. 조리 과정을 보니, 화로에 올려 초벌을 하고 토치로 골고루 굽는다. 지글지글 끓는 기름과 연기, 노릇노릇 익어가는 채소에 보는 재미는 물론 후각과 청각을 자극해 입맛을 돋운다. 구운 채소와 곁들임 소스를 찍어 고기를 입에 넣는다. 부드럽게 씹히는 육질과 씹을 때 퍼지는 육즙에 절로 감탄이 나온다. 원래도 맛이 좋아 사람들이 많이 찾던 곳이라더니, 과연 그럴 만하다.

2호점에는 3인 이상 예약할 수 있는 스트레이키즈 방이 있다. 팬이 아니라도 조금 이색적인 재미를 위해 이곳을 예약해도 좋을 듯하다. 일상에서 한 발짝만 멀어져도 소소한 즐거움을 느낄 수 있을 테니.

🏠 서울 강동구 양재대로83길 23 1층 램니쿠야(주차 공간 협소)　　📞 0507 1341 0729
🕐 12:00~24:00(라스트 오더 23:00)
🍽 **양갈비모둠**(등심+갈비살+징기스+사태살, 320g) 1인 35,000원

모리본

서울 속 일본,
고베 출신 셰프의 자신감

일본 고베식 이자카야인 모리본은 구본관 셰프가
매일 새벽 수산시장에서 공수한 싱싱한 제철 식재료를
기본으로 한다. 주인의 부지런함이 맛을 좌우한다는
음식점의 기본을 지킨다. 호텔조리학과를 나와
요식업에서 20년을 종사한 아내와 함께 중곡동의
근사한 아지트를 만들어 간다.

_ 길지혜

7호선 중곡역에서 도보로 5분이면 도착하는 모리본은 마치 일본으로 순간 이동한 듯하다. 빨간 우산을 쓴 대형 토토로와 일본에서 공수한 소품들이 카메라를 켜게 하는 첫 포인트. 시그니처 메뉴는 당일 들어온 식재료로 만든 음식이다. A4 종이에 매직으로 적힌 메뉴를 시키면 실패 확률 0%. 1인분 1만 5천 원인 광어사시미는 오랜 사랑을 받고 있다. 퇴근 후 사케로 하루를 알차게 마감하는 직장인들도 보인다. 모리본은 도미는 2~4시간, 광어는 6시간, 농어는 1~3시간 정도 숙성한 생선회를 사용한다. 구본관 셰프는 유명해지는 것도, 심지어 SNS에 게재하는 것도 마다한다. 서울 변두리 조용한 선술집으로 남고 싶다는 소망을 가게 한편에 적어뒀다. 고베에서 유학 후 호텔과 유명 레스토랑을 거친 30년 차 베테랑인데, 손님을 향한 미소는 여전히 순수하다.

◇
◇

오후 5시부터 문을 열어
저녁 시간이면 식사 손님으로 만석이다.
생등심돈까스와 고등어구이, 스태미너라멘,
김치나베우동, 스시정식, 가츠동정식 등
식사 메뉴가 다양해
아이들과 함께 들러도 좋을 곳이다.

🏠 서울 광진구 긴고랑로15길 6 📞 02 6439 9321
🕐 17:00~24:00(라스트 오더 23:00), 매주 일·월요일 휴무
🍽 **광어사시미** 15,000원, **돈부리정식** 10,000원, **스태미너라멘** 8,000원 📷 @kobe_moribon_

오만지아

해산물 잘하는
한남동 미쉐린 가이드 맛집

이탈리아어로 '먹자'라는 뜻의 오만지아(O MANGIA)는
황동휘 셰프가 2016년에 문을 연 레스토랑이다.
요리사로는 비교적 늦은 27살 때 일식으로
공부를 시작한 그는 미국과 이탈리아 베르나,
캐나다 밴쿠버, 우리나라의 유명 레스토랑을 거치며
경험을 쌓아 오만지아를 열었다.

_ 이승태

오만지아는 부엌에 화덕을 갖추고 있다.
당연히 각종 화덕 피자가 맛있고,
인기가 좋다.
식전빵은 이스트를 쓰지 않고
밀가루로만 발효종을 만들어
반죽해서 숙성시킨 후 구워낸다.
밀가루와 물만 사용해 천연 이스트를
만드는 과정은 두 달이나 걸리고,
숙성도 3일이나 필요한
지난한 작업이지만, 손님 입맛은
제대로 사로잡는다.

오만지아는 대부분 예약으로 채워진다. 주변에 각국 대
사관이 많아서 외국 손님 비중이 높은 편이고, 특히 어
르신이 많이 찾는다. 완벽한 예스 키즈 존이어서 가족
손님에게도 인기다. 소개팅을 하면 잘 된다는 소문이
나며 젊은이들의 예약이 늘고 있다. 이탈리아 해안 지역
에서 각종 해산물을 한 접시에 담아서 먹는 음식인 '마
레 미스티(Mare misti)'는 오만지아의 대표 메뉴. 고성과
울진, 통영, 서산 등지에서 올라온 싱싱하고 다양한 자
연산 해산물을 카르파치오, 그라브락스, 로스팅 등 각
재료에 최적화된 방식으로 조리한 후 한 접시에 담아낸
다. 한쪽 벽에 주렁주렁 매달린 햄은 돼지고기로 만든
'살루미'다. 여러 종류의 햄을 직접 만들어서 제공한다.
지금은 살루미로는 대한민국 최고라고 자부하는 신 대
표다. 이탈리아산 와인과도 잘 어울린다고.

🏠 서울 용산구 유엔빌리지길 14 B1 📞 02 749 2900 🕐 12:00~24:00
🍽 **마레 미스티** 50,000원~82,000원, **크림소스파스타** 32,000원, **자연산가리비파스타** 38,000원, **어란파스타** 45,000원,
가지피자 37,000원, **제주고등어마레나또** 35,000원, **고성성게알** 40,000원, **남해정어리** 25,000원

006

오이지 대학로

분위기 있는 한옥에서 맛보는
퓨전 한식

맛집이 즐비한 혜화동 대학로에 위치한 단아한 분위기의 한옥 음식점 오이지는 세대를 뛰어넘어 함께 즐기는 퓨전 한식집이다. 개성과 전통이 조화를 이룬 식당에서 혼자 또는 연인, 친구, 모녀가 맛의 공감대를 느끼는 다정한 모습을 쉽게 볼 수 있다.
_ 황정희

2인 테이블이 많지만 혼자라도
편안히 식사를 즐길 수 있다.
젊은이들 뿐만 아니라 50~60대도
꽤 많이 찾는 만큼 모든 세대가
공감할 수 있는 맛이다.
식사 시간이라면 웨이팅은 거의 필수다.
다행히 회전율이 좋아
오래 기다리지 않아도 된다.
웨이팅을 접수해 두면 카톡으로
순서가 왔다고 알려준다.
저녁 시간에는 직접 사과를 갈아 만든
사과막걸리를 곁들이는 이들이 많다.

기와지붕이 이색적이다. 계단을 올라 안으로 들어가면 통으로 된 유리창 앞 작은 뜨락이 있다. 퓨전 한식집다운 인테리어에 마음이 푸근해지며 오목조목 배치된 좌석이 세련된 느낌이다. 인기 메뉴는 명란치즈순두부와 흑임자크림수제비 등이다. 기본 찬으로 오이지무침과 튀긴 어묵이 나온다. 명란치즈순두부는 매콤한 순두부에 명란을 한 스쿱 올리고 모차렐라치즈를 듬뿍 얹었다. 보기만 해도 입맛이 자극되는데 고체연료 위에서 보글보글 끓던 치즈가 녹아 내려 더 군침이 돈다. 치즈가 바닥에 눌어붙지 않도록 저어가면서 먹도록 한다. 치즈의 끈적이는 고소함과 명란의 짭짤함, 순두부의 부드러움이 고추기름과 잘 어우러진다. 둘이 방문했다면 감자뇨끼와 비슷한 흑임자크림수제비를 같이 주문해 느끼함과 매콤함을 함께 즐겨도 좋다.

🏠 서울 종로구 대학로9길 33 📞 0507 1355 9977 🕐 11:30~22:00(브레이크 타임 15:00~17:00, 라스트 오더 21:00)
🍽 **명란치즈순두부** 14,000원, **흑임자크림수제비** 13,300원, **차돌들기름국수** 12,500원, **오이지소왕갈비** 30,000원
📷 @oiji_official

서
울

007

토속촌 삼계탕

40년 전통의 줄 서서 먹는
서울 3대 삼계탕

고즈넉한 한옥에서 먹는 보양식.
고궁 나들이를 나온 외국인, 근처 빌딩에서 근무하는
직장인, 오랜만에 몸보신을 하겠다고 나선 어르신까지
여러 국적의 다양한 연령대의 사람이 찾아
한국적인 맛을 즐긴다. 경복궁, 서촌 등 주변을 둘러보며
푹 곤 삼계탕 한 그릇으로 건강을 챙겨보자.
_ 황정희

각종 견과류와 이곳만의 비법 재료가
들어가서 특별한 삼계탕이다.
서울 3대 삼계탕 맛집으로 꼽힌다.
외국인과 한국인이 뒤섞여 길게
줄을 서 있는 것을 보면 기다릴 엄두가
안 나지만 식당 내부가 워낙 넓어
회전이 빠르니 포기할 필요는 없다.
일행이 모두 도착할 때까지 입장 불가다.
주차는 1시간 무료, 이후 10분에 1,000원.
경복궁역이 200여 미터로 가까우니
지하철을 이용하는 것이 좋다.

1983년 창업한 40년 된 맛집으로 경복궁, 서촌 등과 가
깝고 청와대 맛집이라는 유명세가 더해졌다. 대문 안
으로 들어서면 가운데 중정이 뚫려 있다. 마루 섬돌 앞
에 놓인 수많은 신발에 인기를 실감한다. 내부가 꽤 넓
은데도 손님이 빼곡하게 들어차 있다. 혼자라면 삼계탕
한 그릇이 충분하지만, 여럿이라면 기름기를 쫙 뺀 전
기구이통닭을 함께 맛보는 걸 추천한다. 주문한 음식이
나오기 전에 인삼주 한 잔을 내줘 가볍게 들이킨다. 삼
계탕의 뽀얗다 못해 걸쭉한 국물이 시선을 끈다. 영계
에 4년생 인삼, 밤, 대추, 검정깨, 호두, 잣, 해바라기씨
등을 넣고 끓여 깊고, 진하고 구수하다. 젓가락을 대는
순간 살코기가 뭉개지는 느낌이 들 정도로 부드럽다.
적당히 살코기를 발라 먹고 난 뒤 남은 닭고기 살과 푹
익은 찹쌀죽을 섞어 마무리한다.

서울 종로구 자하문로5길 5
10:00~22:00(라스트 오더 21:00)
www.tosokchon.co.kr

02 737 7444
토속촌삼계탕 20,000원, **옻계탕** 20,000원, **전기구이통닭** 19,000원

008

진복호

선장이 직접 운영하는
횟집

진복호는 각종 TV 프로그램에 10여 회 이상 소개된
맛집이다. 맛집 소개 방송은 모두 섭렵했다고 해도
과언이 아니다. 그만큼 검증된 맛집이다.
찾는 사람이 많아서 주말은 긴 대기 시간을 피하기 힘들다.
주중에도 점심시간에는 대기하는 경우가 많다.
이왕이면 조금 서둘러서 오픈 시간에 방문하자.

_ 박동식

상호 진복호는 선박의 이름이다.
선주인 사장이 매일 저녁 조업해서
잡은 물고기를 이튿날 손님에게
대접하는 형식이다.
물론 지금은 선주 혼자서 잡은
물고기로 업소를 운영하는 것은
쉽지 않겠지만 여전히 선주는 매일
배를 몰고 바다로 나간다.

가장 먼저 눈에 띈 것은 유명인들의 사인이다. 강화도
에 왔던 유명인들은 다들 한 번씩은 들렀다 간 듯했다.
가장 인기 있는 메뉴는 '진복호 HIT 세트'다. 주문 후 곧
바로 10여 가지가 넘는 반찬들이 깔렸다. 멍게, 새우, 생
선조림, 소라 등 기본 찬만으로도 술 한두 병은 뚝딱 비
울 정도다. 메인인 회는 광어, 숭어, 전어, 농어 네 가지
였다. 종류는 계절마다 조금씩 달라지지만 광어는 1년
내내 올라온다. 두툼하게 썬 회는 쫄깃한 맛이 일품이
었다. 세트에는 선택 메뉴가 포함되는데, 2인이라면 1
가지, 4인이라면 2가지를 고를 수 있다. 게장스시, 전복
버터구이, 물회, 꽃게찜 등 10가지의 요리가 있다. 전복
버터구이를 선택했다. 무쇠 프라이팬에 손질한 전복과
내장, 마늘 등이 곁들여졌다. 마지막에 매운탕까지 비우
고 나니 세상 부러울 것이 없었다.

🏠 인천 강화군 길상면 해안남로 488 📞 0507 1420 0787 🕐 일~목 11:00~20:30, 금·토 11:00~21:00, 매주 화요일 휴무
🍽 **진복호 HIT 세트**(2인 이상) 1인 38,000원, **제철 모둠회** (소, 2인) 65,000원, (중, 3인) 105,000원, (대, 4인) 123,000원,
(특대, 5인 이상) 155,000원 ◌ @jinbokho_032

송쭈집 본점

쭈꾸미 팔아서
'서민 갑부' 되다

송쭈집은 인천뿐만 아니라 전국적으로 유명세를
타고 있는 집이다. 문어, 오징어, 낙지 등 문어과 요리를
좋아하는 개인적인 취향 때문에 가봐야 할 음식점 후보로
오래전부터 메모해 둔 곳이기도 하다.
쫄깃한 식감과 매콤한 맛은 중독성이 강하다.
- 박동식

송쭈집은 '송도의 쭈꾸미 집'이라는
의미다. 주변에서 알음알음 알려지던
맛집이 〈서민 갑부〉라는 프로그램에
출연하면서 전국적인 맛집이 되었다.
프로그램 출연 직전에는
연 매출 30억 정도였으나 현재는
100억에 육박하는 것으로 알려져 있다.
하지만 매출은 식당에서만
나오는 것이 아니라
온라인 판매를 통해서도 이뤄진다.

송쭈집은 주상 복합 건물의 2층에 자리하고 있다. 오픈
형 2층이라 주차장에서 2층으로 올라가는 과정이 조
금 낯설다. 2인분 이상만 주문이 가능하다. 그 때문에 1
인 입장 가능 여부를 사전에 전화로 문의했다. 손님을
맞던 직원이 1인 손님임을 직감하고 마치 예약 손님을
맞이하듯 친절하게 안내해 주었다. 송쭈집의 최고 인기
메뉴인 눈꽃치즈쭈꾸미주물팬볶음을 2인분 주문했다.
대패꽃살, 채소, 치즈떡, 쌀떡 등 여러 사리를 취향껏 추
가할 수 있다. 잠시 후 빨간 양념의 쭈꾸미가 테이블에
올라왔다. 보슬보슬한 치즈는 접시 한가득이다. 쭈꾸미
가 익은 후 치즈를 올려 별도로 쌈에 올려서 맛을 보았
다. 매콤하면서도 감칠맛이 일품이었다. 날치알까지 올
리니 톡톡 씹는 맛까지 더해졌다. 쫄깃한 식감을 좋아
하는 덕분에 2인분도 뚝딱 해치웠다.

🏠 인천 연수구 컨벤시아대로 126 월드마크 푸르지오 8단지 상가 2층 📞 032 833 7892
🕐 11:00~21:50 🍴 눈꽃치즈쭈꾸미주물팬볶음 16,300원, 눈꽃치즈쭈꾸미+사리몽땅 20,300원,
쭈꾸미+사리몽땅 18,800원, 쭈꾸미주물팬볶음 14,800원 📷 @songjjuzip

경인면옥

010

1944년 평안남도가 고향이신 창업주가 종로2가에
창업을 하고 창업주의 막냇동생이 1946년 신포동
현 자리에 경인식당(현 경인면옥) 분점을 열고 78년째
평양식 냉면을 만들고 있는 인천 최초의 냉면집이다.
- 에이든 성

78년 역사의 4대째 손님들이
찾는 평양 물냉면집

한정 메뉴 갈비탕은 점심에 30그릇,
저녁에 15그릇만 판매한다.
다른 업소처럼 왕갈비인 빼갈비나
마구리 부위는 취급하지 않는다.
단가가 약 1.5~2배 이상 비싼
척갈비(본갈비)만을 사용한다.
E channel의 〈토요일은 밥이 좋아〉에
인천의 6미 맛집으로 소개된
한우수육은 한우 투플러스 중에서도
최상의 등급인 9등급만을 사용한다.

종로2가 화신백화점 뒤편에 있었던 경인면옥 본점은
정치 주먹 이정재가 자주 들렀고, 2000년 남북 정상회
담이 열렸을 때 여윤형 선생의 딸 여원구 씨가 한국 대
표에게 화신백화점 뒤 평양냉면집이 아직도 있냐고 물
어볼 정도로 유명한 냉면집이었다. 본점은 1970년에 문
을 닫고 현재는 인천의 경인면옥만이 창업주의 계보를
이어 나가고 있다. 손님들이 그 맛을 잊지 않고 찾아와
이제는 4대째 손님들이 이어져 78년의 역사를 자랑한
다. 처음에 육수를 한 모금 마셔보면 육향과 잘 숙성된
양조간장의 풍미가 은은하게 느껴진다. 다음으로 면을
육수에 잘 섞어 풀고 다시 한번 먹어보면, 메밀향이 어
우러져 평양냉면의 풍미와 맛을 느낄 수 있다. 마지막
으로 취향에 따라 겨자와 식초를 면 위에 첨가하면 또
한 번 육수의 맛이 변하는 걸 느낄 수 있다.

🏠 인천 중구 신포로46번길 38

📞 032 762 5770

🕐 11:00~20:30(브레이크 타임 15:00~16:30), 매주 화요일 휴무

🍜 **평양물냉면** 11,000원, **한우소고기수육**(200g) 29,000원

🌐 blog.naver.com/hamjw0203

개항로통닭

'개항로프로젝트'의
원도심 재생 콘텐츠

인천 배다리에서 50년간 간판에 각인을 새겼던 공예사가 맥주의 로고를 만들고, 항동 부둣가에서 양조장을 운영하는 '인천맥주' 대표가 맥주를 유통하고, 1968년부터 개항로를 지키는 전원공예사가 목간판을 제작한 개항로통닭. 과거의 역사를 현재로 연출한 멋진 콘텐츠다.
_ 에이든 성

16인의 크루가 함께하는
'개항로프로젝트'의 결과물 중의 하나인
개항로통닭은 2023년 7월 현재의
한진규 대표에게 인수되어 새롭게
메뉴들이 리뉴얼되었다.
개항로 맥주는 개항로에 위치한
굿모닝마트와 '와인앤모어'
데일리 인천도화 매장에서 구입이
가능하다.

개항로는 인천광역시 중구 신포동 공영 주차장부터 동인천동 배다리 삼거리까지 이어지는 길이 1.1km의 왕복 2차선 도로다. 주변 지역이 구한말 개항장 일대였기 때문에 개항로라는 명칭이 붙여졌다. 2019년 9월에 도시재생 전문가이자 경영컨설턴트인 '개항로프로젝트' 이창규 대표가 개항로통닭을 오픈했다. 2018년부터 인천 중구 개항로 600m 거리 일대에 건물 20여 채들 매입해 수십 년간 비어 있던 공간을 카페, 술집, 편집숍, 숙박 시설 등으로 개조한 개항로프로젝트의 결과 중 하나였다. 개항로통닭 건물은 1937년 일제 강점기 때 지어졌다. 원래 2층에 집이 있었던 근대식 상가 건물의 2층을 과감히 터서 천장을 높게 연출하여 "세대와 관계없이 편하게 먹을 수 있는 음식점을 만들고 싶었다"라는 이 대표의 바람을 이루어 주었다.

🏠 인천 중구 참외전로 164
🕐 월~금 17:00~24:00, 토·일 16:00~24:00
📷 @chicken.gaehangro

📞 032 772 9292
🍗 전기누룽지통닭 19,000원, 개항로맥주 6,000원

012

누에종

오션 뷰와 함께 느껴보는
프랑스의 향기

월미도에서 배를 타면 영종도 구읍뱃터에 도착한다.
선착장 옆에 위치한 오션솔레뷰호텔 2층에는
프랑스인이 운영하는 브런치 카페 누에종이 있고
2층에서 멋진 바다 조망을 바라보면서 즐기는 브런치는
도심에서 만나기 힘든 힐링의 시간을 만날 수 있다.

_ 에이든 성

수제 토마토소스, 리코타치즈,
반숙 계란, 깻잎, 피타브레드 2pcs로
구성된 '샥슈카'는 누에종의 인기 메뉴다.
잠봉파스타그라탕과 누에종
브랙퍼스트도 추천할 만하고,
2인이라면 아메리카노 2잔에
샥슈카나 파스타그라탕과
다른 음식과 함께할 수 있는
세트 메뉴도 즐겁다.

2022년 5월에 오픈한 누에종은 영종도 선착장에 자리
하고 있다. 오션 뷰가 아름다워 SNS를 통해 유명세를
타기 시작했다. 베트남계 프랑스인인 사장은 여행 중
풍경에 반해 이곳에 정착하게 되었다고 한다. 프랑스
에서도 관련 일을 하다 현재는 한국인 아내와 함께 운
영하고 있다. 2층에서 구읍뱃터와 물치도를 끼고 바라
보는 월미도의 풍경은 힐링을 안겨준다. 특히 월미도와
영종을 오가는 배에 자동차를 싣고 여행할 것을 추천한
다. 적당한 가짓수의 브런치 메뉴와 안핌과 말코닉 그
라인더, 그리고 하이엔드 에스프레소 머신을 통해 추출
되는 원두커피도 훌륭하다. 씨티와 풀씨티 중간 정도의
로스팅으로 밸런스가 잘 잡혀 있으며 스트롱홀드 S7x
로스팅 머신으로 사장이 직접 로스팅을 한다. 요리부터
서빙까지 사장의 손이 안 가는 곳이 없다.

⚲ 인천 중구 영종진광장로 32 오션솔레뷰호텔 2층
🕐 10:00~18:00(라스트 오더 16:45)
📷 @nouaison_seaside

📞 010 5847 1807
🍽 **샥슈카** 16,000원, **세트 메뉴** 39,500~48,000원

연경

국내 최초로
하얀 짜장을 개발한 곳

짜장면은 인천에서 만들어진 한국식 중국요리다.
최초의 짜장면을 팔았던 공화춘은 현재 짜장면박물관으로
운영 중이고 인근은 대만 화교들의 차이나타운이
형성되어 있다. 연경은 차이나타운 한복판에 위치하였으며
최초로 하얀 짜장면을 개발해 많은 사랑을 받고 있다.

_ 에이든 성

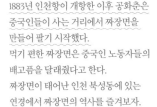

1883년 인천항이 개항한 이후 공화춘은
중국인들이 사는 거리에서 짜장면을
만들어 팔기 시작했다.
먹기 편한 짜장면은 중국인 노동자들의
배고픔을 달래줬다고 한다.
짜장면이 태어난 인천 북성동에 있는
연경에서 짜장면의 역사를 즐겨보자.

경인 전철 1호선의 종점인 인천역에서 하차하면 바로
차이나타운이 눈 앞에 펼쳐진다. 자유공원으로 향하는
언덕길에서 연경을 찾을 수 있다. 차이나타운에서 중화
요리는 선택이 아닌 필수 코스가 되었다. 유명한 중화
요릿집이 즐비한 인천차이나타운의 연경에서 맛보는
하얀 짜장은 분명 새로운 경험이다. 잘 다져진 채소와
흰콩으로 만들어져 느끼함이 없고, 자극적이지 않은 담
백한 맛이다. 달달한 소스와 탱글탱글한 면발은 아이들
도 좋아할 만한 맛이다. 바삭함이 돋보이는 찹쌀탕수육
(꿔바로우), 진한 국물의 우육면, 통통한 새우살이 육즙
과 어울리는 중국식 만두 샤오롱바오를 추천한다. 아니
면 멘보샤+샤오룽바오+북경오리/오리탕에 후식으로
하얀 짜장이나 짬뽕을 먹을 수 있는 1인 4만 5천 원짜
리 베이징덕 코스 요리도 좋은 선택이다.

🏠 인천 중구 차이나타운로 41
🕐 10:30~21:30
🌐 www.yanjing.modoo.at

📞 032 765 7888
🍽 **하얀 짜장** 10,000원

용화반점

014

세상 누구라도
줄을 서시오!

골목 안의 그저 그런 외관의 양옥에 들어선 용화반점.
11시 30분에 문을 여는데, 20분 전부터 손님이 하나, 둘
모여든다. 11시 30분에 정확히 불을 켜고 문을 여는
주인아주머니. 먼저 온 손님들이 단숨에 1층 홀을
가득 채운다. 매일 펼쳐지는 용화반점의 오픈 풍광이다.
_ 이승태

여러 요리를 시켜 먹었지만,
구체적인 메뉴를 꼽기보다는 모두
'맛있다'는 생각만 남는 용화반점.
17인치 브라운관 텔레비전이 아직도
쌩쌩하게 돌아가는 카운트의 한쪽 벽에
여러 개의 블루리본이 보인다.
몇 개인지 파악조차 힘든
'식신 최우수 레스토랑' 스티커는
블루리본 액자에 가렸다.

손님을 각 자리로 안내한 아주머니는 검은색 모나미 사
인펜과 이면지를 활용한 메모지를 들고 홀을 한 바퀴
돌며 들어온 순서에 상관없이 주문을 받아 적고는 주
방으로 전달한다. 이 자리에서 60년째 영업 중인 용화
반점은 전통의 단골은 물론, 최근 젊은이들에게도 널리
알려지며 인천 여행자 필수 코스가 되었다. 인생의 가
장 젊고 예뻤던 시절부터 배달통을 들고 일대를 휘젓고
다녔다는 아주머니. 고기보다 소스가 훨씬 많은 탕수육
엔 목이버섯도 풍성하다. 먼저 사진을 찍고 있으니 아
주머니의 한마디. "어여 한 입 들어요. 탕수육은 뜨거운
게 생명인디?" 하나를 집어먹으니 고소함과 바삭함, 감
칠맛이 입안을 가득 채운다. 상추와 잘게 채 썬 양배추
위에 담아낸 볶음밥은 비주얼부터 압도적. 홍합이 가득
한 짬뽕밥은 그야말로 제대로 조리를 했다.

📍 인천 중구 참외전로174번길 7
🕐 11:30~20:00(브레이크 타임 15:00~17:00)

📞 032 761 5970~773 5970
🍜 **짜장면/군만두** 7,000원, **볶음밥** 8,000원, **짬뽕밥** 10,000원,
탕수육 22,000원

015

신성루

76년 전통의
대한민국 3대 짬뽕 맛집

짜장면의 원조는 인천의 '공화춘'이라는 설이 유명하다.
현재 짜장면박물관으로 운영되고 있으며 차이나타운의
공화춘과는 다른 곳이다. 인천차이나타운의 역사는
1900년대 초반으로 거슬러 올라가지만 현재의 모습을
갖춘 것은 1990년대에 이르면서다. 인천의 현존하는
중국집의 원조는 진흥각, 중화루, 신성루라 할 수 있다.

_ 에이든 성

가족이 함께 찾아가 삼선고추짬뽕 이외에
다른 요리도 함께 먹어볼 것을 추천한다.
웬만한 중화요릿집에서 볼 수 없는
자춘걸이 좋다. 돼지고기와 새우,
표고버섯, 부추 등을 잘게 다진 뒤
얇은 달걀지단으로 말은 요리다.
이 외에 소양해삼, 유산슬, 난자완스 등
나이 드신 분들이 먹기에
좋은 요리들도 많다.
식사 순서는 요리를 먼저 먹고
마무리로 식사류를 추천한다.

대만 화교들로 이루어진 인천차이나타운이 지금의 모
습을 갖추기 시작한 것은 원도심 재생 사업 이후고 신
포동, 동인천이 최고의 유동 인구를 보유했던 1980년
대까지의 정식 중화요리집은 중화루(1918년 개업), 신
성루(1940년 개업), 진흥각(1962년 개업)이었다. 과거
에 사업가들의 접대 장소로 애용되었고, 주인만 대를
잇는 것이 아니라 손님들도 대대로 찾고 있다. 그중 신
성루는 매체에 소개되면서 많은 사랑을 받고 있다. 신
성루를 전국구 스타로 만들어 준 메뉴는 삼선고추짬뽕
이었다. 〈수요미식회〉, 〈맛있는 녀석들〉, 〈백종원의 3대
천왕〉 등에 소개되면서 인지도를 높였다. 고추와 함께
끓여낸 빨간 짬뽕 국물에 무, 새우, 조개, 홍합, 호박 등
이 들어간다. 〈수요미식회〉에서 초딩 입맛 전현무도 고
추까지 꼭꼭 씹어 먹었던 게 기억난다.

인천 중구 우현로 19-14
11:00~21:30
삼선고추짬뽕 9,000원, 자춘걸 40,000원 (소) 28,000원
032 772 4463

복성원

016

입안에서 맴도는 끝내주는
잡채밥

인천과 서울 사이에 자리한 부천은 인천 차이나타운
못지않게 화교가 운영하는 중식당이 많다.
골목을 거닐다 보면 간판 한 구석에 '華商'이라 표시된
중국집을 찾아보기란 어렵지 않다. 대부분 짬뽕과 짜장을
주력 메뉴로 삼는데 이번에 소개할 집은 잡채밥이
가장 인기 있는 요리다. 특별한 매력이 있는 것일까?

_ 운민

잡채밥 다음으로 이곳에서 인기 있는
메뉴는 고기튀김이다.
점심 시간에는 사람들로 붐벼
따로 주문이 어렵다.
평일 오후 2시 이후에 맛볼 수 있으니
참고하자. 부천역 부근으로 내려가면
화교들이 운영하는 실력 있는
중국집이 꽤 많다.
건물 사이에 자리한 향원이란
중국집은 간짜장과 짬뽕이 훌륭하기로
전국에서 손꼽히는 집이다.

부천은 도시 전체 면적이 작아 도로의 폭이 유난히 좁
고 골목길이 많다. 특히 원미동은 대부분 일방통행이라
길을 잃기 쉽다. 그런데 이곳에 자리한 복성원은 동네
사람들뿐만 아니라 멀리서 찾아온 사람들로 붐빈다. 이
젠 제법 넓은 곳으로 이전해서 음식을 즐기기가 수월해
졌다. 주문하고 20분쯤 뒤, 따끈한 김이 모락모락 피어
오르는 잡채밥이 도착했다. 잘 비벼서 한 입 먹어보면
매콤한 불 향이 입안에 가득 들어오며 새로운 맛의 차
원으로 이동하는 듯하다. 이곳만의 비법을 녹여낸 매콤
한 소스가 인상적이다. 당면은 더 넓적하면서 쫄깃함이
가득하다. 울면도 주문했다. 울면은 자극적인 소스가 들
어가지 않기에 주방장의 실력에 따라 음식 맛이 천차만
별이다. 한 입 들어갔을 때 적당히 부드러운 식감과 함께
해산물 육수 맛이 감도는 훌륭한 맛이다.

📍 경기 부천시 원미구 부천로 122번길 16 1층
🕐 11:00~16:00, 매주 일·월요일 휴무

📞 0507 1333 4278, 032 611 4278
🍽 **잡채밥** 10,000원, **간짜장** 8,000원, **탕수육(중)** 19,000원

뱀부 15-8

대나무 숲속에서 즐기는
카페와 레스토랑

2기 신도시로 자리 잡은 김포한강신도시는 넓은 부지를
활용한 카페들이 우후죽순 들어서고 있다.
한강 최북단 항구 전류리포구 부근에는 대나무를
콘셉트로 잡은 이색적인 공간이 펼쳐져 있다.
1층은 대나무를 활용한 이색적인 공간으로 꾸며진 카페가
2층은 멀리 한강이 내려다보이는 레스토랑이 자리했다.
_ 운민

한강의 끝은 북한과 인접한 접경지대다. 한강 최북단의 전류리 포구는 해병대의 감독하에 정해진 시간에만 조업을 진행할 수 있다. 이 포구에서 조금 위쪽에 제법 커다란 카페가 눈길을 끈다. 넓은 주차장을 구비한 뱀부 15-8은 이름처럼 입구를 들어서자마자 거대한 대나무숲이 반긴다. 1층의 카페는 이곳의 시그니처 메뉴인 대통티라미수를 비롯해 다양한 베이커리가 진열되어 있다. 좌석의 종류도 다양해서 가족, 커플을 비롯해 혼자 방문해도 충분하다. 또 하나의 자랑거리는 바로 포토존. 대나무와 판다를 테마로 사진 찍을 스폿이 많으니 마음껏 추억을 만들어 보자. 2층은 장구하게 흐르는 한강을 배경으로 레스토랑이 자리해 있다. 카페와 함께 있어 맛보다 분위기를 우선하는 식당이라 여기기 쉽지만 전혀 그렇지 않다. 게살크림파스타, 스테이크 등은 웬만한 파인 다이닝 수준으로 퀄리티가 뛰어나다.

김포시 하성면에 자리 잡은 이곳은 북한과 근접한
접경지대이기 때문에 그와 관련된 안보 관광지가
두루 존재한다. 특히 크리스마스마다 점등식으로 유명했던
애기봉은 박물관과 생태공원을 갖추면서
관광객 친화 여행지로 새롭게 거듭났다.
하성면 주위에는 다양한 테마를 지닌
대형 카페와 독특한 맛집이 많으니
연계하여 둘러보는 것도 고려할 만하다.

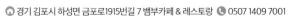

🏠 경기 김포시 하성면 금포로1915번길 7 뱀부카페 & 레스토랑 📞 0507 1409 7001
🕐 11:00~21:30(브레이크 타임 15:30~16:30) 🍽 게살크림파스타 23,000원, 안심스테이크 59,000원,
머쉬룸콥샐러드 19,500원, 대통티라미수 9,900원 📷 @bamboo158_official

올라메히꼬

행궁동 타코 홀릭

화성행궁 옆 선경도서관으로 오르는 길, 밝은 원색으로 산뜻하게 꾸민 음식점이 눈에 띈다. 문을 열자마자 행궁동의 핫플레이스로 떠오른 멕시코 음식 전문점 올라메히꼬다. 수원에서도 다양한 나라의 음식을 만날 수 있지만, 수원 역사의 중심인 행궁동에서 뭔가 언밸런스하면서도 톡 쏘는 듯한 매력에 끌린다.

_ 고상환

올라메히꼬는 멕시코 음식에 빠진 청년 업주가 운영한다. 청년 사장이 친절하게 안내하고 메뉴 설명도 자세하게 해준다. 특색 있는 음식과 이국적인 분위기 모두 좋다. 멕시코 음식이 처음이어도 부담 없이 방문해도 좋을 곳이다. 올라메히꼬(안녕 멕시코)라는 상호답게 멕시코와 첫인사 나누기 좋은 음식점이다.

내부 역시 강렬한 컬러를 사용해 독특하다. 곳곳에 걸린 감각적인 멕시코 소품들을 보는 재미도 쏠쏠하다. 서비스로 제공되는 나초의 고소한 맛은 그동안 만났던 공장 제품과는 확연히 다르다. 먼저 까르니타스타코가 나왔다. 까르니타스는 돼지 앞다릿살을 각종 채소와 향신료를 넣은 육수에 끓여 부드러운 육질의 고기와 신선한 채소가 잘 어우러지는 풍부한 맛이다. 멕시코 전통 타코 중에서도 가장 인기 좋은 메뉴다. 퀘사디아는 큰 토르티야에 치즈와 초리소를 넣고 철판에 구운 멕시코식 피자다. 초리소는 다진 돼지고기를 매콤하게 끓여낸 칠리미트소스다. 크게 한 입 맛을 보면 촉촉한 토르티야와 속재료의 진한 향이 입안 가득 넘친다. 함께 나오는 부드러운 사워크림과 함께 즐기면 더욱 좋다.

🏠 경기 수원시 팔달구 신풍로 23번 길 59　　　📞 031 257 1231
🕐 11:30~21:00(브레이크 타임 15:30~17:00), 매주 화요일 휴무
🍴 **까르니타스타코** 8,600원, **초리소퀘사디아** 13,000원

올리베떼

수원 대학로의
시그니처 스파게티

수원 경기대 학생들에게 사랑받는 파스타집.
음식의 퀄리티와 스킬도 훌륭한데 가격까지 저렴하니
MZ 세대의 깐깐한 입맛을 잡기 충분하다. 요란하지 않지만
한껏 멋을 부린 깔끔한 실내 분위기도 좋고, 열린 주방에서
넘어오는 적당한 소음과 향도 마음에 든다.
작지만 첫인상이 좋은 이런 파스타집이 있다는 것은
행운이다.

_ 고상환

경기대학교 수원 캠퍼스는 절묘한 곳에
위치한다. 정문인 연무동 쪽이
전통적인 수원의 구시가지 느낌이라면,
반대편 후문은 발전한 수원의 모습을
대변하는 말끔한 신도시다.
캠퍼스가 마치 시간여행 터널 같은
느낌이다. 올리베떼가 있는
경기대 후문에서 광교역을 지나는 길
이름은 '대학로'다. 표지석 문구처럼
'문화와 낭만'이 흐르는지는 모르겠으나
'먹거리'는 확실히 흘러 넘친다.

광교역 맞은편 상가의 작은 파스타집이다. 테이블 2개
에, 8인용 테이블 1개가 전부라 테이블을 나누어도 단 4
팀만 수용할 수 있다. 파스타는 크림, 토마토, 로제, 올
리브 등 선호도 높은 소스 기반의 파스타를 모두 선보
인다. 일단 가격 하나는 흡족하다. 2종류의 파스타에 리
코타치즈샐러드와 탄산음료가 포함된 세트는 더욱 가
성비 좋다. 리코타치즈샐러드는 부드러운 리코타치즈
와 향긋한 발사믹, 신선한 채소에 고소한 견과류까지
기대 이상이다. 주방에서 '치익' 하는 소리와 함께 고소
한 향이 확 퍼지고 잠시 후, '할라피뇨'가 나왔다. 할라피
뇨와 엔초비를 올리브오일에 볶아서 엔초비가 깊은 맛
과 향을 더욱 살려준다. 게살과 새우를 넣고 부드러운
생크림을 더한 '게살크림'도 인기다. 고소한 크림소스에
살짝 씹히는 날치알 식감이 환상적이다.

경기 수원시 영통구 대학로 56 리치플라자 1차 031 214 5284 11:00~20:00
게살크림 10,000원, 할라피뇨 9,000원, 리코타치즈샐러드 8,500원, 음료 2,500원

남부정육점
본점

노포의 품격

소문이 나고 손님이 많아지면 변하는 노포가 있다.
단골손님은 발길을 끊고 광고에 현혹된 이들이
빈 자리를 채운다. 반면 인건비가 오르고 물가가
고공 행진을 이어가도 음식값 단 500원 올리기를 주저하는
곳이 있다. 하물며 손님들 덕에 40년을 이어왔다며
음식값을 내린 남부정육점이다.

_ 고상환

장사가 잘되는 집은 시끄럽다.
손님의 목소리가 큰 이유도 있겠지만,
주로 바쁘게 움직이는 주방과
미숙한 종업원들이 내는 소음이
더 큰 경우가 많다.
남부정육점의 이모들은 몇십 년을
근무한 베테랑이다.
늘 붐비는 식당이지만, 테이블을 치우고
다시 차리는 소음은 매우 적다.
손님이 원하는 것을 빠르게 파악하고
적절히 대응하는 서비스도 안정적이다.
제대로 된 노포는 조용하다.

안양은 물론 인근 과천, 수원 사람들에게도 인기 만점인 고깃집이다. 자리를 잡고 정육점에서 고기를 구입한 후 구워 먹는다. 사실 이곳의 단골손님들은 대부분 육회와 육사시미를 먹으러 방문한다. 쫄깃하고 차진 식감을 자랑하는 육사시미와 옅은 양념으로 고기의 맛을 살린 육회 모두 신선하고 맛도 좋다. 한우 암소만을 사용하는데 가격도 저렴하고 절반씩 주문도 가능하다. 남부정육점에서는 '육회 반, 사시미 반'이 기본이다. 테이블에서 바로 주문이 가능하다. 사이드 메뉴로 인기인 한우암소초밥은 한 접시 10개에 단돈 6천 원이다. 신선한 육회 맛에 한 번, 착한 가격에 두 번 놀라는 곳이다. 심지어 해장국은 단돈 2천 8백 원이다. 모든 것이 가파르게 오르는 요즘, 스스로의 이문을 줄이면서 오랜 단골과의 의리를 지켜나가는 고집. 노포의 품격이다.

⌂ 경기 안양시 만안구 장내로150번길 32　　📞 031 444 6305
🕚 11:30~22:30
🍴 **한우암소 육회/육사시미**(한 근, 600g) 39,000원, (반 근) 19,500원, **초밥**(10개) 6,000원, **해장국** 2,800원

---

(021)

산골항아리
바베큐

고기리 계곡에서 즐기는
맛있는 캠핑

산골항아리바베큐는 식당이 아니라 고기리 캠핑장에 들어온 착각을 불러일으킨다. 커플, 가족, 단체 규모별 26개 텐트가 펼쳐져 있고, 캠핑용 구이 장비가 테이블에 하나씩 올라 있다. 300명을 동시 수용할 정도로 규모가 크다. 산채막국수, 산채비빔밥, 김치찌개 등 식사 메뉴도 있는데 이 또한 전문점 못지않다.

_ 길지혜

식당 내부에 텐트 이용 시간은 기본 2시간인데 대기 인원이 없다면 3시간까지 가능하다. 평일은 반려동물과 함께 동반해도 된다. 야외 캠핑 바비큐장, 족구장까지 갖췄으니 모임으로 더할 나위 없는 장소. 식사 메뉴 외에 텐트 사용료는 추가 비용이 있다. 4인 이하는 5천 원, 5인 이상 8천 원, 10인 이상은 1만 원이다. 주말에 방문 예정이라면 예약을 추천한다.

시그니처 메뉴인 바비큐는 삼겹살과 오리, 목살이 주재료다. 항아리에서 구워 기름이 쪽 빠진 담백한 고기가 나온다. 산나물은 강원도 평창 금당산 깊은 숲속에서 자연 재배한 것만 사용한다. 고기는 2주 숙성 후 허브와 간수 빠진 천일염으로 염지한 후 180도 온도에서 한 시간 정도 구워낸다. 항아리바베큐는 주인 임승규 씨의 아들 덕분에 탄생했다. 태국 여행 중 항아리에 닭과 꼬치를 굽는 걸 보고 수개월의 실험을 거쳐 지금의 맛을 찾아냈다. 항아리 가장자리에 고기를 걸고, 가운데 숯불을 넣어 피우면 대류 현상으로 고깃기름이 닿지 않아 손님들에게 건강한 고기를 대접할 수 있다. 굽는 동안 젖은 참나무 칩을 넣어 훈연한다. 해마다 나무 20톤을 사서 3년을 고스란히 말린 후 칩을 만든다는 후문. 바비큐와 함께 나오는 토하젓 또한 직접 담근다.

경기 용인시 수지구 이종무로170번길 12 0507 1403 0159 11:00~21:30(브레이크 타임 15:00~16:00), 매주 월요일 휴무 항아리BBQ통삼겹(통삼겹 200g+샐러드+소시지+버섯+채소+쌈 채소+된장국) 19,000원
www.sangol.kschim.com @sanhangba

022

오뎅식당
의정부 본점

부대찌개의 원조

의정부 부대찌개거리에는 부대찌개집 10여 개가 성황리에 영업 중이다. 그중 원조집이자 허영만의 만화 『식객』에 등장하는 곳이 바로 부대찌개 창시자 허기숙 할머니의 오뎅식당이다. '대한민국 최초 부대찌개 1호점 since 1960'이란 간판이 당당하다. 다른 식당에는 손님이 없어도 오뎅식당에는 어김없이 긴 줄이 늘어선다.

_ 변영숙

의정부 부대찌개는 한국전쟁 이후 먹을 것이 없던 시절 인근 미군 부대에서 나온 햄이나 소시지를 볶아 먹은 데서 출발했다. 1988년부터 볶음요리에 김치를 넣고 찌개로 먹기 시작한 것이 '부대찌개'의 시작이다. 지금은 전 국민이 사랑하는 찌개로 발전했으니 격세지감이다. 부대찌개의 창시자 허기숙 할머니가 타계하신 후 손자가 가업을 이어받았다. 중소벤처기업부 '백년가게' 인증과 함께 여러 곳에 지점을 두고 있다.

원래의 건물인 본관과 신관 두 곳에서 영업 중이다. 본관 내부에는 1960년대부터 시작된 이곳의 역사가 고스란히 보존되어 있다. 고 허기숙 어른의 사진도 만날 수 있다. 돌아가시는 날까지 곱게 화장을 하고 웃으며 손님들을 맞이하던 모습이 생생하다. 밑반찬으로 동치미, 어묵볶음이 나오고 밥은 비벼 먹기 좋게 대접에 담겨 나온다. 잠시 후 종업원이 햄, 소시지, 다진 고기, 묵은지 등과 비법 양념장에 맑은 육수를 붓고 뚜껑을 닫는다. 마음대로 뚜껑을 열었다가는 지청구를 듣기 십상이다. 종업원이 직접 뚜껑을 열어주는 게 오뎅식당의 오래된 '전통'이다. 햄이나 라면, 떡 사리 등도 추가할 수 있다. 오뎅식당 부대찌개는 아주 진한 국물에 얼큰하면서도 시원한 맛이 특징. 들척지근한 맛이 전혀 없다. 찌개를 대접에 넣고 밥과 슥슥 비벼 먹으면 엔도르핀이 돈다.

🏠 경기 의정부시 호국로 1309번길 7   📞 031 842 0423, 고객센터 1668 0568(평일 10:00~17:00)
🕐 08:30~21:30   🍲 부대찌개(공깃밥 포함) 11,000원
🌐 www.odengsikdang.com

040

023
의정부 평양면옥

평양냉면의 '성지'

여름이면 제일 먼저 떠오르는 음식은? 단연 냉면이다. 제아무리 폭염이라도 물러나지 않을 재간이 없다. 냉면의 기원은 조선시대, 멀게는 고려시대까지 거슬러 올라간다. 옛 고전 문헌에도 냉면에 대한 언급이 나올 정도로 뼈대 있는 음식이다. 의정부 평양면옥은 이미 전국구 냉면 맛집으로 평양냉면의 '명가 중의 명가'이다. 평일 점심시간에도 대기 줄이 길다.

_ 변영숙

의정부 평양면옥은 일명 평양냉면 '의정부파'의 뿌리가 되는 곳이다. 1969년 연천에서 처음 영업을 시작했다. 1987년도에 지금의 자리로 이전한 이래 50년 이상을 줄곧 같은 자리를 지키고 있다. 1980년 지금은 고인이 된 창업자의 두 딸이 필동면옥과 을지면옥을 개업했다. 현재 본점은 장남이 운영한다. 2대째를 맞이한 평양면옥이 앞으로도 100년 200년 고유한 평양냉면의 명맥을 잘 이어갔으면 하는 바람이다.

따끈한 육수가 날라져 오고 이어 물냉면과 비빔냉면이 차례로 상에 올라온다. 삶은 달걀 위에 약간의 고춧가루와 파 그리고 저민 무와 수육 한 점이 올려져 있다. 국물이 전혀 느끼하지 않고 개운하다. 육수를 벌컥벌컥 들이켜니 속까지 다 시원해진다. '아, 이래서 평양냉면을 찾는구나' 하고 무릎을 치게 된다. 까끌까끌한 면발은 뚝뚝 끊기지 않을 정도로만 쫄깃하고, 흙내 비슷한 메밀 향이 난다. 비빔국수는 면에 고춧가루, 다진 마늘, 파 등을 넣은 양념장이 올려져 있다. 역시나 자극적이지 않은 맛. 양념이 들러붙는 느낌 없이 입안이 개운하다. 밍밍한데 중독성이 강한 게 평양냉면의 맛이다. 그냥 '맛있다'가 아니라 평양면옥만의 독특하고 고유한 '맛이 있다'. 찬바람이 불기 시작하면 계절 메뉴인 만둣국과 접시만두도 맛볼 수 있다.

🏠 경기 의정부시 평화로 439번길 7 📞 031 877 2282 🕐 11:00~20:20(라스트 오더 19:45)
🍽 **평양냉면(물/비빔)** 14,000원, **메밀온면** 14,000원, **접시만두(계절 메뉴)** 13,000원, **만둣국** 14,000원,
돼지고기수육 24,000원, **소고기수육** 28,000원

더티트렁크

마치 미국에 온 듯한
푸짐함

자유로를 타고 운정신도시 방면으로 이동하다 보면
SNS에서 심상치 않게 등장하는 소위 핫플레이스의 카페와
맛집들이 우후죽순 이어진다. 그중 미국에서나 볼 만한
거대한 규모의 창고 같은 건물이 눈길을 사로잡는다.
내부로 들어서면 차가운 콘크리트와 무성한 야자수의
조화가 이색적이다.
_ 운민

더티트렁크에는 포토존이 많다.
그중 가장 인기 있는 장소는 2층에
올라가면 카페 전체의 모습과 빛이
스며드는 창문이 함께 보이는 공간이다.
카페 주위에는 파주출판단지,
운정호수공원 등 가볍게 산책을
즐길 만한 스폿이 많다.
파주와 서울을 잇는 고속도로와
자동차 전용 도로가 연이어 개통하고
접근성이 좋아져서 반나절 여행으로
충분히 즐길 수 있다. 맛과 콘셉트
모든 면에서 만족할 만한 카페다.

파주는 지역의 특성을 살려 넓은 공간을 활용한 대형
카페가 여럿 존재한다. 하지만 더티트렁크처럼 개성이
있고 메뉴 하나하나마다 극한의 콘셉트를 활용한 곳은
좀처럼 보지 못했다. 이미 파주의 명물로 자리 잡은 이
카페는 사람들로 붐비지만 넓은 주차장과 부지 덕분에
편하게 방문이 가능하다. 야자수와 다양한 식물들, 이
국적인 인테리어가 인상적이다. 반려동물 출입도 가능
하다. 매장 안에는 다양한 빵과 쿠키가 주문을 기다리
고 있고, 메뉴 가짓수도 풍부하다. 그중 가장 인기 있는
메뉴는 내슈빌치킨버거와 헝그리LA와플버거다. 왜 이
름이 '더티트렁크'인지 궁금했다. 거대한 창고라는 뜻은
알겠는데 '더티'는 전혀 어울리지 않았기 때문이다. 음
식을 받아보고서야 그 뜻을 알았다. 그 양과 푸짐함이
한 손으로 깔끔히 먹지 못할 정도로 어마어마하다.

🏠 경기 파주시 지목로 114
🕐 09:00~22:00

📞 0507 1488 9287, 031 947 9283
🍴 아메리칸빅브런치 17,000원, 라이징선 24,500원,
　내슈빌치킨버거 19,000원, 헝그리LA와플버거 19,500원

파주닭국수

푸짐한
닭 한 마리 칼국수

서울에서 차로 1시간 이내에 갈 수 있는 파주에는 자동차 여행자를 위한 식당과 카페가 대거 들어서고 있다. 게다가 파주출판단지, 헤이리마을이 들어선 후 더욱 가속화되었다. 이번에 소개할 집은 익숙하면서도 찾기 힘든 독특한 맛과 메뉴를 가지고 있다. 닭 다리가 통째로 들어간 닭국수가 이곳의 주력이다.

_ 운민

이 집은 생각보다 다양한 메뉴를 구비하고 있다. 어린아이를 위한 돈가스 등과 사이드 메뉴인 군만두의 퀄리티가 웬만한 중국집 저리 가라 할 정도로 뛰어나다. 식사시간에는 이곳을 찾는 현지인들과 관광객의 발길이 끊이지 않으니 이때를 조금 피해 가는 것이 좋겠다. 마장호수와 헤이리마을까지 30분 안팎 거리이므로 함께 연관해 찾아가는 것을 추천한다.

이곳으로 가는 길은 쉽지 않다. 통일로를 타고 쭉 북쪽으로 가다가 금촌을 지나자마자 나오기 때문이다. 최근 파주고속도로가 개통되면서 접근성이 좋아졌다고는 하지만 자동차가 없으면 여전히 방문하기 어렵다. 그럼에도 이 집은 점심 시간마다 넓은 주차장이 꽉 차고 대기표도 받아야 한다. 들어가자마자 정면의 제면실이 눈길을 잡아끈다. 직접 뽑아 더욱 쫄깃하고 퀄리티가 높은 면을 제조한다는 방증이다. 짬뽕집과 칼국숫집의 사장님이 의기투합해서 탄생한 집인 만큼 절묘한 콜라보가 인상적이다. 칼국숫집의 맛을 결정하는 것이 김치인 만큼, 김치가 매콤하면서도 산뜻하다. 메인 요리인 칼국수는 닭 다리를 삼계탕처럼 얹은 비주얼도 인상적이지만 국물에서 묘하게 짬뽕 느낌이 난다. 칼국수면에 삼계탕과 짬뽕이 어우러진 독특한 퓨전 요리다.

🏠 경기 파주시 새꽃로 307
🕐 11:00~21:00

📞 031 945 8793
🍜 닭국수 10,000원, 매운닭국수 11,000원, 들깨닭국수 12,000원

호커스포커스 로스터스(H.P.R.)

Coffee First,
Think Later

평택 지제역에서 차로 20분 거리에 있는 호커스포커스로
스터스(H.P.R.). 커피를 좋아하는 사람이라면,
한 번쯤은 들어봤을 법한 '커피에 진심인 카페'다.
카페 곳곳에 퍼진 커피 향만 맡아도 슬로건이
이해되는 곳이다. 호커스포커스로스터스는 직접 로스팅한
스페셜티 커피와 디저트, 색다른 브런치를 선보인다.
_ 길지혜

'수리수리 마수리'라는 뜻으로 뭔가 마법 같은 일이 일어나면 좋겠다는 생각을 하며 이름 지었다. 매장은 총 4개 공간과 정원으로 구성되고, 각 동마다 인테리어 콘셉트가 다르다. 건물에 들어서면 중앙에 로스팅 기계와 하이엔드 에스프레소 머신, 싱글 도징 머신 등 전문적인 느낌이 바로 든다. 넓은 실내 공간도 매력적이지만 사람들은 넓은 야외 정원으로 자연스레 발길을 옮긴다. 커피 전문점답게 블랜드는 긱블랜드, 라퓨타, 디카페인 중 고르면 된다. 긱블랜드는 밀크초콜릿, 호두 같은 단맛과 쓴맛의 균형이 좋은 이곳의 데일리 브랜딩이다. 라퓨타는 포도, 블루베리, 오렌지의 은은한 산미, 캐러멜 같은 단맛에 여운이 좋은 커피다. 드립 커피도 따로 있고, 트롱홀드라는 로스터기 3대를 이용해 수십 종류의 원두를 직접 로스팅한다. 콩 볶는 냄새가 그윽하고 멋스럽다. 원두 개별로 맛을 확인하고 볶으며 재고 관리까지 신경 써야 하는 싱글오리진도 20종류다.

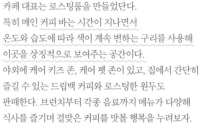

카페 대표는 로스팅룸을 만들었단다.
특히 메인 커피 바는 시간이 지나면서
온도와 습도에 따라 색이 계속 변하는 구리를 사용해
이곳을 상징적으로 보여주는 공간이다.
야외에 케어 키즈 존, 케어 펫 존이 있고, 집에서 간단히
즐길 수 있는 드립백 커피와 로스팅한 원두도
판매한다. 브런치부터 각종 음료까지 메뉴가 다양해
식사를 즐기며 걸맞은 커피를 맛볼 행복을 누려보자.

🏠 경기 평택시 장안웃길 12   📞 031 662 7783
🕐 10:00~22:00   🍴 호커스포커스라떼 6,500원, 샥슈카 13,900원, 호커스포커스브런치 15,300원
🌐 www.hocuspocus.co.kr   📷 @hocuspocus.roasters

027

김네집

마늘 양념이 듬뿍, <백종원의
3대 천왕> 평택시장 부대찌개

일반 부대찌개와는 차별화되는 짙은 농도에 가격도 착해
한번 맛보면 단골이 되는 음식점이다. 단점이라면 최소
1시간 이상의 대기 시간을 예상해야 한다는 점.
주변에 미군 기지가 있어 독특한 디자인의 옷,
이국적인 시장을 둘러보며 기다리는 지루함을 덜 수 있다.

_황정희

송탄역에서 8백 여 미터,
대중교통으로 갈 수 있다.
긴 대기 시간을 도저히 기다릴 수 없다
싶으면 포장을 추천한다.
집에서 끓여 먹어도 맛 차이는 크지 않다.
주말 오후 3시부터 6시까지는
포장 브레이크 타임이다.
대기해서 음식점에서 식사를 하려면
본인 순서를 놓치지 않도록
미리 가서 기다리는 것이 좋다.

오래 기다린 끝에 좌석에 앉았다. 대표 메뉴는 부대찌
개. 소시지와 각종 햄, 다진 고기, 노란 슬라이스 치즈
가 널찍한 팬을 가득 채워 넘쳐날 것 같다. 1인 1만 1천
원이라니 가격도 착하다. 김네집 부대찌개를 맛있게 먹
으려면 이모님 말을 잘 들어야 한다. 찌개가 끓을 때까
지 뚜껑을 건드리지 말고 다소곳하게 기다리면 적당한
때에 이모님이 느끼함을 잡아줄 마늘을 듬뿍 넣어준다.
그 상태로 3분쯤 기다렸다가 먹는다. 반찬은 배추김치
하나. 강한 양념이 맵고 짭짤해서 반찬이 필요없다. 진
한 국물에 비벼가며 먹다 보면 고봉밥이라도 금세 사라
진다. 라면 사리를 넣어 먹고 싶으면 찌개를 반쯤 먹었
을 때 주문한다. 부대찌개 외에 미국산 베이컨을 구운
로스, 돼지 목살구이인 폭찹 등의 메뉴도 인기 있다.

📍 경기 평택시 중앙시장로25번길 15　　　📞 031 666 3648
🕐 월~금 11:10~21:00, 토·일 11:10~20:30, 매월 1·3번째 월요일 휴무
🍲 부대찌개 11,000원, 소시지 추가 7,000원

028
방파제회센타
12호 충주원주

푸른 동해가
한 상 가득!

동해의 조그만 항구 주문진은 드라마 <도깨비>의
촬영지로 알려진 후 지금껏 사람들의 발길이
끊이지 않는다. 지은탁이 도깨비를 처음 만나는 장면을
촬영한 작은 방사제는 주말이면 관광객들이 줄을 서서
기다렸다가 패러디 사진을 찍는다. 이 방사제 바로
위 주문진항의 맨 안쪽에 '방파제회센타'가 있다.
_ 이승태

손님이 생선을 고르면 보는 앞에서
바로 잡아서 요리한다.
무엇보다 회를 찍어 먹는 장이 독특하다.
'강원도 막장'이란다.
잘 익은 막장에 자색 양파와 청양고추,
깨소금에 참기름까지 더해져
침샘을 자극한다. 회 한 점을 집어서
찍어 먹으니 겨자와는 다른 강원도의
깊은 맛이 입안 가득 퍼진다.

방파제회센타는 횟집 1호부터 25호까지 나란히 철썩이
는 파도를 끌어안고 있다. '12호 충주원주'는 강릉 토박
이 박인근, 박문자 남매가 함께 운영한다. 동생 박인근
사장은 '물차'라는 생선 운반차를 20년쯤 몰았던 터라
안목이 남다르다. 횟집 운영에 큰 도움이 된다고. 1층엔
테이블이 셋, 그러나 방파제회센타 전체가 함께 사용하
는 2층에 넓은 홀이 있다. 모든 횟집은 활어만 취급하
며, 매일 2번 생물을 실은 차가 공급한다. 식당의 수족
관은 방금 바다에서 건져 올린 듯한 온갖 해산물로 펄
떡인다. 내륙의 횟집 수족관이 며칠이 지나야 물을 바꿀
수 있는 것과 달리 동해에서 직접 퍼 올린 물을 끊임없
이 공급하기에 고기의 때깔부터 다르다. 늦가을엔 전복
치와 미역치가 맛있고, 좀 더 추워지면 방어와 복어, 대
게를 많이 찾는다.

🏠 강원 강릉시 주문진읍 해안로 1824
🕐 10:00~21:00

📞 033 662 3626, 010 5377 3626
💰 2인 80,000원~100,000원(가격은 시가)

감자적1번지

고소한 감자적과
건강한 들깨수제비

감자는 강원도의 아이콘이다.
강원도는 높은 지역이 많은 지리적인 특성상 맛있는
감자가 잘 자랄 토양을 갖추고 있다.
강원도에서는 감자옹심이와 감자적 등 감자를 이용한
다양한 토속 음식을 만든다. 감자적1번지는 감자를 이용한
맛깔스러운 향토음식으로 인정받는 음식점이다.

_ 채지형

강원도 강릉 병산동에는 옹심이마을이 있다. 옹심이는 '새알심'의 방어로, 팥죽 같은 데 넣어 먹는 새알만 한 덩어리를 말한다. 보통 새알만 한 덩어리로 만든 감자를 옹심이라 부른다. 옹심이마을에 자리한 감자적1번지 역시 옹심이, 감자적 등 여러 요리를 낸다. '감자적'은 감자전의 강원도 사투리. 감자를 직접 갈아 만든 감자적은 노릇노릇한 색에 고소한 향, 쫀득한 식감까지 매력적이다. 1장 5천 원으로, 가격도 만족스럽다. 또 다른 인기 메뉴는 도토리들깨칼국수. 들깻가루를 실수로 쏟아부은 게 아닌가 싶을 정도로 듬뿍 들어 있다. 고소한 맛과 진한 풍미에 엄지손가락이 저절로 올라간다. 들깨는 식이 섬유가 풍부하고 영양가가 뛰어나다. 강릉 사임당 생막걸리와 정선아우라지, 주문진 막걸리 등 강원 지역 막걸리도 함께 맛볼 수 있다.

감자적1번지는 주차장이 넓고
인테리어가 깔끔한 장점이 있다.
테라스 자리도 있어, 바람이 살랑 부는 날에는
야외에서 식사를 즐길 수도 있다.
반려견 동반 가능 음식점이라는 점도 특징이다.
안주로는 탱글탱글한 도토리묵과
매콤한 닭발 요리도 추천할 만하다.

🏠 강원 강릉시 공항길29번길 7 2층 　　　📞 0507 1330 3760
🕐 10:00~20:30(브레이크 타임 15:00~16:00, 라스트 오더 19:40)
🍽 **감자적** 5,000원, **순옹심이** 8,000원, **도토리들깨수제비** 11,000원

동녘댁

순두부와
파스타의 만남

동녘댁의 인테리어는 독특하다.
하얀 외벽의 단층 건물은 깔끔하고 모던한데,
출입구는 전통 처마를 연상시키는 차양이 설치되어 있고
난간도 한옥의 전통 문양이다. 내부도 비슷하다.
전체적으로는 서양식 분위기지만 서까래, 창문, 파티션 등은
전통 한옥 형태다. 동서의 조화가 느껴지는 구조다.
_ 박동식

동녘댁의 피자는 화학 첨가물을
사용하지 않는다. 밀가루에 물과 효모,
올리브오일, 천일염만으로 반죽한 후
48시간 이상 숙성시킨다.
나폴리식 수제 화덕 피자 고유의 향과
풍미를 맛볼 수 있는 비법이다.
또 한 가지, 식사에는 식전 수프와
샐러드가 기본으로 제공되지만 식전빵은
추가 요금을 지불하고 따로
주문해야 한다는 점도 염두에 두자.

동녘댁의 메뉴는 크게 파스타, 피자, 리조또 등으로 나뉜다. 약 9종류의 파스타 중에서 동녘댁을 대표하는 건 '초당순두부짬뽕파스타'다. 센 불에 볶은 해산물과 채소에 짬뽕 양념을 곁들인다. 여기에 강릉을 대표하는 향토음식인 초당순두부를 올린다. 동서양이 어우러진 메뉴일 뿐만 아니라 짬뽕의 매콤한 맛과 담백한 순두부의 조화가 매우 훌륭하다. 청어알새우오일파스타도 인기 메뉴다. 엑스트라 버진 오일에 마늘을 볶고 새우를 듬뿍 넣는다. 걸쭉한 소스와 파스타 위의 붉은 청어알의 조화가 일품이다. 피자는 마르게리따를 추천한다. 토마토소스와 모차렐라치즈가 잘 어울리며 바질페스토의 향도 매우 좋다. 수제 등심돈가스와 함박스테이크가 어우러진 등심돈가스 & 함박정식은 그릴에 구운 채소와 과일이 풍미를 더한다.

🏠 강원 강릉시 난설헌로 229-11 📞 0507 1351 9189 🕐 11:00~21:00(브레이크 타임 14:30~17:00), 매주 화요일 휴무
🍽 초당순부두피자 20,000원, 하와이안피자 19,000원, 초당순두부짬뽕파스타 17,000원, 감자옹심이크림파스타
17,000원, 수제등심돈가스 & 정식 16,000원 ⓞ @easthome20

031

소복소복

갓 튀긴 튀김과 소바의
환상적인 만남

소복소복은 강원도 동해에 있는 소바 맛집이다.
"막국수도 아니고 장칼국수도 아니고 소바?"라며
물음표를 던진 친구들도 맛을 본 후에는 180도 달라졌다.
동해에 간다면, 소바를 먹기 위해서일지 모르겠다는
친구도 생겼다.

_ 채지형

새우튀김소바 외에도 장어소바,
새우튀김이 있다.
장어소바는 기다란 장어 한 마리가
그대로 튀겨져 올라간다.
새우튀김소바만큼이나 장어소바도
인기 메뉴다. 소금구이로 먹는 장어와
다른 종류의 고소함을 경험할 수 있다.
점심시간만 영업하며,
대기는 감수해야 한다. 다행스럽게도
웨이팅 등록 기계가 있어 기다리는 동안
동네를 산책할 수 있다.

동해시 공무원들과 식사할 기회가 있어 현지인에게 인기 있는 음식점을 물었다. 갑론을박 끝에 소바집인 '소복소복'이란다. 특별한 인상을 주기 쉽지 않은 메뉴라 귀를 의심했다. 그러나 소복소복의 소바를 먹어보고 이유를 알 것 같았다. 대표 메뉴는 차가운 '새우튀김소바'. 첫 번째로 반한 건 새우튀김이다. '바삭' 기분 좋은 소리가 날 정도로 잘 튀겼다. 느끼하지도 않다. 두 번째는 한우 뼈와 묵호 특산품인 먹태, 오징어 등 해산물을 20여 시간 끓여 만든 육수다. 육수와 잘 어울리는 두께를 연구해 면 굵기도 적당하다. 반찬으로는 김치와 단무지가 나오는데, 단무지에 유자 향이 배어 있어 입가심으로 좋고 꼬들꼬들한 식감도 재미있다. 겨자는 그릇 위에 앙증맞은 꽃처럼 놓여 있다. 새우튀김소바를 먹은 날 저녁, 일기장에 '인생소바를 맛본 날'이라고 적었다.

🏠 강원 동해시 평원5길 8-5
🕐 화~일 11:00~15:00, 매주 월요일 휴무
📞 033 533 3799
🍜 **새우소바** 11,000원, **장어소바** 15,000원, **새우튀김** 11,000원

신다리

동치미국수의 신세계

동치미국수를 먹으러 삼척에 간다.
살얼음이 동동 뜬 동치미 국물을 마시면, 머리 꼭대기부터
발끝까지 시원해진다. 중독성 강한 이 맛은 여름에 특히
치명적이다. '인천에서 벼르고 별러 왔어요. 다 먹었는데도
또 먹고 싶은 맛이네요', '동치미국수 최고예요' 등
벽면을 채운 손님들의 귀여운 메모도 사랑스럽다.

_ 채지형

현지인 맛집으로 꼽히던 신다리는
SBS〈생활의 달인〉출연 이후,
관광객 손님이 많아졌다.
주말과 여름 식사 시간에는
대기를 감수해야 한다.
식당 앞에는 투박하지만
옛이야기를 담은 벽화가 그려져 있으며,
근처에 시장이 있으니
둘러보는 것도 추천한다.
주차는 삼척중앙시장을 이용하면
된다(유료).

식당 벽에는 전국에서 온 손님의 흔적이 가득하다. 신
다리에서는 종이에 메뉴를 직접 써서 주문하는데, 손님
들이 이 메모지에 즉석 후기를 남기는 것. 먹고 바로 후
기를 쓰고 싶을 정도로 만족도가 높다. 동치미국수는
겉으로 보면 다른 식당의 국수와 큰 차이는 없어 보이
지만, 국물을 한 숟가락 떠먹고 나면 사람들이 몰리는
이유를 직감하게 된다. 적당히 언 살얼음과 육수가 섞
여 있는데, 깨와 콩가루가 깔려 있어 고소한 맛이 압도
적이다. 밑반찬은 배추김치와 무생채. 무생채에 젓가락
이 더 자주 간다. 동치미국수 다음으로는 잘 익은 열무
가 듬뿍 든 열무비빔냉면이 인기다. 매콤하고 새콤한 비
빔장에 김 가루, 깨가 올라가 있고, 크게 자극적이지 않
다. 아날로그 감성의 식당 내부도 인상적이다. 손글씨로
쓴 메뉴는 레트로한 분위기를 풍긴다.

🏠 강원 삼척시 진주로 30-49   📞 033 573 5391
🕐 월~금 11:00~18:00, 토 11:00~17:00, 매주 일요일 휴무
🍜 **동치미국수** 6,000원, **열무국수** 6,000원, **비빔국수** 6,000원

033

자작나무집

용대리 황태 맛의 진수,
넉넉한 인심은 덤

고추장 양념이 골고루 배어 있고 황태 살이
촉촉하게 씹힌다. 황태구이, 황탯국에 몇 가지 산나물과
평범해 보이는 반찬인데도 맛의 빈 구석이 없다.
찬과 황태 요리 하나하나가 맛깔스러워
젓가락이 쉴 틈이 없다. 주인장의 인심까지 넉넉하다.

_ 황정희

황태 하면 용대리다.
명태를 그냥 말리면 북어라 부르고,
황태는 영하 20도 이하로 내려가는
혹한기에 녹았다 얼었다를 반복하며
살이 노랗게 변한 것이다.
인제 자작나무집은 용대리 덕장에서
나온 황태를 쓴다.
살이 두툼한 황태를 겉은 바삭하고,
속은 촉촉하게 굽는 것이 비결이다.
최근 국내에서는 명태가 잡히지 않아
러시아에서 수입해 온 명태를 쓰기 때문
에 원산지를 러시아로 표기한다.

인제는 '인제 가면 언제 오나'란 말이 전해질 정도로 오
지다. 자작나무숲이 있는 곳은 인제 원대리, 3.5km 산
길을 걸어 들어가야 해서 가까운 식당이 마땅치 않았
다. 근처에서 용대리 황태 맛을 제대로, 편안히 맛볼 수
있는 이곳을 찾고부터는 더 이상 고민하지 않는다. 자
작나무숲 하면 인제 자작나무집이 생각날 정도다. 황태
구이정식은 9첩 반 상에 황태구이와 황탯국이 메인이
다. 살이 도톰한 황태를 적당한 맵기에 포슬포슬 구운
황태구이는 엄지를 치켜들 만하다. 잘 스며든 양념에,
겉은 바삭하고 속살은 촉촉한 데다 은은한 불 향도 난
다. 산나물은 간이 알맞고 양념장을 얹은 두부, 한 입 크
기로 부친 고추장떡 모두 계속해서 먹고 싶은 맛이다.
'반찬 좀 더 주세요'라는 말에 친절하게, 아낌없이 내어
주는 주인장의 인심은 기분까지 좋아지게 한다.

🏠 강원 인제군 인제읍 자작나무숲길 1169   📞 033 462 1357
🕘 09:00~19:00(라스트 오더 18:00), 매주 화요일 휴무
🍽 **황태구이정식**(2인 기준) 1인 14,000원, **감자전** 12,000원, **빠가사리매운탕**(대) 60,000원

034

큰지붕닭갈비

신선한 재료와
자연스러운 감칠맛

소양강댐으로 향하는 길목에 줄지어 늘어선
춘천 닭갈비집들 중 대표 주자인 큰지붕닭갈비.
'2019 강원건축문화상'에 빛나는 세련된 건물,
너른 마당 위로 뿜어 나오는 시원한 분수의 물줄기가
입구부터 분위기를 압도한다. 멋진 외관에서부터 밀려오는
기대감에 신선한 재료와 깊은 맛으로 보답한다.
_ 강한나

토막 낸 닭고기를 포를 뜨듯이
도톰하게 썰어서 매콤달콤한 양념에
재웠다가 양배추, 고구마, 당근,
파, 떡 등의 재료와 함께 철판에
볶아 먹는 방식이 우리가 일반적으로
즐겨 먹는 철판 닭갈비다.
허나 춘천에서 최초로 시작된
'춘천식 닭갈비'는 양념된 닭고기를
석쇠 위에서 숯불에 구워 먹는 형태였다.

이 집의 닭갈비는 매일 아침 공급받는 100% 국내산 신선한 정육 닭을 사용한다. 푸짐한 채소 사리와 고추장 아찌 역시 국내산 농산물만을 사용한다. 모든 재료는 당일 소진을 고수하고 있다. 이 집의 맛의 비결은 바로 철판. 직접 제작한 가마솥 재질로, 음식이 눌어붙지 않아 부드러운 식감은 그대로 살리고, 채소와 특제 양념이 조화롭게 깊은 맛을 낸다. 양념에는 고춧가루만 사용해 텁텁하지 않다. 주문 시에 닭 부위를 선택할 수 있고, 닭 내장, 더덕, 황태, 버섯 등 다양한 재료를 추가하여 취향에 맞게 즐길 수 있다. 닭 목살과 닭 내장은 당일 한정 물량만 판매된다. 마지막 볶음밥 또한 별미다. 그 위에 모차렐라와 체다치즈를 섞은 치즈 사리를 담뿍 올려주면 고소한 풍미는 배가 된다. 마무리로 얼음 동동 동치미까지 들이키면 입안이 다 개운하다.

🏠 강원 춘천시 신북읍 신생밭로 652
🕐 10:30~21:00(라스트 오더 20:00)
📷 @bigroof_dakgalbi

📞 033 256 9292
🍴 닭갈비 15,000원, 목살닭갈비 16,000원

골목닭갈비

국물 자박자박,
매콤한 태백 물닭갈비의 정석

강원도 태백은 1960~1980년대 석탄 산업이 활황일 때 중심에 있었다. 석탄을 캐러 몰려든 전국의 광부들이 즐겨 먹던 음식 중 하나가 물닭갈비다.
닭갈비에 육수를 자작하게 넣어, 매콤한 국물과 채소를 먹곤 했다. 이제 광부는 찾아보기 힘들지만, 당시 먹던 물닭갈비는 지금까지 남아 있다.
_ 채지형

물닭갈비를 처음 접하는 이들은 생소해하지만, 한번 맛을 보면 마니아가 되기 쉽다.
넉넉한 채소 때문이 아닐까 싶다.
배부르게 먹어도 그다지 부담스럽지 않다. 물닭갈비 식당마다 추가할 수 있는 사리와 채소, 소스가 다양해, 자신에게 가장 잘 맞는 식당을 찾아보는 것도 태백을 여행하는 재미 중 하나다.

음식에는 문화와 역사가 있다. 석탄 산업 전성기 시절, 광부들은 체력 보충을 위해 닭고기를 먹곤 했다. 하루 종일 갱도에서 힘들게 일하고 난 다음이라, 까끌까끌한 목을 다스리기 위해 국물도 필요했다. 누군가 볶아 먹던 닭갈비에 육수를 붓고 채소를 넣어 끓였다. 그렇게 '물닭갈비'라는 메뉴가 탄생했다. 태백의 개성 넘치는 물닭갈비 식당들 중 장성시장 앞에 있는 골목닭갈비가 그 정석을 보여준다. 주문하고 자리에 앉으면 움푹한 냄비가 등장한다. 양념이 잘 밴 닭고기와 쑥갓, 미나리, 깻잎 등 풍성한 채소가 담겨 있다. 매콤한 국물에 닭고기를 적셔 먹으면 촉촉함을 유지할 수 있다. 닭갈비의 마무리는 김 가루와 참기름으로 볶아주는 볶음밥이다. 후식도 잊으면 안 된다. 주인이 직접 만든 식혜로, 많이 달지 않으면서 밥알이 적당히 들어 있다.

🏠 강원 태백시 장성로 34-1　　📞 033 581 7911
🕐 화~일요일 11:00~20:30(브레이크 타임 14:30~17:00, 라스트 오더 19:30), 매월 1·3번째주 월요일 휴무
🍴 닭갈비 9,000원　　📷 @_gol.mock_

036

태백한우골
실비식당

태백 한우 연탄구이
로컬 맛집

태백에서 실비식당 하면 소고기 구잇집이다.
태백한우골실비식당은 로컬 맛집이자 관광 맛집이다.
KBS <1박 2일>과 <생생 정보통>, 최근에는 트로트 가수
정동원이 다녀갔다. 연탄불 위에 석쇠를 얹어
소고기를 구워 먹으면 은근히 불 향이 올라온다.
특히 갈빗살구이는 입에서 살살 녹는다는 평가를 받는다.
_ 황정희

1960~70년대 태백 탄광촌이
호황을 누릴 때 탄광 인부들은 고기를
먹어야 분진을 씻어낼 수 있다고 여겼다.
보통은 돼지고기를 먹었지만
싸고 질 좋은 소고기가 많았던
태백에서는 소고기를 많이 먹었다.
황지자유시장에 생겨난 정육점을 겸한
소고기 구잇집이 실비식당의 시작이다.
이후 실비식당이 많이 생겨났는데
태백, 실비, 한우 등의 단어가 많이 쓰여
혼동이 일어났다. 주소를 잘 확인하고
찾아가는 것이 좋다.

태백에서 실비는 정육점 가격으로 고기를 제공한다는
의미다. 태백한우골실비식당은 황지자유시장의 다른
식당처럼 허름한 곳이었다. 골프나 스키 관광객에게 조
금씩 알려지다 TV에 나오고 연예인들이 다녀가면서 맛
집으로 유명해졌다. 보통 유명해지면 맛이 예전 같지
않다는 말을 듣는데 이곳은 고기 질을 항상 최상급으로
유지한다. 마블링이 좋은 갈빗살이 최고 인기 메뉴이며
여럿이라면 모둠으로 각종 부위를 맛보기 좋다. 소고기
라 저렴할 수는 없지만, 합리적인 가격에 최고 품질의
한우를 즐길 수 있다. 깡통 테이블 가운데에 연탄이 들
어가고 그 위에 석쇠를 얹어 그슬리듯 살짝 익힌 고기
를 소금만 찍어서 입에 넣으면 다들 녹는다고 표현한
다. 양파절임, 고추산나물장아찌, 도라지무침, 겉절이가
세팅되고 함께 나오는 된장찌개가 맛있다.

🏠 강원 태백시 대학길 35　　📞 033 554 4599　　🕙 10:00~22:00
🍴 **한우생갈빗살**(180g) 34,000원, **한우육회**(200g) 34,000원.
　 한우모둠(180g, 갈비살+살치살+등심+안창살, 2인 기준) 41,000원,

봉평메밀미가연

세계명인 월드 마스터가
운영하는 메밀 요리 전문점

메밀 요리에도 품격이 있다. 2017년 메밀 요리 명인 1호에 선정된 이후 2020년 세계 명인(메밀 분야) 월드 마스터에 선정된 오숙희 명인이 운영하는 메밀 요리 전문점이다. 눈으로 음미하며 먹는 메밀 요리를 선보인다. 벼가 익을수록 고개를 숙이듯 메밀의 참맛이 시간이 지날수록 점점 깊어지는 명품 맛집이다.

- 황정희

중소벤처기업부 인증 백년가게다. 현지인뿐만 아니라 관광객들에게도 이름이 알려져 주말이나 점심 또는 저녁 시간에는 웨이팅이 있을 수 있다. 비빔국수는 메밀 함유량을 30%와 100%로 나누어 주문 가능하다. 메밀 특유의 끊어짐을 좋아하지 않는다면 메밀 30%를 주문하도록 한다.

봉평면은 척박한 땅에서도 잘 자라는 메밀을 많이 심었고 주로 먹었다. 메밀 요리의 고급화를 선보인 '미가연'은 독보적이다. 음식을 내기 직전 대부분의 메밀 요리에 메밀 싹을 듬뿍 얹고 거칠게 빻은 메밀가루를 송송 뿌린다. 메밀 100% 면인데도 면발이 끊어진다는 느낌이 덜한데, 메밀 싹 덕분에 아삭아삭, 고소하면서도 쌉싸래하다. 육회비빔국수를 주문하면 물막국수로도 먹을 수 있게 냉육수를 준다. 육회는 평창 한우다. 간이 세지 않고 깊은 메밀 본연의 맛이 살아 있으며 다시마식초를 조금 넣으면 감칠맛이 좋아진다. 주문이 들어가야 굽는 메밀전병은 제때 먹으려면 미리 주문하자. 손님이 밀려 식사를 마칠 무렵 나온 메밀전병, 훌륭한 맛에 불만이 사라진다.

🏠 강원 평창군 봉평면 기풍로 108 📞 0507 1405 8805 🕐 10:00~20:00(라스트 오더 19:00), 매주 수요일 휴무
🍜 메밀싹육회 25,000원, 이대팔 100% 육회비빔국수 17,000원, 이대팔 100% 메밀비빔국수 12,000원, 메밀싹묵무침 12,000원, 메밀전병 7,000원, 메밀전 7,000원

메밀꽃향기

봉평 메밀의
구수한 여운

봉평 하면 메밀이요 메밀 하면 봉평이다.
메밀의 본산인 만큼 메밀을 이용한 음식 역시
봉평이 으뜸이다. 구수한 메밀묵과 막국수의 담백하면서도
소박한 맛은 단번에 마음을 사로잡는 건 아니지만,
시간이 지날수록 오래 기억되는 구수한 여운이 있다.
　_고상환

메밀꽃향기는 특별한 메밀묵을 내는 집이다. 일반 메밀에 비해 루틴 함량이 70~80배 높은 국산 타타르메밀을 사용해서 전통 방식으로 묵을 만든다. 기다란 나무 접시에 메밀 싹, 산나물, 명태 식해를 함께 내어주는 게 인상적이다. 케이크 칼로 잘라 나물과 명태회를 올려 먹는 방법도 특이하다. 노란 타타르메밀가루를 찍어 먹으면 더욱 고소한 풍미를 즐길 수 있다. 막국수 잘하는 집은 면을 높게 올린다는 말이 있다. 면을 잘 다루는 만큼 맛이 어느 정도 보장될 테니 일리 있는 이야기다. 메밀꽃향기의 막국수 역시 돌돌 만 면을 높이 올렸다. 소담한 꾸미가 더해지니 꽤나 화려하다. 매운 양념에 겨자와 식초까지 강한 양념을 더하니 상당히 자극적이다. 고춧가루, 설탕 등 마음에 들 때까지 양념을 더해도 좋다. 마음대로 막 비벼서 막국수다.

"봉평이 평창이었어?" 봉평을 처음 방문한 사람들이 놀라는 장면을 종종 본다.
평창이 워낙 넓으니 봉평장터에서 평창읍까지 자동차로 1시간, 횡계까지도 1시간이다.
그러니 서로 다른 지자체로 볼 수도 있겠다.
아울러 '봉평메밀' '봉평막국수'라는 간판을 전국에서 흔히 볼 수 있으니 '봉평면'이 아니라 '봉평군'으로 생각하는 것도 무리는 아니다.

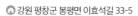

🏠 강원 평창군 봉평면 이효석길 33-5
🕐 10:00~19:30(라스트 오더 19:00)
📞 033 336 9909
🍴 **타타리수제묵** 15,000원, **타타리메밀국수(물/비빔)** 11,000원

선광집

쌀쌀할 때 더 간절해지는
생선국수

충북 옥천에서 나고 자란 정지용 시인은 시 〈향수〉에서
고향을 그리며 읊조렸다. "그곳이 차마 꿈엔들 잊힐 리야."
옥천에 지나치면 아쉬운 노포집이 있다.
생선국수 잘하는 집을 꼽을 때 빠지지 않는 선광집.
이곳의 음식을 맛보면 이렇게 말할 것이다.
"그곳을 차마 다시 찾아가지 않을 리야."
_ 박지원

프라이팬에 빨간 양념을 바른 피라미를
동그랗게 올린 도리뱅뱅이도 별미다.
적당히 바싹하면서 매콤해 술 한 잔을
곁들이지 않고서는 못 배길 맛이다.
살이 오른 피라미에 튀김옷을 입힌 생
선튀김도 마찬가지.
씹을수록 고소해 옆 사람 눈치
볼 새도 없이 젓가락이 간다.
모든 음식은 매일 일정한 양만 만든다.
재료가 모두 소진되면 일찍
마감하기 때문에 개점 시간에
맞춰 가길 권한다.

선광집의 역사는 1962년으로 거슬러 올라간다. 당시 창
업주 서금화 씨는 가족이나 지인들에게 천렵으로 잡은
민물고기를 끓여 내놓곤 했다. 한 번은 민물고기의 뼈
를 바르고 국수를 넣어봤다. 뜻밖에 반응이 좋았고, 그
렇게 개업한 가게가 바로 선광집이다. 현재 옥천군 청
산면에는 생선국숫집이 여럿인데, 시초가 이 집이다. 당
시 서 씨가 선보인 생선국수는 혁명적이었다. 기막힌 맛
에 가격까지 저렴하다는 소문이 퍼지면서 개업 초부터
사람들로 들끓었다. 점심시간 전부터 선광집의 미닫이
문이 쉴 틈 없이 열렸다 닫히는 지금도 현재 진행형이
다. 금강에서 낚은 자연산 민물고기를 푹 곤 육수는 깔
끔하면서 구수하다. 고추장 양념 덕분에 칼칼한 맛까지
더해졌다. 푸짐하게 들어간 국수를 호로록 넘기다 보면
기분 좋은 포만감이 밀려온다.

🏠 충북 옥천군 청산면 지전1길 26   📞 043 732 8404
🕙 10:30~15:30, 매주 월요일 휴무
🍴 생선국수(중) 7,000원, 도리뱅뱅이(소) 7,000원, 생선튀김(중) 11,000원

040

포레포라

나의 모습이
너에게 닿을 때까지

건물 외관에서부터 지중해 느낌이 물씬 다가온다.
모던하면서도 깔끔한 화이트 풍의 외벽과 통유리,
건물을 비추는 얕은 정원까지 완벽 그 자체다.
징검다리를 따라 걷다 보면 어느새 건물을 한 바퀴
돌게 된다. 이곳에서는 누구나 모델이 된다. 지금 내 모습을
누군가에게 전하고 싶다면, 다양한 분위기로
연출이 가능한, 전망 좋은 이곳 포레포라를 찾아보자.
_ 여미현

산속에 자리한 카페를 찾아가는 길은
말 그대로 '여행길'이다.
지리적 위치는 옥천이지만 대전에서도
멀지 않아 평일에도 많은 사람이 찾는다.
날씨가 좋은 날에는 건물
외부 산책로에 자리한 테이블에서
시간을 보내는 것도 괜찮다.
1층보다 2층에 앉을 자리가 많고,
2층 통유리 앞쪽 자리는 포토존이라
인기가 높다.

전망 좋다고 소문난 카페는 자칫 전망'만' 좋은 곳이 많
다. 하지만 옥천 포레포라는 다르다. 학창 시절에 공부
도 잘하고 노는 것도 뒤처지지 않던 친구 같다. 카페 앞
쪽은 시야가 탁 트여 있어 답답함이 전혀 없고 카페 뒤
쪽으로는 울창한 숲이 자리한다. 암석을 따라 흘러내
리는 물소리를 듣다 보면 서너 시간은 훌쩍 지난다. 서
로 다른 느낌으로 꾸며 놓은 주인의 세심함이 돋보인
다. 인기 메뉴 브런치는 13시간 훈연한 텍사스바베큐플
래터, 제철 과일과 빵, 카프레제, 부드러운 스크램블 등
이 나온다. 재료가 신선할 뿐만 아니라 주문을 받은 즉
시 조리를 시작해서 내놓는다. 바닐라 베이스에 생크림
과 시나몬 파우더를 뿌린 포포라떼가 유명하다. 토마토
를 좋아한다면 토마토바질에이드를 추천한다. 설탕에
절인 토마토 식감이 독특하면서 맛나다.

🏠 충북 옥천군 군북면 갑로길 24-9　　📞 0507 1359 4711
🕐 11:00~21:00(라스트 오더 20:00, 브런치 ~15:00)
🍽 **텍사스바베큐**(2~3인) 42,000원, (3~4인) 68,000원, **브런치** 24,000원, **옛날팥빙수** 18,000원

금성제면소

일본 현지 감성을 그대로 옮긴
일본식 라멘과 덮밥 전문점

일본 전통 집을 그대로 옮겨 놓은 듯한
일본 가옥이 눈에 들어온다. 미닫이문을 열면 진한 육수에
먼저 코가 반응한다. 일본의 어느 오래된 라멘 장인의 집에
찾아온 듯하다. 창가에 있는 일자 테이블에서
진한 육수와 쫄깃한 면발을 후루룩!
제천에서 일본 라멘의 맛과 감성을 즐긴다.

_ 이진곤

금성제면소는 각 요리마다
다른 육수를 만들어 낸다.
닭과 돼지를 장시간 끓여 섞은 육수,
일일이 돼지 뼈만을 골라 끓여낸 육수,
닭과 건어물을 섞은 맑은 육수,
금성제면소의 독자적인 레시피인
매운 육수 등 각각
다른 맛을 보는 것도 금성제면소의
음식을 즐기는 방법이다.

"옛날부터 라멘집을 하고 싶었다"라는 금성제면소 대
표는 고향인 제천에서 일본식 라멘과 덮밥 전문점을 열
었다. 일본풍의 건물 디자인을 벤치마킹하고, 기둥 하나
하나 건축한 것이 지금의 금성제면소다. 4인 테이블도
있지만 밖을 내다볼 수 있는 일자 테이블에 앉으면 마
치 일본 어느 장인의 식당에 들어온 기분이다. 대표 라
멘 토리파이탄은 닭과 돼지를 장시간 끓여 뽀얀 국물에
반숙 달걀, 돼지고기, 버섯, 양파와 고소한 깨를 얹었다.
직접 뽑은 면은 부드러우면서 쫄깃한 식감을 자랑하고
진하게 우려낸 육수는 감칠맛이 살아 있다. 일본식 덮
밥인 차슈동은 간장 소스에 졸인 돼지고기를 밥 위에
수북이 올려주는데, 적당히 밴 간에 달달한 맛이 조화
를 이루어 술술 넘어간다. 고추냉이와 절임 생강을 함
께 먹으면 또 다른 맛을 즐길 수 있다.

충북 제천시 금성면 청풍호로 991
043 642 8867
11:00~17:00(라스트 오더 16:30), 매주 월요일 휴무
토리파이탄 10,000원, 돈코츠라멘 10,000원, 차슈동 9,000원, 매운라멘 11,000원

열두달밥상

약초로 지은 건강한 밥상

약초를 이용한 건강한 밥상을 내는 '약채락'은
제천 음식을 상징하는 브랜드다. '약채락' 대표 주자인
열두달밥상은 제철 재료로 정갈하고 품격 있는
음식을 낸다. 가마솥에 약초 물로 지은 밥은
밥 한 톨 남기기 아까울 정도로 귀하다.
제대로 된 한 상이 그리울 때, 이곳으로 향하는 이유다.

_ 채지형

열두달밥상 김영미 대표는
'2019 코리아 월드 푸드 챔피언십'
대상 수상을 비롯해 각종 요리
경연대회에서 상을 받을 정도로
요리 실력자다.
식당 한쪽에 있는 상장과
트로피를 볼 수 있다.
초록초록한 자연이 보이는
통유리창 옆자리에 앉으면,
더 분위기 있게 식사할 수 있다.
제천리솜포레스트에서 차로 5분 거리.

입구부터 범상치 않다. 수십 개의 장독대가 눈을 사로
잡는다. 문을 열면 은은한 약초 향이 밀려든다. 열두달
밥상의 간판 메뉴는 가마솥약초밥과 토종하얀민들레
밥. 약초밥상에 오르는 밥은 인삼과 황기, 숙지황 등 여
덟 가지 약재를 달인 '팔물탕'으로 짓는다. 노란 빛의 약
초밥에는 윤기가 좌르르 흐른다. 제천의 하얀 민들레
잎을 가득 올려 별미다. 하얀 민들레는 토종 민들레로,
예로부터 약재로 쓰였다. 열두달밥상에서는 반찬도 주
인공이다. 계절 채소를 이용한 찬이 17가지다. 직접 텃
밭에서 키우거나 지역에서 난 나물로 방풍, 씀바귀, 다
래순, 머윗대 등 종류도 다양하다. 나물 본연의 맛을 살
린 덕에, 맛도 향도 색도 좋다. 직접 농사지어 만든 집
된장으로 끓인 된장찌개도 깊은 맛이다. 정성스럽고 건
강한 한 상 맛보면 세상 부러울 게 없다.

🏠 충북 제천시 백운면 금봉로 161   📞 043 643 0888

🕐 10:00~21:00(브레이크 타임 15:00~17:00, 라스트 오더 19:30), 매주 화요일 휴무

🍲 **가마솥약초밥** 15,000원, **토종하얀민들레밥** 15,000원, **곤드레밥** 15,000원

니시키

탱탱한 면발이
국물을 흡수하기 전에

일본 사누키 우동 전문점 '타레한'에서 맛본
우동 맛에 반해 그곳에서 일하며 기술을 배운 후
한국으로 돌아와 우동집을 차렸다.
서울 이태원에서 차린 우동집은 큰 인기를 끌었고,
여러 맛집 프로그램에도 소개되었다. 몇 군데 장소를 옮겨
세종시에 터를 잡았다. 내부 장식은 깔끔하고 단정하다.
_여미현

일본 사누키 현에서 만들어진
사누키우동은 면발이 매끄럽고
탱탱하고 쫄깃한 것으로 유명하다.
일본 우동은 크게 4가지 방법으로
면발을 준비한다. 뜨거운 면발을
뜨거운 물이나 차가운 물에 헹궈내는
방법, 차가운 면을 뜨거운 물이나
차가운 물에 헹궈내는 방법에 따라
밀가루의 식감이 달라진다.
충분히 숙성된 밀가루와 천연 재료를
사용하여 만든 우동은 소화가
잘되는 편이다.

후루룩 들이켜는 뜨끈한 국물을 좋아하는 사람이라도,
고춧가루 뿌려진 얼큰한 국물을 먼저 찾는 사람이라도,
이곳에서는 달짝지근한 국물을 충분히 즐겨보기를 바
란다. 시그니처 메뉴인 붓가케냉우동을 맛보는 일이 첫
번째다. 이 우동은 냉수로 헹군 면에 간장 소스(쯔유)를
부어 무, 파 등과 함께 비벼 먹는다. 니시키에서는 면에
간장 소스가 부어 나온다. 부드럽고 쫄깃하고 탱탱한
우동 면발은 입안에서 살아 움직이는 듯하다. 얼핏 다
씹지 못하고 내려간 면발은 내장 기관에서조차 살아 있
을 듯하다. 무를 곱게 갈아서 메추리알 모양으로 만들
어 내놓는데, 먹기 아까울 지경이다. 바싹하게 튀긴 튀
김이나 고로케와 함께 먹어도 별미다. 국물 맛을 즐길
것인가, 면발의 식감을 즐길 것인가. 이곳, 니시키에서
는 이런 논쟁이 필요가 없을 듯하다.

🏠 세종 한누리대로 1940 세종펠리스 1층　📞 044 862 2888　🕐 11:10~21:00(브레이크 타임 15:00~17:00)
🍜 니시키우동 8,500원, 니시키우동정식 14,000원, 돈카츠 12,000원, 붓가케냉우동 9,000원,
　　붓가케냉우동정식 14,500원, 에비텐붓가케냉우동 15,000원

044

빠스타스

이달의 가장 신선한
이태리 가정식

빠스타스(Fastars)는 패밀리 파스타 바(Family Pasta Bar)의
앞글자를 따서 지었다. 가족들이 편안한 공간에서
맛있는 파스타를 먹는 공간을 상상하며 시작했던 것.
이태리 가정식을 선보이며 제철 식재료를 사용해
매달 메뉴가 바뀌는 게 특징이다. 9년째 한자리에서
운영하며 세군도, 어진점 등 지점을 두고 있다.
_ 길지혜

빠스타스의 본점은 세종 종촌동
가재마을 금강빌딩 1, 4층에 자리했다.
1층은 예약 없이, 4층은 예약제로만
운영한다. 4층에는 빠스타스 스튜디오
공간이 있는데 주말이면 돌잔치 등
파티 장소로 활용된다.
최소 인원 제한 없이 가족 모임부터
50인까지 가능하며
4시간 공간 대여도 된다.
친구와의 브런치, 연인과의 데이트,
가족과의 만찬 어디에도 손색없을
명실상부 소개하고 싶은 레스토랑이다.

시그니처 메뉴를 알아보는 방법은 먼저 온 손님의 테
이블을 둘러보는 것. 크림빠네, 까르보나라가 자리마
다 놓여 있다. 명란로제빠네와 화덕 피자도 마찬가지
다. 합리적인 가격 덕분에 두 명이어도 메뉴는 세 개. 4
층 가족 테이블은 감바스와 채끝등심스테이크, 감자뇨
끼가 곁들여진 비프브루기뇽뇨끼까지 한 상을 채운다.
리코타치즈, 로메인, 라디치오, 레몬비네그렛이 들어간
멜론프로슈토샐러드도 추천한다. 맛은 기본이요, 분위
기는 맛을 배가시킨다. 감각적인 소품, 조명이 이탈리아
어느 해변의 식당을 연상시키면서도 집에 앉아 있는 것
처럼 편안한 톤이다. 이 모든 것이 어우러져 SNS 후기도
대단하다. 실력과 도전 정신으로 무장한 이한솔 대표의
역할이 큰 것으로 보인다. 현재 32세의 나이로 지난해
38억 매출을 기록한 저력이 여실히 드러난다.

세종 달빛로 43 금강빌딩 1·4층
11:00~21:00(4층 브레이크 타임 15:00~17:00, 라스트 오더 20:00)
멜론프로슈토샐러드 17,900원, **트러플크림빠네** 16,900원, **비프라구파스타** 10,900원

044 864 1992
@the_fastars

도덕봉가든

호불호 없는 담백한
유황오리훈제

"오리는 남이 먹고 있으면 뺏어서라도 먹어라"라는
말이 있다. 오리의 뛰어난 맛과 효능 덕분에 생긴 말이다.
오죽하면 오리를 '날개 달린 작은 소'라고 부를까.
보양식으로 인식된 오리는 여름철에 유독 인기가 치솟는다.
그렇다고 뙤약볕이 내리쬐는 시기에만 오리를 맛보겠는가.
오리 앞에서 혓바닥은 인내심이 부족하다.
_ 박지원

내부에는 단체석이 마련되어 있어
각종 모임을 갖기 좋다.
주차장도 널찍하다.
재료가 일찍 소진되면 조기에
문을 닫기 때문에
예약 후 방문하길 권한다.
주변에 대전현충원, 유성온천,
계룡산국립공원 등 관광지가 즐비해
연계 여행에 나서기 수월하다.

도덕봉가든은 도심과 가까운 계룡산국립공원 수통골
지구와 맞닿아 있다. 수통골지구 계곡에는 여름마다 무
더위를 날리고자 방문하는 이들이 수두룩하다. 물론
봄, 가을, 겨울도 마찬가지다. 가파르지 않은 등산로를
따라 계절마다 모습을 달리하는 멋진 풍경을 감상할 수
있어서다. 사람들의 발길이 쉴 새 없이 향하는 까닭은
이뿐만이 아니다. 물놀이나 등산을 전후해 방문하기 좋
은 음식점과 카페가 여럿인 덕분이다. 이 가운데 도덕
봉가든의 명성이 대단하다. 대표 메뉴는 유황오리훈제
다. 유황을 먹여 키운 오리를 전남 보성에서 공수받아
요리한다. 담백하고 고소한 맛이 일품이다. 유황오리훈
제를 주문하면 바지락항아리수제비가 무료로 제공된
다. 몸보신과 좀 더 가까워지고 싶다면 동충하초한방오
리탕이 제격이다. 난 소주도 곁들인다.

🏠 대전 유성구 동서대로189번길 13　　📞 042 825 3777
🕐 11:00~20:40(라스트 오더 20:00)
🍽 **유황오리훈제** 60,000원, **바지락항아리손수제비** 8,000원, **동충하초한방오리탕** 65,000원

046

대전갈비집

질리지 않게
달짝지근한 맛

대흥동 거리의 조붓한 골목길, 낡은 건물 사이로 허름한 간판이 보인다. 겉보기엔 옛날 대폿집 분위기다. 상호는 대전갈비집. 언제 봐도 정겹다. 출입문을 열고 내부로 들어서니 시끌벅적하다. 거리에 있던 사람들이 모두 여기로 왔나 싶다. 자리에 앉자마자 능숙하게 주문한다. "돼지갈비, 소주, 맥주요."
_ 박지원

대전갈비집은 대전시 인증 3대 30년 전통 업소다. 이곳에서 돼지갈비를 주문하면 쌈 채소와 더불어 오이소박이, 무생채, 배추김치 등 여러 가지 반찬이 같이 나온다. 옆 테이블에는 있는데 우리한테는 안 줬나 싶은 반찬도 있다. 이럴 땐 주인장 불러 따질 게 아니라 셀프 코너를 이용하면 된다. 함께 상에 오르지 않는 반찬류가 많으니, 식성에 맞게 가져다 먹으면 된다.

시초는 1977년 연탄 화덕 2개가 전부였던 작은 돼지갈 빗집이다. 1989년 지금의 자리로 옮겨 줄곧 한 자리를 지키고 있다. 주재료는 국내산 암퇘지의 쪽갈비. 대전중 앙시장 등지에서 구입한다. 손질은 가게에서 손수 해서 원가를 낮췄다. 양념은 빛깔이나 단맛을 위한 캐러맬색 소는 넣지 않고, 과일을 비롯해 간장, 생강, 마늘 등 20 여 가지 재료로 만든다. 이틀간 저온 숙성을 거쳐 상에 오른 돼지갈비를 보면 생고기의 색깔에 가깝다. 심지어 주문을 잘못한 건 아닌가 싶기도 하다. 하지만 숯불 위 에서 노릇노릇 구워진 돼지갈비 한 점을 입에 넣으면 알아챈다. 양념이 고기에 촘촘하게 배어 있다는 것을. 적당히 달짝지근해 쉽게 질리지 않는다. 소면을 곁들여 먹어도 훌륭하다. 멸치 대신 명태 뼈를 우려낸 육수가 깔끔하게 시원하다. 술만 곁들여도 좋다.

🏠 대전 중구 대전천서로 419-8
🕐 11:00~22:00(라스트 오더 21:00)
📞 042 254 0758
🍴 돼지갈비(1인) 12,000원, 소면 4,000원, 냉면 5,000원

047

진로집

알싸한 감칠맛의
두부두루치기

건물 두 채 사이의 조붓한 골목.
안으로 들어가면 두부두루치기 맛집이 있다는데,
분위기는 아니었다. 이내 발걸음을 옮기니 놀랍게도
음식점이 있었다. 맛집은 숨어 있다는 상투적인 말이
떠올라 혼잣말을 뱉었다. "일단 숨은 건 맞네."
음식을 맛보고 나서는 이렇게 읊조렸다. "맛집도 맞네."

　　　　　　　　　　　　　　　　　　- 박지원

진로집은 대전시에서 지정한
3대 30년 전통 업소다.
현재 3대 김동헌 씨가 운영 중이다.
2대는 그의 어머니, 1대는 외할머니다.
중소벤처기업부 인증 백년가게로도
선정된 바 있다. 두부두루치기, 수육,
부추전 외에도 다양한 음식을
맛볼 수 있다. 두부+오징어, 오징어찌개,
오징어볶음, 제육볶음, 두부전,
두부김치전, 칼국수 등이 그것이다.
워낙 유명해서 평일에도 웨이팅을
감수해야 한다.

"진로가 그 소주의 진로인가?" 진로집이란 상호를 보
면 으레 드는 생각이다. 근데 맞다. 소주 이름을 따서 지
은 게 진로집이다. 대표 메뉴는 두부두루치기. 두루치기
는 돼지고기로 만드는 게 일반적이다. 이 때문에 고기
도 아닌 두부에 양념 좀 버무린다고 얼마나 맛있겠느냐
의구심이 생긴다. 하지만 한 수저 푹 떼어내 먹어보면
훌륭하다는 걸 깨닫는다. 연두부가 주재료인데, 양념이
잘 배게 숭덩숭덩 으깬다. 양념은 고춧가루, 마늘, 간장,
참기름 등을 활용해 비법을 녹여 넣었다. 순한 맛과 매
운맛도 선택할 수 있다. 두부가 알맞게 잠길 정도로 깔
린 국물도 특징이다. 국물에 칼국수 면발이나 공깃밥을
넣고 비벼 먹는 것도 좋다. 날마다 삶는 수육도 곁들이
기 좋다. 개인적으로 가장 멋진 조합은 막걸리다. 그렇
다고 소주나 맥주도 등한시하긴 어렵다.

🏠 대전 중구 중교로 45-5　　　　　　📞 042 226 0914
🕐 11:30~22:00(브레이크 타임 15:00~16:30), 매주 화요일 휴무
🍽 **두부두루치기**(소) 12,000원, **수육**(소) 17,000원, **부추전** 6,000원

048

질마재양대창

세상에서 가장
'꼬수운' 맛

식당을 열기 전에 'CHICAGO'라는 LP BAR를 운영한 김종두 대표. 홀 곳곳에 7080 세대 정서로 가득한 낡은 LP와 빈티지 오디오시스템이 눈길을 끈다. 단골손님들이 음악 신청을 하기도 하는 질마재양대창은 분위기 좋은 음악을 들으면서 양과 대창을 즐길 수 있다.
_ 이승태

모든 고기는 직원들이 직접 구워준다. 최상의 맛을 제공하기 위해서다. 대창이 익어가는 냄새가 정말 고소하다. 환상적 마블링을 가진 최상급 소고기에서도 느껴보지 못한 '꼬쫄한' 맛이 입안을 가득 채운다. 소의 첫 번째 위로, '양깃머리'라고도 부르는 양은 지방질 없이 순수한 근육질로 이뤄져 있어 씹는 맛이 남다르다.

양·대창 전문인 질마재양대창은 전국에 4곳의 매장을 운영하고 있다. 본점인 서산과 인천 송도, 청라 그리고 이곳 당진까지. 질마재양대창의 레시피는 70년 전통을 자랑하는 부산의 '오막집'에서 가져온 것이다. 고기는 한우 대창을 제외하면 모두 호주산이다. 전문적으로 손질하는 공장에서 바로 조리할 수 있는 깨끗한 상태로 만들어 보내준다. 배달된 고기는 식당에서 기본 숙성 과정을 거친 후 테이블에 오른다. 양과 대창이 가장 인기가 좋고, 육개장 스타일의 얼큰한 양곰탕도 많이 찾는다. 깐 양과 우슬, 양지로 조리한다. 메뉴판의 들깨순두부가 눈길을 끈다. 고소한 두부의 맛이 도드라지는 요리로, 질마재양대창 단골이라면 꼭 먹고 간다고. 파슬리와 통후추를 갈아서 고기 위에 뿌린 양갈비는 잡냄새 없이 즐길 수 있다.

🏠 충남 당진시 먹거리길 112-20　　📞 041 357 0947
🕐 17:00~24:00(라스트 오더 22:30), 매월 1·3·5번째 일요일 휴무
🍽 **대창구이** 28,000원, **특양구이** 29,000원, **양갈비** 29,000원, **양념살치갈비** 30,000원

영성각 본점

컬러풀 탕수육과 쫄깃한
면발의 전국구 짬뽕 맛집

충청남도 서산시 해미면 읍내리에 있는
중화요리 전문점이다. 서산 해미읍성 앞에 위치한 영성각은
대한민국 3대 짬뽕집이라 손꼽을 정도다.
순위가 뭐가 중요할까마는 해미읍성을 떠올리면 영성각이
따라 나오는 건 부인할 수 없는 일. 관광객도 그렇지만,
서산 사람들도 여기 가려고 해미읍으로 향한다.
                                              _ 길지혜

영성각에서 도보로 5분이면
해미읍성에 닿는다.
순천의 낙안읍성, 고창의 고창읍성과
함께 우리나라 3대 읍성으로 꼽힌다.
읍성 안 주막에서도 음식을 판매하는데
부침개, 도토리묵, 지역 양조장에서
가져오는 막걸리도 있다.

대표주자 짬뽕은 맵거나 자극적이지 않고 오히려 깊은
맛이다. 평범한 짬뽕 같지만 맛을 보면 볼수록 괜찮다
는 생각이 드는 마력이 있다. 육수에 적당히 삶긴 면발,
넉넉한 양파와 목이버섯, 새우살, 오징어가 들어 있는
데 잘 익은 양파와 양배추 씹히는 맛이 조화롭다. 채 썬
돼지고기에도 육수가 탄탄히 뱄다. 탕수육도 견줄 만한
시그니처 메뉴. 새콤달콤한 케첩 소스를 뿌린 컬러풀
탕수육은 바삭하고 쫄깃하다. 한마디로 '옛날 탕수육'
맛인데 계속 당긴다. 소스는 달지도 시지도 않고, 따로
요청하지 않으면 부어 나오는 것이 기본이다. '찍먹파'
도 이곳의 갓 나온 탕수육을 먹는다면 '부먹파'로 바뀔
수 있다. 부드러우면서도 바삭한 맛이 끝까지 살아 있
다. 유니짜장과 유니간짜장, 짬뽕, 삼선울면 등 여러 가
지 면 요리도 함께 먹음직하다.

📍 충남 서산시 해미면 남문1로 40-1   📞 041 688 2047
🕐 10:40~19:00, 매주 월요일 휴무   🍽 유니짜장 7,000원, 짬뽕 8,000원, 탕수육(소) 16,000원

콩이랑 두부랑

서산의 숨은
두부삼합 맛집

콩과 두부로 살아온 외길 인생이다.
1998년 12월 식당 문을 열고 지금껏 한 메뉴만을 팔았다.
코로나19로 배달을 시작하면서 사이드 메뉴를 추가했지만
기본은 손두부다. 콩 농사를 짓는 매형에게 직접 받은
순수 국산 콩으로 두부를 만든다. 순두부부터 모두부,
연두부, 콩비지까지 다양하고 맛도 최고다.

_ 길지혜

한쪽 벽면에 손글씨로
이 집의 역사가 빼곡히 쓰여 있다.
2010년 웰빙 맛집 선정,
2012년 외식업 충남지회장상 수상,
서산 시장 표창, 착한 가격 업소 등이다.
서산 지역에서 이 집 하면
맛집으로 통하는 이유다.
김응렬 대표는 "집사람이 김치를
못 담그든가, 내가 두부를 직접 못 만들면
그때 그만둬야지" 말하며
오늘도 손두부를 만든다.

상호답게 두부전골, 두부삼합, 순두부백반이 주요 메뉴
다. 두부삼합은 삼겹살 수육과 직접 담근 아삭한 김치,
손두부 세 가지를 싸서 먹는다. 검정깨가 올려진 두부
만도 맛있는데 고기와 김치를 더한 삼합이라니. 들깻가
루가 들어 있는 두부전골도, 심심하면서 깔끔한 순두부
백반도 모두 손두부를 기반으로 만드니 맛있을 수밖에.
김 대표는 28년을 한결같이 매일 콩을 고르고 간수를
걸러 두부를 만드는데, 그 정성이 대단하다. 판두부를
직배송해 주는 그 쉬운 방법을 모를 리 없다. 손두부를
만드는 그만의 비법도 있다. 거품이 일어나는 걸 죽이기
위해 화학 제품을 쓰는 기계 두부와 달리 물을 분사해
서 만드는 방법을 개발한 것. 여름 계절 메뉴인 콩국수
도 인기다. 하루는 열무김치, 다음 날은 겉절이를 담는
다. 백반의 반찬도 한 끼 식사로 충분하다.

🏠 충남 서산시 율지3로 54   📞 041 667 5980   🕐 09:00~20:00, 매주 월요일 휴무
🍴 **두부전골**(2인 이상) 1인 11,000원, **순두부백반** 9,000원, **흑콩국수**(계절 메뉴) 10,000원
🌐 www.sskcr.net/?pg=119

파이브스타 버거

휴양지 한복판에 들어온 듯한
이국적인 수제버거

서산 아래의 간월도는 평소에는 섬이었다가 썰물 때가 되면
육지처럼 건널 수 있는 일몰 명소로 유명하다.
한국에서 보기 드문 지평선을 볼 수 있는 방조제를 지나면
마치 하와이에 온 것 같은 이국적인 인테리어와 풍부한
육즙을 자랑하는 수제버거를 누릴 수 있는
파이브스타버거를 만나게 된다.
_ 운민

한 손으로 먹기가 힘들 정도로
크기가 거대하다.
성인 여성 두 명이 버거 하나를 먹어도
충분하니 이 점 고려하자.
간월도까지 충분히 걸어서
갈 수 있는 만큼 소화를 시킬 겸
돌아보는 것을 추천한다.
특히 해가 지는 일몰 때 맞춰 간다면
잊을 수 없는 추억을 선사한다.

건물 오른편으로 나 있는 골목을 따라 조금만 들어가면
푸른 바다를 배경으로 파란색 밴치와 야자수 파라솔이
올려진 야외 좌석을 만날 수 있다. 이곳을 찾은 대부분
이 바로 식당으로 들어가지 않고 저마다 추억을 남기기
위해 사진 찍기 바쁘다. 설치미술 같은 인테리어는 미
국 분위기가 느껴지는 클래식한 인상이다. 수제버거 전
문점답게 다양한 버거 메뉴가 유혹하지만 이곳의 시그
니처는 화이트스타버거와 비프투움바다. 주문한 지 오
래지 않아 음식이 나온다. 차가운 화이트어니언크림과
옥수수튀김의 조합이 환상적인 화이트스타버거는 부드
러운 번과 육즙이 흘러내리는 패티, 압도적인 크기로 먼
길을 찾아온 고생을 한순간에 잊게 만들어 준다. 매콤한
소스를 끼얹은 비프투움바는 로메인, 자색 양파와 함께
달걀프라이의 조화가 더할 나위 없이 훌륭하다.

🏠 충남 서산시 부석면 간월도1길 117 상가 1층　　　　　　　　📞 0507 1410 3405
🕐 월~금 11:00~18:30, 토·일 10:00~19:30, 매주 화요일·매월 마지막 화·수요일 휴무
🍔 **화이트스타버거** 12,800원, **비프투움바** 13,800원　　　　　　📷 @fivestar_burger

052

거북선
숯불풍천장어

맛은 기본,
뷰도 좋고 재미도 있네

전북 고창군은 풍천장어로 유명한 장어의 본향이다.
서해안으로 연결되는 인천강 하구에서도 장어가 서식하고
해안가 양만장에서도 대규모 양식으로 많이 키워낸다.
그러다 보니 전역에 장어집들이 즐비하다.
모두 빠지지 않지만 그중 '재미' 요소가 있는 집을 꼽자면
단연 거북선숯불풍천장어다.
_ 김수남

고리포는 전북 고창군과
전남 영광군의 경계이기도 하다.
창가에 자리를 잡으면 밀물 때는
영광 땅 앞 칠산 바다를, 썰물 때는
갯벌을 보면서 식사를 할 수 있다.
천장이 열리는 것을 못 봤다면
주인에게 살짝 부탁해 보자.
흥겨운 음악과 함께 거북선 등짝이
날개처럼 열리는데 좌중의 시선들이
덩달아 춤을 춘다.

거북선숯불풍천장어는 고창군 최서남단 고리포에 있다. 다소 불리한 입지 조건을 이겨볼 의도였을까, 외관부터 남다르다. 바닷가의 식당 건물이 임진왜란 당시 거북선 모양이라 마치 이순신 장군이 고창에 정박한 듯하다. 야간에는 불을 뿜는 모습도 만날 수 있다. 어디 그뿐인가. 흥겨운 트로트 음악과 함께 건물의 지붕인 거북선 등짝이 열리면 '돔나이트클럽' 분위기다. 고창의 장어집은 1인분씩 파는 정식 스타일과 1kg씩 파는 셀프식 장어집으로 나뉜다. 셀프식 업소는 현지인들이 주로 많이 이용하는데 밑반찬보다는 장어 고기에 충실한 곳이다. 거북선숯불풍천장어 역시 1kg에 2마리에 해당하는 장어만 엄선하여 내놓는다. 그래서 도톰한 식감이 좋고 제대로 먹는 기분이 난다. 후식으로 주문할 수 있는 바지락죽도 빼놓으면 서운한 별미다.

📍 전북 고창군 상하면 고리포길 199
🕐 10:00~21:00, 매주 월요일 휴무
📞 063 562 0433
🍽 **장어구이** (1kg) 69,000원, **바지락칼국수** 7,000원, **바지락죽** 8,000원

053

수복회관

난로에
삼겹살 구워 먹는 맛

수복회관은 고창에서도 변방 축에 드는
신림면의 허름한 시골 노포지만 제법 유명하다.
삼겹살만 취급하는데 난로 위에서 굽는 게 특징이다.
편안한 분위기와 주인장의 입담도 좋지만 난로 위에
고기를 구워 먹다 보면 꼬여가는 세상일도 술술 풀리고,
벗들과의 우정도 뜨겁게 지글지글 익어간다.

_ 김수남

삼겹살 단일 메뉴이긴 하지만
공깃밥을 추가할 수 있고
라면도 주문할 수 있다.
단, 라면은 직접 조리해야 하고
별도 요금이 없는 달걀프라이도
직접 만들어 먹는 게 이곳의 룰이다.
주인 혼자 운영하는 것은 시골이라
종업원을 구하기 어렵기 때문이다.
계산 후 나갈 땐 아이스바가
하나씩 서비스된다.

수복회관은 오승현 대표의 부모님이 운영하시던 가게
로, 처음 오픈한 건 대략 35년 전이다. 구멍가게를 겸한
작은 정육점에서 억척스럽게 일하며 6남매를 훌륭히 키
웠다. 겨울에는 난방을 위해 난로를 1~2개 놓았는데 동
네 사람들의 권유로 삼겹살을 구워 팔기 시작하면서 주
막 같은 분위기의 동네 사랑방이 되었다. 돼지 한 마리
에 7만 원씩 할 때 이야기다. 가게의 역사는 간판에 오
롯이 남아서 지금도 '수복회관 도림슈퍼 정육점'이라고
걸려 있다. 지금은 난로 주위에 벽돌을 둘러 쌓아서 안
정감과 함께 안전성도 높였다. 삼겹살은 두께가 25mm
내외로 다른 곳보다 두툼하다. 야외 직화구이에 적당하
니 난로와도 잘 어울리는 셈이다. 난로 위에 알루미늄
포일을 깐 뒤 삼겹살을 놓고 양념한 콩나물과 묵은지를
함께 구우니 분위기가 금세 뜨거워진다.

전북 고창군 신림면 왕림로 515
16:00~20:00(토요일 12:00~), 매주 일요일 휴무

063 562 4038
삼겹살(한 근) 45,000원, (반 근) 23,000원, 라면 3,000원

074

054

지리산고원흑돈

지리산이 키운
쫄깃한 흑돼지

우리나라 사람이 가장 좋아하는 고기인 돼지 삼겹살, 그중에도 흑돼지 삼겹살이 가장 맛있다. 시장이나 마트 정육 코너에서 10~20% 비싸게 팔린다. 프리미엄이라는 말이다. 남원 흑돼지는 맛도 깊고 담백해 특히 인기가 좋다.

_ 유철상

지리산 흑돼지고기는 완전히 익히지 말고, 적당히 붉은빛이 돌 때 먹으면 더 맛있다.
흑돼지고기는 포도당과 유리아미노산이 다른 돼지고기보다 풍부한데, 완전히 익히면 이 감칠맛이 사라진다.
고원흑돈 고기는 부드럽고 특히 고소한 맛이 난다.

고원흑돈은 남원 흑돼지의 대표 맛집이다. 여행하는 재미의 반 이상은 식도락이다. 남원을 여행하다 보면 추어탕 다음으로 많이 보이는 게 '흑돼지' 간판을 단 식당이다. 지리산고원흑돈은 버크셔종 흑돼지고기를 내놓는 곳으로 유명하다. 모둠구이를 주문하니 삼겹살, 목살, 앞다리, 항정살, 가브리살, 갈매기살이 나온다. "고기가 부드러워 목살에 칼집을 낼 필요가 없어요. 이 칼집은 보기 좋으라고 낸 겁니다. 백돼지는 150~180일 키워서 도축합니다. 출하할 때 90kg 정도죠. 흑돼지는 200일 이상 지나야 그 크기가 나와요." 그러니 비쌀 수밖에 없다. 흑돼지는 백돼지와 달리 기름이 투명하다. 연구 결과 불포화지방산 함량이 오리고기보다 많다고 한다. 고원흑돈은 지리산흑돼지 유통도 겸하고 있어 질 좋은 고기를 맛볼 수 있다.

🏠 전북 남원시 아영면 인월장터로 248　　📞 063 625 3663
🕙 10:00~21:00
🍽 **흑돈명품 반 마리**(2인) 36,000원, **흑돈 한 마리**(4인) 47,000원, **흑돈김치찌개** 8,000원

할매추어탕

보글보글 든든한 보양식
한 그릇 드실래요?

보글보글 끓는 추어탕 뚝배기에 밥 한 그릇 말아 훌훌
떠먹으면 원기를 회복하고 든든하게 버틸 힘을 얻는다.
온 가족 보양식으로 그만이다. 미꾸라지는 단백질과
필수아미노산, 비타민 A·B·D가 풍부해 피부 미용에도 좋고
성장에 도움을 주며, 시래기는 비타민과 무기질을
함유하여 다이어트에도 좋다.

_ 유철상

남원 광한루원 주변에 추어탕거리가
이어진다. 부산집, 현식당, 새집,
친절한식당 등 추어탕 전문점이 많지만
4대째 남원 추어탕을 이어오고 있는
할매추어탕이 특히 맛있다.
시래기가 가득하고 곁들여 나오는 반찬도
정갈하고 맛있다.

남원 추어탕에는 미꾸라지와 조금 다른 미꾸리가 주로
들어간다. 미꾸리는 길이가 짧고 몸통이 동글동글해서
'동글이'라고도 불리는데, 맛이 좋고 비린내가 적다. 남
원시 농업 기술 센터가 토종 미꾸리 치어 생산에 성공
해서 인근 미꾸리 양식장에 공급하며, 남원 추어탕거리
의 식당들은 이곳에서 미꾸리를 받아 추어탕을 끓인다.
지역마다 추어탕을 끓이는 방식이 조금씩 다르다. 사골
국물에 두부를 넣는 서울식이나 고추장을 넣어 칼칼한
원주식과 달리, 남원은 된장과 들깨 불린 물을 넣어 걸
쭉하게 끓이며, 다른 채소 없이 시래기만으로 시원하고
구수한 맛을 낸다. 전국 어디서나 파는 추어탕이지만,
남원에서 먹는 추어탕이 특별한 이유가 여기에 있다. 입
맛에 따라 제핏가루를 살짝 뿌려 먹는 것도 남원 추어
탕의 특징이다.

전북 남원시 요천로 1467 063 632 0535
08:00~20:00(브레이크 타임 14:40~17:00, 라스트 오더 19:30), 매주 화요일 휴무
추어탕 12,000원, 막걸리 3,000원

056

백합식당

변산의 명물 백합으로 차린
건강 밥상

감칠맛과 쫄깃한 식감으로 많은 사람의 입맛을 사로잡은 부안 백합. 그러나 새만금 방조제가 건설되면서 계화도 주변 바다에서는 사라졌고, 방조제 바깥쪽과 고창 등의 바다에서 조금씩 잡히고 있다. 부안 백합정식은 뽕잎가루와 오디를 넣은 죽을 더해 더 먹음직스럽다.

_ 유철상

새만금 방조제가 건설되면서 부안에서
생산되는 백합은 양이 많이 줄었다.
중국 연안 갯벌과 고창 등의
바다에서 잡힌 백합이지만 몸에 좋은
오디와 뽕잎가루를 넣은 조리법은
부안에서만 맛볼 수 있다.
백합 음식을 제대로 맛보려면
백합요리한상 메뉴를
주문하는 것이 좋다.

변산반도 북쪽, 새만금 방조제 안쪽에 계화도라는 곳이 있다. 과거 섬이었으나 지금은 계화 방조제 건설로 육지의 일부가 되었다. 이 일대 갯벌이 백합 보물 창고였다. 워낙 고급 조개라서 날로 먹어도 좋은데, 지역민들은 백합을 '생합'이라고도 불렀다. 부안 지방 결혼식에서 백합은 절대로 빠질 수 없었다. 백합은 순결, 정절, 백년해로를 상징해서 '조개의 여왕'으로 불렸고, 혼례식 잔칫상에 올라 하객들의 입맛을 즐겁게 했다. 조선 시대에는 임금님 수라상이나 궁중 연회에 회, 찜, 탕, 구이, 죽 등으로 조리되어 입맛을 돋우고 미각을 풍성하게 해준다. 변산해변로의 백합식당은 백합탕, 백합구이, 무침을 한 번에 맛볼 수 있는 백합요리한상 메뉴가 인기가 좋다. 백합돌솥밥, 백합죽, 바지락죽, 칼국수 등 다양한 메뉴를 코스로 맛볼 수 있다.

🏠 전북 부안군 변산면 변산해변로 17 📞 063-584-7467
🕐 08:00~20:30(브레이크 타임 15:00~16:30, 라스트 오더 19:30), 매주 수요일 휴무
🍽 백합정식 A코스(2인) 70,000원, 바지락무침 30,000원, 갑오징어무침 40,000원

057

반미420

베트남 자매의
열정이 만든 맛

완주 삼례읍 삼례시장에는 베트남 자매가 운영하는
반미 전문점이 있다. 상호가 재미있다.
420을 그대로 읽으면 베트남 남부 도시 호치민의
옛 이름 '사이공'이 된다. 간판 상품은 반미고, 서브 메뉴로
쌀국수를 취급한다. 한국에 오래 산 자매의 음식답게
한국인의 입맛에 맞아 알음알음 입소문이 났다.

_ 김수남

한국 국적을 취득한
언니 이영(46) 씨는 한국살이 19년째고
동생 투이번(THUY VAN)씨는
대학에서 사회복지학을 전공한 재원이다.
이영 씨가 수년에 걸쳐 남편을 설득하여
마침내 오픈한 시기에 코로나가 겹쳤다.
어려운 시기임에도 많은 사람이
찾은 이유는 역시 자매의 열정과
진심이 통했기 때문일 것이다.

반미는 베트남 대표 길거리 음식으로, 바게트로 만든
일종의 샌드위치로 론리 플래닛(Lonely Pianet) '세계
길거리음식 베스트 10'의 하나로 선정되었다. 자매가
팔고 있는 반미는 옛날식 반미라고 한다. 잘 구워낸 바
게트 안에 고기와 허브 등 채소를 푸짐하게 넣는데 한
국인들에게 가장 인기 있는 메뉴는 불고기반미라고 한
다. 고수는 취향껏 넣거나 뺄 수 있다. 메뉴판에 있는 반
미 모두 입에 잘 맞는다. 특유의 식감이 있는 바게트로
감싼 다양한 속재료와 소스를 한 입 베어 물면 입안에
서 베트남 폭죽놀이가 펼쳐지는 듯하다. 바게트는 기계
가 아닌 손 반죽이 특징이고 자연 숙성에 무방부제를
원칙으로 삼고, 고기도 그날 팔 양만 굽는다. 내부에는
4인용 테이블 2개와 바 테이블이 있고 문밖에도 테이
블이 2개 있어서 베트남 현지인들처럼 즐길 수 있다.

🏠 전북 완주군 삼례읍 삼봉로 6 삼례시장 24호　　📞 0507 1353 4254
🕙 10:00~18:00(쌀국수는 3시, 반미는 5시 무렵에 재료가 동난다), 매주 월요일·매월 1번째 일요일 휴무
🍽 불고기반미 6,500원, 고기반미 6,000원, 소시지반미 5,000원, 쌀국수 8,000원

058

원조화심두부

지리산이 빚어낸
건강한 나물 밥상

완주군 소양면에서 65년 동안 두부 하나로
명성이 대단한 원조화심두부. 천연 간수를 이용한
재래식 두부만을 고집해 온 두부 전문점이다.
바지락, 고기, 버섯, 굴을 각각 넣어 끓인 순두부 요리들과
두부로 만든 돈가스는 어른·아이 모두에게 인기가 많다.

_ 유철상

할아버지부터 아이들까지
대가족이 가면 더 좋은 두부 요리 집.
두부 요리도 다양하고 연령대별로
좋아하는 메뉴가 다양해 여러 가지
두부 요리를 주문할 수 있는 것도 장점.
주말에는 주차장이 복잡하지만
음식이 빨리 나오는 것도 장점이다.

뚝배기에 김이 모락모락한 채로 나오는 두부는 남녀노
소 모두 좋아하는 음식이다. 물이 좋아 오래전부터 두
부촌으로 유명한 소양면에서 65년째 두부 하나로 전통
을 지키고 있다. 식당은 원래 원조화심두부 자리에 큰
규모로 확장해 건물도 크고 주차장도 크다. 원조화심두
부는 가족들이 찾아가서 먹기 좋다. 특히 두부탕수육이
특이하고 맛있다. 어른들은 들깨순두부를 즐기고 아이
들은 돈가스와 두부탕수육을 좋아한다. 두부 전문점이
라 사람이 많아도 주문하면 10분 이내로 메뉴가 나오는
것도 좋다. 어떤 두부 요리를 주문해도 천연 간수로 두
부를 만들기에 맛이 담백하고 두부도 단단해 입맛을 당
긴다. 고기순두부도 '강추'. 매콤 칼칼한 국물에 몽글몽
글한 순두부가 가득하고 다진 고기와 바지락이 깊고 시
원한 국물 맛을 낸다.

🏠 전북 완주군 소양면 전진로 1066　　📞 063 243 8952　　🕐 08:30~20:00
🍽 **화심순두부** 8,500원, **두부탕수육** 17,000원, **들깨순두부** 10,000원, **두부등심돈가스** 11,500원
🌐 www.hwasimdubu.com

059

시장비빔밥

호사스럽지 않은
비빔밥에 육회무침을
한 움큼 얹어내는 한 방

황등시장 길 건너, 4대째 하루 3시간만 영업하는
도도한 비빔밥집이 있다. 예전에는 '시장비빔밥'이라는
이름과 대표 메뉴 3가지를 미닫이 알루미늄
새시에 큼지막하게 새겨두고 간판을 대신했다.
선짓국밥, 비빔밥, 순대가 대표 메뉴다.

_ 윤용성

가게 이름에서 짐작할 수 있듯이
황등전통시장이 곁에 있다.
식사 후 전통시장 한 바퀴 돌면서
시골전통시장의 정취에 빠져보아도
좋을 것이다. 그리고 황등은 옛부터
석재가 유명한 고장이다.
식당 가까이 석재 회사들이 많이 있다.
둘러보면 흔하지 않은 석상들을
구경하는 재미가 있다.

비빔밥은 상차림을 생략하고 얼른 한 끼를 해결하려는
우리의 빨리빨리 문화가 낳은 음식이다. 가까이에 황등
석재의 채석장이 있어 바삐 식사를 마쳐야 하는 일꾼들
의 속사정을 간파한 메뉴였다. 시장비빔밥은 2가지가
독보적이다. 우선 고명으로 한 움큼 얹어주는 소고기육
회무침이다. 가늘게 채 썬 생고기와 파채에 양념이 배
도록 박박 버무려 재워둔다. 또 하나는 밥이다. 주문이
들어오면 미리 데쳐놓은 콩나물과 밥을 넓은 채에 담아
순대와 선지를 삶는 솥의 육수로 토렴한다. 넓은 양푼
그릇에 옮겨 담고 특제 고추장 양념을 넣어 현란한 손
놀림으로 비빈다. 이렇게 어디서도 맛보지 못한 비빔밥
을 영접할 수 있다. 그릇의 밑바닥이 둥글게 부풀어 오
르듯 변한 모양을 보면 내공마저 느껴진다. 전주비빔밥
이 '대가'라면 시장비빔밥은 '숨은 고수'다.

전북 익산시 황등면 황등7길 25-8
11:00~14:00, 매주 일요일 휴무

063 858 6051
육회비빔밥 11,000원, 선지순댓국밥 9,000원, 모듬순대 10,000원

060

전주왱이
콩나물국밥

손님이 주무시는 시간에도
육수는 끓고 있습니다

유년 시절, 콩나물 심부름을 자주 갔다.
슈퍼에서 콩나물 한 움큼을 까만 비닐봉지에 담아오면
엄마는 콩나물 꽁다리를 똑똑 손질했다. 멸치와 다시마,
무를 우려낸 국물에 후루룩 끓여내기만 해도 맛났다.
싼값에 자주 밥상에 오른 콩나물국은 추억이 깃든 만큼
선뜻 사서 먹기 힘든 음식이다. 그럼에도 전주왱이집
문을 여는 건 어머니 마음처럼 푹 끓인 육수 탓일까.
_ 송윤경

전주에서 콩나물국밥과
합을 이루는 게 모주다.
술을 좋아하는 아들이 걱정되어
막걸리에 한약재를 넣고 끓여줘서
'모주(母酒)'라 불렀다.
막걸리를 거르고 난 술지게미에
다시 물을 부어 만든 찌꺼기술이라
도수가 높진 않다. 옛날엔 술지게미에
사카린을 넣고 끓여 먹었다는데
요즘은 양조장 막걸리에 생강, 대추,
계피와 흑설탕을 넣고 끓인 것이
보통이다.

콩나물국밥은 전라도 지방에서 유래되었는데, 특히 전주 완산구 교동 개천 물이 좋아 콩나물이 잘 자랐다. 전국에 전주식 콩나물국밥이라고 걸어놓은 집이 심심찮게 보이는 이유도 그래서다. 전주식 콩나물국밥은 직화로 끓이는 것과 토렴하는 남부시장식으로 나뉜다. 이집은 남부시장식이다. 뜨거운 밥을 그대로 말면 전분이 녹아 국물이 탁해지고 텁텁한데, 적당히 식어 단단해진 밥을 토렴하면 밥알 씹히는 맛이 살아 있어 식감도 좋고 깔끔하다. 또 다른 특징이라 하면 국밥 안에 오징어를 잘게 썰어 넣어 감칠맛이 더해진다. 오징어는 추가할 수도 있다. 수란도 함께 나오는데, 여기에 국물을 서너 숟갈 넣고 김을 잘게 부셔서 먹으면 고소하고 짭짤하며 부드럽다. 셀프바에는 기본 반찬 외에 다른 김치 종류가 더 있다. 만약 파김치가 있다면 꼭 챙겨오자.

🏠 전북 전주시 완산구 동문길 88
🕐 07:00~21:00(라스트 오더 20:30)

📞 063 287 6980
🍴 **전주왱이국밥** 8,000원, **모주 한 잔** 2,000원

빌바오

기쁘고 설레는 마음으로
차린 음식

하나의 문화 시설이 그 지역에 미치는 영향이나
현상을 구겐하임 미술관이 있는 스페인 북부의 도시
빌바오의 이름을 빌려 '빌바오 효과'라고 한다.
전주의 경양식집 빌바오는 음식이 하나의 또 다른
문화가 되기를 바라며 이를 식당명으로 골랐다.
_ 이승태

빌바오는 예약제로만 운영한다. 메뉴도 철저히 손님 맞춤형이다. 채식주의자가 한 명이라도 껴 있다면 따로 음식을 준비한다. 손님들이 행복하기를 바라서 맛은 물론 모든 환경에도 신경 쓴다. 내부가 온통 그림으로 가득해 미술관 같다. 대부분 전북대학교 김진석 교수의 작품으로, 같은 학교 분자생물학과 교수기도 한 이강민 대표가 존경하고 좋아해서 하나둘 모은 것이란다. 모든 요리는 아내인 전인선 씨가 만든다. 공부 말고 가장 행복했던 일이 요리였다는 전 대표는 왔던 이가 또 찾으면 메뉴를 살짝 바꾼다. 손님 데이터는 모두 가지고 있고, 예약자 명단을 면밀히 살 핀다. 누군가를 위해 요리하는 마음이 지루하지 않고, 설레고 기뻐야 한다는 게 그녀의 요리 철 학이다. 빌바오 냉장고는 평소엔 텅 비어 있다. 덕분에 손님은 늘 신선한 음식을 먹을 수 있다.

◇

전 대표가 설레는 마음으로
요리한 음식이 나왔다. 공간이 주는 힘일까,
음식을 대하고 앉으니 중세 공작이 된 느낌이다.
만드는 이가 어떤 마음으로 요리를 했는가는
그것을 대하는 이에게도 그대로 전해지는 모양이다.
포크와 나이프를 잡는 마음이 설렌다.
행복한 시간이다.

🏠 전북 전주시 완산구 충경로 42 　　📞 063 282 2772
🕐 11:00~21:00
🍽 단품 요리(스테이크/해물 오븐 요리/생선 요리) 30,000원, 2코스 40,000원, 3코스 50,000원

062

가족회관

비빔밥 장인이
잘 차린 밥상

가족회관의 비빔밥은 밥물로 진한 사골 국물을 사용한다.
사골 국물로 밥을 하면 단백질과 지방이 밥을 코팅하는
효과가 있어서 영양도 만점이고 밥을 비빌 때
떡지지 않아 잘 비벼진다. 한 숟가락 떠서 입에 넣으니
고소함과 매콤함이 동시에 느껴진다.
_ 유철상

가족회관은 식당 건물에 주차장이 없고
외부 주차장을 이용해야 한다.
물론 가족회관을 이용하면
무료로 주차가 가능하다.
주변 주차장을 이용하면
1시간 무료 주차가 가능하다.
식사 후에 객사 주변 전주의 명소를
산책하는 것도 좋다.

전주 음식 명인 1호, 비빔밥 무형문화재 대한민국 식품
명인 39호 김년임 대표가 창립한 가족회관. 전주비빔밥
을 전국에 알린 맛집이다. 1979년 개업해 3대째 명맥을
이어오고 있다. 대표 메뉴 전주비빔밥은 전북 지역에서
생산되는 30여 가지 유기농 농산물을 사용한다. 간이
과하지 않고 나물 고유의 담백함과 취향껏 추가할 수
있는 숙성 고추장이 비빔밥의 맛을 완성한다. 비빔밥은
유기그릇에 잘 달궈져 따뜻하게 나오고 고추장도 미리
넣은 채로 나온다. 임금님이 드시던 궁중비빔밥이 부럽
지 않을 만큼 양도 많고 푸짐하다. 당근, 무채, 오이, 콩
나물, 호박, 달걀 고명 등 색깔도 화려하다. 여기에 계절
반찬과 젓갈, 조기구이, 장조림 등 30여 가지 한 상 가
득 나온다. 육회비빔밥도 인기가 좋다.

🏠 전북 전주시 완산구 전라감영5길 17
🕐 10:30~20:00(라스트 오더 19:50)

📞 063 284 0982
🍴 **전주비빔밥** 14,000원, **육회비빔밥** 17,000원, **떡갈비** 13,000원

063

엄마네돼지찌개

공기까지 매운 집

맛의 도시 광주를 매운맛으로 평정한 집이다.
눈물 나게 맵지만 일단 맛을 보면 멈출 수가 없다는
충장로 인쇄골목 인근 엄마네돼지찌개다.
TV 프로그램에 출연하면서 전국적으로 유명해졌고
먹방 유튜브 채널에도 자주 소개된다.
오픈런을 해도, 평일 늦은 점심시간에도 줄을 서지만,
기다림이 잊힐 만큼 신선한 경험이다.

_ 고상환

돼지찌개 단일 메뉴에 맵기 조절이
안 되니 주는 대로 먹는 집이다.
백 선생이 이유를 묻자 주인은
"여기는 젊은이들이 많이 찾는 집이라
조절이 안 돼! 못 잡숫는 양반들은
그냥 가라고 그래!"라는 단호한 말이
방송을 타며 큰 웃음을 자아냈다.
실제 엄마네돼지찌개 손님의
90% 이상이 20대와 30대.
강한 매운맛에 갈증을 느낀다면
젊은이라고 우겨도 좋다.

이곳의 돼지찌개는 국물을 떠먹기보다는 밥에 비벼서
먹게 걸쭉한 스타일의 찌개다. 마치 청주의 짜글이와
비슷한데, 다른 점은 많이 맵다는 것이다. 단무지, 달걀
부침, 콩나물, 미역줄기볶음 등 모두 매운맛을 덜기 위
한 반찬들이 차려진다. 찌개에서 김이 하얗게 피어오
르지만 감출 수 없는 선명한 붉은색은 약간의 공포감
을 자아낸다. 주재료는 고기와 두부, 양파와 애호박. 맛
을 최대로 끌어올릴 수 있는 환상의 조합이다. 밥에 찌
개를 한 국자 더해 맛을 본다. 탁 쏘는 매운맛이 정수리
를 강타한다. 비로소 현실과 타협하고 콩나물과 미역줄
거리, 달걀부침을 듬뿍 넣고 참기름을 넉넉하게 뿌렸다.
특히 단골 기름집에서 매일 공수하는 당일 짠 참기름이
신의 한 수다. 고소함과 어우러진 깊은 맛이 한번 맛보
면 멈출 수 없는, 맛있게 매운맛을 완성한다.

🏠 광주 동구 문화전당로23번길 33
🕐 12:00~21:00, 매주 일요일 휴무

📞 0507 1400 7082
🍲 **돼지찌개**(2인 이상) 1인 11,000원

064

대광식당

맛의 고장 광주를 대표하는 육전 명가

20대 시절부터 창업에 뛰어든 이향숙 대표는 처음에 아롱사태와 산낙지로 음식을 만들어 팔았다. 손님들은 음식을 기다리며 무료함을 달래기 위해 화투를 쳤는데, 음식을 다 먹고도 끝날 줄을 몰랐다. 그 옆에서 전을 부쳐주던 것이 맛있다고 소문이 나며 아예 식당의 메뉴가 바뀌어 버렸다.

_ 이승태

전 종류는 기본인 육전을 비롯해 전복전과 산낙지전, 맛조개로 만드는 맛전, 키조개전, 굴전, 대구전 등 다양하다.
굴은 겨울에만 취급하고, 봄에는 새조개를 내놓는다. 추석 무렵이면 생대하전이 좋다. 물론 어떤 전을 주문하든지 직원이 직접 구워준다.

시장에서 까다롭기로 소문이 자자한 이 대표. 반찬용 멸치를 살 때면 맛은 물론이고 가게에서 쓰는 정확한 크기여야 하니 값을 떠나 타협할 수 없는 문제란다. 최고를 고집하기 때문이다. 소의 앞다릿살인 아롱사태로 만드는 육전은 고기를 얇게 썰어 달걀노른자에 적신 후 찹쌀가루를 입혀 팬에 부친다. 부치는 즉시 바로 먹을 때 가장 맛있기 때문에 이곳은 직원이 테이블에서 직접 부쳐준다. 모든 전에 직접 말리고 빻은 찹쌀가루를 사용하고, 전을 찍어 먹는 소금도 특별하다. 6가지 재료를 혼합해 만들었다. 이렇게 모든 음식은 가장 좋은 국내산 재료를 구해 직접 만든다. 이 대표가 최초로 개발한 육전이 잘되자 여기저기서 따라 하며 지금은 널리 퍼졌으나 그 맛이 다르다. 이 대표는 분점을 낼 생각이 없다. 애써 지켜온 품질을 유지하기 위해서다.

🏠 광주 서구 상무대로695번길 15 📞 062 226 3939 🕐 11:30~21:30(브레이크 타임 14:00~16:30), 매주 일요일 휴무
🍴 육전 29,000원, 굴전 27,000원, 키조개전 28,000원, 맛전/전복전/생대하전 30,000원, 새조개전 40,000원, 산낙지/산낙지탕탕이 50,000원

065
만나숯불갈비

'찐' 장흥삼합을 찾아서

장흥 토요시장을 조성할 무렵에 장흥군에서
전략적으로 만들어 낸 장흥삼합은 관광객들에게
인기를 끌면서 어엿한 향토 음식으로 자리를 잡았다.
장흥삼합을 파는 식당들은 토요시장에 밀집되어 있는데
이와 차별화된, '찐' 장흥삼합은 시장 바깥에 있다.
_ 김수남

관광객들에겐 장흥삼합으로 유명하지만
이곳은 원래 한우전문점으로
지역민들에게 인기를 끄는 곳이다.
장흥삼합을 포함하여 한우는
정육점 가격으로 저렴하게 팔고
차림비를 따로 받는다.
돼지갈비와 삼겹살 등도 취급하며
단품 식사로는 육회비빔밥과
냉면이 있다.

장흥삼합은 장흥의 특산물인 한우, 표고버섯, 키조개의
조합이다. 육지와 바다에서 나온 식재료의 조화가 어울
려 맛이 좋다. 토요시장에도 좋은 식당들이 많지만 탐
진강 다리 건너의 만나숯불갈비는 장흥삼합의 격을 한
단계 높인 곳이다. 핵심은 차별화된 불판과 다른 곳엔
없는 육수다. 토요시장 쪽 식당들이 가스용 불판에 소
고기와 표고버섯, 키조개를 함께 굽는 일반적인 스타일
이라면 이곳은 우선 동그란 숯불용 불판을 사용한다.
불판 위에 소고기를 놓고 아래에 육수와 표고버섯, 키
조개를 놓는다. 숯불 향 머금은 육즙은 아래로 흘러내
리고 육즙과 육수에 적셔진 키조개와 표고버섯이 알맞
게 익어간다. 이제까진 상상할 수 없었던 환상적인 궁
합이니 맛이 없을 수가 없다. 식당 내부는 여러 TV 프로
그램에 출연한 사진과 유명인 사인으로 빼곡하다.

전남 장흥군 장흥읍 물레방앗간길 4　　061 864 1818
11:00~21:30(브레이크 타임 14:00~17:00), 매월 1·3번째 월요일 휴무
한우 생고기(1근) 53,000원, 소고기 상차림비 1인 4,000원, 돼지갈비 16,000원

삼대 광양불고기집

입에서 살살 녹는 맛

육수에 고기, 당면, 채소를 넣고 자박자박 즐기는 서울식 불고기와 달리 광양불고기는 양념한 불고기를 참숯으로 구리 석쇠에 구워낸다. 광양불고기를 맛보고 싶다면 광양 서천변을 찾으면 된다. 삼대광양불고기집은 3대에 걸쳐 100여 년을 광양불고기의 전통을 이어온 명가다.

_변영숙

광양불고기는 광양의 옛 지명인 마로현을 따서 '마로현불고기'라고도 한다. 조선 시대 광양으로 유배를 온 한 관리가 천민 출신의 아이들에게 글을 가르쳐 주자 고마움의 표시로 한 아이의 부모가 화로에 불을 피우고 양념한 염소고기를 석쇠에 구워 대접했다고 한다. 한양으로 돌아간 선비가 그 고기 맛을 잊지 못하고 '천하일미마로화적'이라 칭한 것이 광양불고기의 유래다.

서대천의 삼대광양불고기집은 본관과 별관이 있을 정도로 규모가 크다. 대기 시간이 길 수도 있으니 미리 예약하는 것이 좋다. 개별룸으로 되어 있어 모임을 하기도 좋다. 밑반찬으로 나온 새콤달콤한 매실장아찌는 식전에는 입맛을 돋워주고, 고기를 먹는 중간중간에도 입맛을 개운하게 해준다. 얇게 저민 한우를 먹기 직전 양념하여 먹을 만큼씩만 바로바로 구워 먹어야 제맛이다. 숯불에 달궈진 석쇠에 고기를 올리자마자 지글거리면서 금방 익는다. 너무 익히면 질겨진다. 숯불 향이 가득한 깊은 풍미의 고기가 입안에서 살살 녹는다. 담백한 양념과 육즙이 어우러진 맛이 일품이다. 달달한 고기 맛과 쌉싸름한 파 맛도 잘 어우러지고, 새콤달콤한 무쌈과도 궁합이 맞는다. 마무리는 냉면이나 김칫국으로 한다. 디저트 카페도 무료로 이용할 수 있다.

🏠 전남 광양시 광양읍 서천1길 52
🕚 11:00~21:00(라스트 오더 20:00)
🌐 삼대광양불고기집.kr

📞 061 763 9250
🍽 호주산 불고기(180g) 19,000원, 한우불고기(180g) 25,000원, 갈빗살 27,000원

067

덕인관

좌르르 흐르는 육즙,
식품 명인 손으로 굽는 떡갈비

덕인관은 담양 떡갈비를 대표하는 식당이다. 1963년 '덕인음식점'이라는 숯불갈빗집으로 시작, 3대에 이어 전통 방식의 떡갈비를 내고 있다. 덕인관의 떡갈비는 육즙의 맛과 씹을 때 식감에서 차별화된다. 오랜 시간이 흘렀음에도, 남녀노소에게 사랑받는 비결이 떡갈비 안에 모두 들어 있다.

_ 채지형

한우 갈비를 사용하다 보니,
가격이 만만치 않다.
떡갈비에 대통밥이나 죽순추어탕을
곁들이면 좋다. 대나무의 고장 담양답게
대나무 통 안에 밥을 넣어 낸다.
매콤한 맛의 죽순추어탕에는 죽순과
시래기가 듬뿍 들어 있다.
대나무에서 숙성한 전통주,
대통술과 대잎술도 맛볼 수 있다.

덕인관은 내게 과거와 현재를 이어주는 곳이다. 한때 가족 모임 단골 장소였는데, 육즙이 좌르르 흐르던 떡갈비와 가족들의 달콤한 이야기가 귀한 추억으로 남아 있다. 세월이 지났어도 맛은 그대로다. 고집스럽게 전통 방식을 고수하기 때문이다. 조선 시대 말 양반가 조리서인 『시의전서』의 가리구이 만드는 방법이 덕인관의 방식과 유사하다. 한우 암소갈비를 사용하고, 갈비는 갈비 1대당 5~60회 잔칼질한다. 고기를 갈면 특유의 식감이 사라지는데, 칼로 썰면 부드러우면서 씹는 맛이 좋기 때문이다. 떡갈비를 만들기 위해 갈빗살을 채 썬 후에, 양념을 바르고 12시간 이상 숙성한 후 굽는다. 육즙이 최고의 맛을 낼 타이밍을 찾는 덕인관만의 기술이 있어 다른 식당에서 흉내 내기 힘든 맛이다. 박규완 대표는 제82호 육류 제조 식품 명인으로 올라 있다.

🏠 전남 담양군 담양읍 죽향대로 1121　　📞 0507 1342 7881　　🕐 11:00~20:30
🍴 명인전통떡갈비 37,000원, 한우떡갈비 29,000원, 죽순추어탕 11,000원　　🌐 www.deoinkwan.com
📷 @deoinkwan_official

뚝방국수

국수에도 격이 있다!
담양 뚝방에서 뚝심 있게
지켜온 국수 맛집

담양 하면 떠오르는 길쭉길쭉한 것 셋이 있다.
사군자의 대나무와 가로수의 귀족 메타세쿼이아 그리고
장수와 긴 행복을 염원하며 먹는 잔치국수.
국수가 담양의 명물이 되면서 국숫집이 운집한 일대를
테마거리로 만들었는데, 뚝방국수는 의기양양하게
국수거리에서 멀찌감치 떨어져 있다.

_ 윤용성

담양에 유명한 국수거리가 있는데
국수 가게가 밀집한 국수거리
입구 쪽에서 이 집을 찾으면 찾을 수 없다.
미리 위치 확인을 정확히 해두면
좋을 것이다. 식사를 마치고
인근의 '관방제림'을 찾아보자.
식후 산보하기 최적의 산책길이다.

국수는 부담 없는 먹거리다. 서민들의 애환을 달래는
위로 같은 한 끼 식사지만 몸을 쓰는 일을 하던 중에 국
수로 요기를 하면 어느새 허기가 찾아오니 한 끼 식사
로는 허탕이다. 그래서 새참으로 먹는다. 후루룩 몇 번
에 젓가락질로 뚝딱 한 그릇을 비우는데 긴 시간이 필
요하지 않다. 이 집에 들어서면 자리를 잡고 테이블의
번호를 기억하여 주문하고 값을 치러야 한다. 조리 시
간이 짧아서 오래 기다리지 않아도 맛깔스러운 국수가
테이블에 차려진다. 빨갛게 버무려진 열무비빔국수와
멸치 육수를 기본 국물로 하는 멸치국물국수가 대표 메
뉴다. 찬 그릇 칸칸이 나누어 담은 김 가루, 단무지, 콩
나물무침이 찬으로 나오는데 국수와 곁들여 먹으면 색
다른 맛을 준다. 조촐한 상차림이 조금 아쉽다면 '대잎
찐계란'과 달걀말이를 추가하면 나름 진수성찬이다.

🏠 전남 담양군 담양읍 천변5길 20　　📞 061 382 5630
🕐 09:30~20:00, 매달 1·3번째 월요일 휴무
🍜 **멸치국물국수** 5,000원, **열무비빔국수** 6,000원, **달걀말이** 7,000원, **대잎찐계란**(2개) 1,000원

069

영란회집

달아난 입맛을
민어로 소환하다

한여름이면 민어를 먹어야 한다는 강박이
뒤통수를 쪼아댄다. 산란기를 앞둔 민어에 지방과
살이 오를 대로 오른 시기이기 때문이다.
게다가 복날과도 교차한다. 봄 도다리, 여름 민어,
가을 전어, 겨울 광어란 말이 괜히 있는 게 아니지 않은가.
매년 7~8월이면 목포로 향한다.
_ 박지원

영란회집은 목포민어의거리에 자리하며
1969년에 문을 연 실비집에 뿌리를 둔다.
작고한 김은초 씨가 큰딸 박영란 씨의
이름을 따서 영란회집으로 개칭했다.
박 씨는 어머니의 손맛을
올케 조형숙 씨에게 온전히 물려줬다.
여름철에는 웨이팅을 감수해야 하지만,
인내는 결코 배신하지 않는다.

영란회집에서 민어 코스 요리를 주문하면 다양한 부위를 골고루 맛볼 수 있다. 먼저 민어회는 자연 숙성을 거쳐 손님상에 낸다. 투박하게 썰어 양배추 위에 얹어 나오는데, 몇 번 씹지 않아도 될 정도로 부드럽다. 고소하면서 담백한 맛도 뒤따른다. 막걸리 식초에 고춧가루, 생강 등을 넣어 만든 이 집만의 비법 초장에 찍어 먹으면 더 훌륭하다. 민어의 가운데 부분으로 만든 민어전은 갓 부쳐서 따끈따끈한데, 지방이 자르르 흐르고 살까지 도톰하다. 어떤 생선전에도 견주기 어렵다. 묵은지를 곁들여 먹어도 좋다. 민어무침의 주재료는 민어 등살. 양파, 미나리, 당근 등을 같이 넣고 버무렸다. 민어 부레와 껍질도 매력적이다. 쫀득한 부레는 오래 씹을수록 고소하고 껍질은 예상외로 부드럽다. 마지막에는 민어를 매운탕이나 맑은탕으로 맛볼 수 있다.

📍 전남 목포시 번화로 42-1
📞 061 243 7311
🕐 10:00~22:00
🍽 **민어 코스요리**(2인 기준) 1인 100,000원, **민어회**(한 접시)/**민어회무침**/**민어전** 50,000원

내고향뻘낙지

070

무안 갯벌의 선물,
낙지

낙지는 예로부터 보양식으로 알려져 있다.
우리 몸에 이로운 타우린과 아미노산 성분이 풍부해서
피로 회복과 영양 보충에 좋다. 특히 무안의 갯벌에는
게르마늄 성분이 다량 함유되어 있으니 이곳에서 자란
낙지는 금상첨화인 셈이다. 그러니 일부러
낙지를 먹으러 무안을 찾는 것은 당연한 일이다.
_ 고상환

무안에서도 탄도 낙지를 최고로 친다.
조금나루선착장에서 10명이 탈 수 있는
작은 배가 하루에 2번 운행하는데
탄도까지는 15분이면 도착한다.
섬은 남북으로 길쭉한 모양인데
모두 돌아봐도 2시간이면 충분하다.
식당이나 편의점이 없어서 여행하기에는
여러모로 불편한 점이 많지만,
그 불편함을 즐기며 차분하고
조용한 시간을 보내기 알맞은 섬이다.

무안 버스 터미널 옆 무안뻘낙지거리에 낙지 전문식당
여럿이 모여 있다. 찾는 관광객이 많아 늘 붐비는 곳이
다. 그중 내고향뻘낙지 앞에 놓인 수족관과 대야에 힘
이 펄펄 넘치는 낙지가 발길을 멈추게 한다. 마침 나온
업주가 낙지 하나를 꺼내서 보여준다. 빨판 하나하나까
지 살아 있다. 업주의 표정에도 자신감이 서려 있다. 단
품 메뉴도 좋지만, 낙지코스를 주문하면 여러 낙지 요
리를 한 번에 맛볼 수 있다는 장점이 있다. 코스 메뉴 중
아이들에게는 양념을 발라 구운 호롱구이가, 어른들에
게는 담백하고 시원한 연포탕이 인기다. 그래도 메인은
역시 세발낙지. 세발낙지는 나무젓가락에 돌돌 말아서
한 입에 먹는데, 유난히 부드럽고 씹을수록 고소한 맛
이 폭발한다. 무안 낙지는 갯벌에 찬바람이 불기 시작
하는 10월과 11월에 가장 맛이 좋다.

전남 무안군 무안읍 성남1길 156-1
08:00~22:00

061 453 3828
낙지 코스(1인) 60,000원, **낙지볶음/연포탕**(1인) 25,000원

071

두암식당

짚불삼겹살의 원조

삼겹살은 굽는 방법에 따라 풍미만큼이나 이름도
다양하다. 가마솥 뚜껑에 굽는 가마솥삼겹살은 흔하게
볼 수 있고 외곽 지역 숯가마찜질방으로 나가면
숯가마에 살짝 구워내는 '3초삼겹살'도 있다.
또, 짚불로 구워내는 '짚불삼겹살'이란 것도 있다.
두암식당은 짚단에 불을 붙여 구워내는
원조 짚불삼겹살집이다.
_ 김수남

휴일에는 대기 줄이 있는 편이라
서두르는 게 좋다.
줄 서서 기다리다가 운이 좋으면
삼겹살을 석쇠에 넣어 짚불에 구워내는,
작업장의 모습도 볼 수 있다.
외진 곳이지만 바로 앞에
밀리터리테마파크가 있어서
식사 후 둘러보는 것도 좋다.

면 소재지에서도 5km나 들어가야 할 정도로 외졌지만,
사람들이 꼬리에 꼬리를 물고 찾아오는 식당이다. 업력
이 70년이 넘는다. 주메뉴는 짚불에 구워낸 삼겹살. 땔
나무가 귀하던 옛날, 들녘의 짚불로 삼겹살을 구웠는데
반응이 좋아 지금의 짚불삼겹살로 정착했다. 짚불 특유
의 불 향 때문일까. 숯불이나 불판에 구워 먹는 삼겹살
과 다른 맛이다. 귀한 칠게장과 무안 특산물 양파로 담
근 김치가 나온다. 칠게장은 깨끗한 갯벌에 사는 칠게
를 확독에 갈아 담근 장인데 국제슬로푸드협회 '맛의
방주(Ark of Taste)'에 등재된 음식이다. 먹음직스럽게
구워진 짚불삼겹살 한 점을 칠게장에 찍고 양파김치를
더해서 먹으면 세상에서 만나기 어려운 맛이 나온다. 말
만들기 좋아하는 이들은 이 3가지 조합을 남도삼합에
빗대어 '무안삼합'이라고 말하기도 한다.

🏠 전남 무안군 몽탄면 우명길 52
🕐 11:00~20:00, 매주 목요일 휴무

📞 061 452 3775
🍽 **짚불구이** 16,000원, **칠게장비빔밥** 5,000원

072

보성녹돈삼합

녹돈에도
삼합이 있다

맛있는 고장 남도에는 남도삼합, 장흥삼합만 있는 게
아니다. 보성에 녹돈삼합이 있다.
녹돈은 녹차를 먹여서 키운 돼지다. 녹차의 수도 보성이라
그런지 고깃집들은 대부분 녹돈을 쓴다고 자랑한다.
그중에서도 녹돈으로 삼합을 만든 곳이
봇재 대한다원 입구에 있다. 이름만 들어도 군침이 돈다.
_ 김수남

보성녹돈삼합은 대한다원과
한국차박물관 입구에 있다.
차밭 산책이나 박물관 구경을
식사 시간과 연계하여 일정을 짜면 좋다.
또한 '착한 가게'를 표방하며
음식값을 최대한 저렴하게 책정한 것도
눈길을 끈다. 감자와 쪽파김치도
무료 서비스된다.

녹차는 지방 연소를 촉진하는 효과가 있어 다이어트에
도 도움이 된다고 한다. 그렇다면 살 찌워야 할 돼지에
게 먹이면 안 되는 것 아닌가? 일각에서는 출하할 때만
잠깐 녹차를 먹인다는 말도 있다. 그러나 김수라 대표
는 특별한 노하우로 새끼 때부터 녹차를 먹인다고 한
다. 그렇게 키운 돼지는 잡내가 없고 맛도 좋단다. 그래
서인지 더 믿음직스럽고 맛있다. 봇재 넘어 회천면의 특
산품인 쪽파와 감자가 함께 어우러져 녹돈삼합이 탄생
했다. 먹는 방법은, 고기와 감자를 불판 위에 같이 올려
굽고 먹을 때는 쪽파김치에 함께 싸서 먹는다. 노릇노
릇 구워진 감자가 삼겹살과 환상 조합임을 알 수 있다.
쪽파김치는 삼겹살의 느끼함을 잡아줄 뿐 아니라 매콤
한 맛이 입안에서 감각 수용체를 적당히 자극하여 절로
안면 근육이 풀어지면서 미소 짓게 만든다.

🏠 전남 보성군 보성읍 녹차로 783 2층   📞 010 5464 5146
🕙 10:00~20:00, 매주 월요일 휴무
🍽 **녹돈삼합**(180g, 감자+쪽파김치 포함) 15,000원, **제육볶음** 8,000원, **김치찌개** 8,000원

094

임자도이야기

임자도 앞바다의 민어가
밥솥 안에

'임자도이야기'는 신안 임자도에서 다채로운 로컬 푸드로 여행객들의 발길을 잡아 세우는 솥밥 전문점이다. 특히 민어솥밥은 지역 주민과 여행객 모두의 호평을 받고 있으며 소식을 접한 미식가들이 멀리서 일부러 찾아오고 있다.
_ 윤용성

전남에는 1,004개 섬을 거느린 신안군이 있다. 그야말로 신안은 섬 부자인 셈이다.
그중 임자도는 들깨가 잘 자라서 이름 붙였다.
전에는 뱃길로 어렵게 왕래했지만 육지와 섬을 잇는 다리가 놓이면서 섬 아닌 섬이 되었다.
봄에는 튤립 축제가, 여름에는 해수욕장이 여행객을 부르는 아름다운 섬이다.

대광해수욕장 인근에 폐업 중이던 식당을 인수하여 일으켜 세운 주인장은 임자도가 좋아 정착한 젊은 부산댁이었다. 이곳은 임자도의 땅과 바다에서 식재료를 구해 꾸리는, 작지만 젊은 감각이 돋보이는 로컬푸드 식당이다. 민어솥밥이 대표 메뉴고 여러 가지 솥밥과 해초와 해산물을 담은 비빔밥이 다채롭다. 임자도 앞바다에서 7, 8월에 잡는 귀한 민어를 급랭 후 전용 보관 창고에 두고 신선도를 유지하며 쓴다. 가격이 높은 편이지만 먹어본 손님은 한 번도 불평한 적이 없었다. 그만큼 민어솥밥에 정성을 다하고 있다. 우선 밥물은 이웃 섬 압해도에서 공수한 황칠나무를 달인 물을 쓴다. 밥과 민어를 같이 담아서 지어서인지 찰진 민어 살의 식감이 고급스럽다. 몇 가지 정갈한 찬과 함께 민어전도 같이 내어주는데 모두 비운 후에도 금세 아쉬울 만큼 맛있다.

🏠 전남 신안군 임자면 대광해수욕장길 172-14　📞 0507 1429 1237
🕐 09:00~19:00, 매달 2번째 수요일 휴무
🍴 **민어솥밥** 22,000원, **영양솥밥** 18,000원, **함초문어비빔밥** 15,000원, **해초문어비빔밥** 12,000원

정다운식당

알이 꽉 찬 여수 게장에
함박웃음 가득한 맛집

일 년 내내 싱싱한 해산물을 맛볼 수 있는 여수.
단연 빼놓을 수 없는 음식이 게장이다.
여수시 봉산동에 있는 정다운식당은 "밥도둑이다",
"알이 꽉 찬 게장 때문에 기분이 좋아졌다" 등
손님의 칭찬이 자자하다. 간장, 양념 할 것 없이
알이 꽉 찬 게장이 침샘을 자극한다.

_ 이진곤

『산림경제』에 게·재강·소금·식초·술을
섞어 담근 조해법(糟蟹法)이
기록되어 있다. 이렇게 만든 게장은
봄까지 먹을 수 있다고 한다.
갑자기 감칠맛 나는 게장을 한 입
베어 물며 사라진 입맛도 살리고 싶을 때,
여수가 멀다고 아쉬워할 필요 없다.
택배로 주문하면 정다운식당에서 먹는
게장 그대로 집에서 맛볼 수 있다.

정다운식당은 35년간 싱싱한 재료를 고집하며 만든 게
장과 꽃게탕이 맛있기로 입소문이 자자하다. 이곳의 맛
의 비결은 양념장과 간장 소스에 있다. 수십 년의 노하
우가 들어간 간장 소스는 너무 달지도 짜지도 않다. 기
본 24시간을 끓여 게를 넣고 숙성시킨다. 양념게장은
살짝 매콤한 양념과 버무려져 입맛을 돋운다. 여기서
제대로 게장 맛을 즐기려면 꽃게정식을 주문하면 된다.
암꽃게장, 꽃게탕, 꽃게무침, 전복장, 새우장, 돌게장, 양
념게장이 한 상 가득 채운다. 여수 특산품 돌산갓김치
등 밑반찬도 함께 차려진다. 게장은 하나같이 알이 꽉
차 있다. 흰쌀밥을 한 수저 뜨고 게장 살을 발라 먹으니
술술 넘어간다. 게장을 한 입 물면 바다 내음과 알이 입
안에 가득 찬다. 이미 현지인에게 유명했던 식당이지만
방송을 타면서 더욱 찾는 사람들이 많아졌다.

전남 여수시 마상포길 12   061 641 0744   08:00~21:00(브레이크 타임 15:30~17:00)
암꽃게장+꽃게탕/갈치조림 50,000원, 암꽃게장 1인 35,000원, 꽃게탕/갈치조림 1인 23,000원
www.smartstore.naver.com/jungdawoon

075
청하식당

독천 낙지의 명가

영암 독천낙지음식명소거리에는 약 20개의
낙지전문점이 있다. 대부분이 70~80년대부터 영업해 온
노포들이다. 그중에서도 청하식당은
〈허영만의 백반 기행〉, 〈6시 내 고향〉, 〈생생 정보통〉 등
다수의 TV 프로그램에 소개된 곳으로 늘 손님이 붐빈다.
운이 나쁘면 1시간 이상 기다려야 하지만
기대를 저버리지 않는 곳이다.

_ 변영숙

영암 학산면 독천은
70~80년대 유명한 낙지 산지였다.
독천에서 나는 낙지는 부드러운
뻘 낙지로 전남 일대에서도
알아주는 낙지였다.
그러나 영산강 하굿둑이 생기면서
더 이상 낙지를 잡지 못한다.
지금은 무안이나 목포 등지에서 나는
낙지를 사용하지만 낙지 음식의
명성만큼은 그대로다.

손님들이 가장 많이 찾는 메뉴인 호롱이와 낙지볶음을
주문하니 금방 푸짐한 남도 밥상이 차려진다. 반찬이
13가지나 된다. 그중 젓갈류가 4~5개다. 열무물김치, 갓
김치, 묵은지까지 김치도 3가지나 된다. 나물류도 다채
롭고 정갈하다. 호롱이는 살아 있는 세발낙지를 나무젓
가락에 돌돌 감아 양념해 살짝 구워서 먹는 음식이다.
이곳의 호롱이를 입에 넣는 순간 이미 '게임 오버'다. 불
향과 맛깔난 양념이 어우러져 풍미가 가득하다. 씹을수
록 낙지의 쫄깃한 식감이 살아난다. 낙지와 양파, 양배
추 등을 넣고 볶은 낙지볶음은 자극적이지 않은 매콤함
에 단맛이 가미돼 감칠맛이 최고다. 낙지볶음으로 비빔
밥을 만들어 먹어도 좋다. 큰 대접에 낙지와 호박나물,
무나물, 콩나물 등과 참기름을 듬뿍 넣고 쓱쓱 비벼 먹
으면 어느새 한 대접이 뚝딱이다.

전남 영암군 학산면 독천로 170-1 061 473 6993
10:30~17:00(라스트 오더 16:55)
낙지볶음(중) 40,000원, 낙지초무침(소) 30,000원, 낙지탕탕이(중) 40,000원, 연포탕 22,000원

076

나리분지
야영장식당

원시림 안에서 즐기는
산채비빔밥

울릉도 하면 생각나는 곳이 있다.
사계절 청정한 원시림, 나리분지에 있는 산채비빔밥
전문 야영장식당이다. 누군가는 울릉도까지 가서
산채비빔밥을 먹느냐고 할지도 모르지만,
바닷가라고 해서 꼭 해산물만 먹으라는 법은 없다.
자연을 담은 야영장식당의 산채비빔밥을 소개한다.
_ 신지영

야영장식당은 버스가 다니지 않던 시절부터 21년째 영업 중이다. 당시 식당 앞에 야영장이 있어서 이름을 그렇게 지었다고 한다. 나리분지에 자생하는 나물과 직접 재배한 채소들을 사용한다. 맛도 맛이지만 여행사가 모객한 단체 관광객은 받지 않는다고 하여 여행자들 사이에서는 더욱 유명하다. 흙바닥과 커다란 나무 사이사이에 테이블이 놓여 있다. 그중 가장 큰 나무 밑에 자리를 잡았다. 대접에 소박하게 담겨 나온 산나물은 고소한 향을 덧입어 더욱 입맛을 돋운다. 양념이 과하지 않아 나물 특유의 쓴맛이나 풋풋하면서 싱그러운 향이 그대로 묻어나 입안에 퍼진다. 밥을 엎어 고추장은 살짝만 넣고 살살 비볐다. 삼나물무침도 엎어 한 입 하고 씨껍데기막걸리로 목을 축였다. 자연 속에서 먹는 자연의 밥상, 그 자체로도 쉼이 된다.

나리분지는 울릉도를 방문했다면
필수로 가는 여행지다.
나리분지에 오르기 전 소소하게 산책하기에도 좋으니
주변 숙소에서 하룻밤 머무는 것도 좋다.
자생하는 산나물은 매년 3월~4월 사이에만
채취가 가능하다고 하니 시기를 맞춰 방문해도
좋을 듯하다. 나무 사이로 내리쬐는 햇빛과 새소리,
바람에 흔들리는 나뭇잎 소리가 은은하게 퍼진다.

🏠 경북 울릉군 북면 나리길 591
🕐 08:00~19:00
📞 054 791 0773
🍽 **산채비빔밥** 15,000원, **삼나물무침** 25,000원, **고비볶음** 30,000원,
더덕무침 30,000원

남일초밥

포항 생선초밥의 대가

포항은 동해안을 대표하는 도시다.
드넓고 깨끗한 바다를 끼고 있어 사철 펄떡이는
싱싱한 해산물이 넘쳐나는 곳. 남일초밥 김태규 대표는
수많은 일식집의 부침 속에서도 30년 넘게 한 자리를
지키고 있다. 그 때문에 포항 사람들은 '생선초밥' 하면
가장 먼저 남일초밥을 떠올린다.

_ 이승태

포항 초밥집 역사와 다름이 없는
남일초밥엔 애지중지하는 보물이 있다.
바로 초밥 전용 솥이다.
35년도 더 된 이 솥은 손잡이가
모두 떨어져 나가고, 상표는 물론
바깥의 칠도 다 벗겨져 볼품없다.
그러나 김 대표는 좋은
제품을 제쳐두고 늘 이 솥으로
정성껏 밥을 지어 초밥을 만든다.
다른 어떤 솥보다 밥맛이 좋단다.

포항 토박이인 김 대표는 1975년부터 지금까지 48년
동안 일식 요리사 외길을 걸어오고 있다. 몇 걸음만 나
가면 깊고 푸른 동해가 펼쳐져 있는 포항이니 재료의
신선함은 말해 무엇할까. 매일 아침 송도 활어 어판장
에서 해산물을 가져오고, 초밥에는 유기농 쌀만 쓴다.
손님들이 가장 많이 찾는 것은 김 대표의 전공인 초밥
류다. 광어와 방어, 문어 등 신선한 제철 활어를 숙성시
켜서 만든다. 쫄깃하고 꼬들꼬들한 식감의 전복초밥은
초밥 중에서도 가장 귀하고, 광어, 새우, 문어, 전복 등
여러 제철 생선으로 만드는 특초밥은 다양한 식감을 즐
길 수 있어서 인기다. 메밀국수용 면은 주방에서 직접
뽑아서 만들어 쫄깃한 식감이 살아 있다. 메밀국수 때
문에 남일초밥을 찾는 손님도 있을 만큼 맛이 좋다.

🏠 경북 포항시 북구 서동로 70
🕙 10:00~23:00(재료 소진 시 마감)

📞 054 244 9062
🍽 **생선회정식** 40,000원, **장어덮밥** 30,000원, **특초밥** 35,000원,
생선초밥도시락 15,000원, **메밀국수** 8,000원

078

해동회수산

가격은 싼데, 맛은 값비싼
등푸른막회

부모님이 포항과 인연이 깊은 덕분에 꼬마 때부터
막회를 접했다. 청소년 땐 집 근처에 포항 사람이 하는
막횟집이 생겨 거기서 외식을 일삼았다.
독립 후부터는 이따금 막횟집을 찾아다녔지만 어릴 적
그 맛은 만날 수 없었다. 그즈음 포항에 방문해 깨달았다.
내 추억 속 막회는 오로지 포항에만 존재한다는 걸.
_ 박지원

해동회수산은 포항 영일대북부시장의
등푸른막회거리에 있다.
등푸른막회는 과메기, 물회 등과 함께
포항 향토 음식 중 하나다.
뱃사람들이 끼니를 때우려고
갓 잡은 생선을 막 썰어 고추장에
비벼 먹던 음식이다.
사실 막회에 생수만 부어 먹으면
물회와 별반 다를 게 없다.
전용 주차장은 없지만,
길 건너편의 특정 주차장을 이용하면
1시간 할인권을 준다.

포항에는 막회를 잘하는 집이 여럿이다. 나는 난전에서
썰어 비닐봉지에 담아주는 막회부터 유명 음식점의 막
회까지 두루 먹어봤다. 그중 가장 선호하는 곳은 1990
년에 문을 연 해동회수산이다. 2대째 가업을 잇고 있는
윤득호 씨는 포항수협지정중매인 150번이다. 횟감의
싱싱함은 말할 것도 없다. 대표 메뉴는 청어, 꽁치, 전어,
방어 등이 어우러진 등푸른막회다. 모두 자연산이다. 미
역과 양배추 위에 막회를 얹고, 그 위에 고추, 쪽파, 다
진 마늘 등을 올렸다. 여러 생선 덕분에 각기 다른 식감
을 즐기는 재미가 있다. 등푸른막회가 매력적인 건 횟
감이 달라진다는 것. 제철인 데다 그날 으뜸으로 치는
등푸른생선을 맛볼 수 있다. 난 이 집에 가면 이튿날 숙
취에 대한 불안감 따위는 안중에도 없게 된다.

🏠 경북 포항시 북구 대신로26번길 12　📞 054 247 1410　🕐 09:30~21:30
🍽 등푸른막회(2인 이상) 1인 11,000원, 자연산모듬회(소) 55,000원, 자연산물회 16,000원
🌐 www.p2471410.modoo.at

수려한식맥

우리 술과 음식의
신명 나는 어울림

박성호 대표는 퓨전 한정식집을 시작하면서
사람들에게 좋은 음식으로 좋은 기운을 전하고 싶어서
가게 이름을 '맥(脈)'이라고 지었다.
한식은 요즘 사람의 입맛에 맞춰 조금씩 변하고 있다.
그 변화에 발맞추면서도 맥을 이어간다는 의미도 담았다.
_ 이승태

079

원래 박 대표는 한정식집에서 일했다. 질보다 양에 치중해서 가짓수를 늘리는 분위기가 팽배한 게 자신의 요리와 맞지 않았다. 맥에서는 손님이 중심이다. 다양한 전통주와 제철 식재료를 이용한 즉석요리까지 맛볼 수 있다. 인원수와 원하는 가격대를 말하면 맞춰서 준비한다. 비교할 수 없는 또 다른 장점이자 특징은 한국 전통주를 전문적으로 다룬다는 것. 박 대표는 언젠가 이자카야처럼 한국의 전통주만 취급하는 전문점을 만들겠다고 생각했다. 지금 그 꿈이 어느 정도 이뤄져 맥에서 취급하는 한국 술 종류가 80종쯤 된다. 단골들은 박 대표에게 음식에 어울리는 술 혹은 술과 어울리는 음식이 무엇인지 물어본다. 박 대표가 무엇보다 기분 좋은 순간이다. 취하기 위한 술이 아니라 '즐기기 위한 술잔'이 오가는 맥이기를 바라기 때문이다.

◇

돼지고기와 소고기, 김치완자를
반숙 달걀에 감싸서 튀긴 스카치에그를
토마토고추장소스에 찍어 먹는 맛이 묘하고 떨린다.
닭목살볏짚구이도 마찬가지.
육사시미까지 맛보니 메뉴판에 적힌
수많은 퓨전 한식이 모두 궁금하다.
딱 어울리는 추천 전통주까지.

🅐 대구 수성구 동대구로59길 16 1층　　🅒 053 741 6414　　🅒 17:30~24:00, 매주 일요일 휴무
🅟 **닭목살볏짚구이** 23,000원, **아롱사태장육냉채** 30,000원, **육사시미** 40,000원, **우니** 55,000원,
　　한 상 맡김차림 55,000원(그날 재료에 따라 가격 변동)

080

구조방낙지

부산 근현대사와 함께 한
서민 음식, 맛도 굿

일제강점기인 1917년, 부산 동구 범일동에
일본 자본에 의해 한국 최초의 기계제 면 방적 회사인
'조선방직'이 설립된다. 부산 지역의 제조업 시대를 열었고,
해방 이후에도 한동안 건재하다가 1969년,
역사의 뒤안길로 사라졌다. 부산의 대표 향토 음식인
'조방낙지'라는 이름은 여기서 유래했다.

_ 이승태

옛날엔 기본이 2인분이었는데,
요즘은 혼밥족이 워낙 많아서
1인분짜리 메뉴도 만들었다.
맛있고 가격 부담 없는 구조방낙지는
주변 직장인들에게는
참새방앗간 같은 곳.
점심때는 100명쯤 들어갈 수 있는
식당에 빈자리가 없다.

1963년, 조선방직 근처에서 등장한 낙지 요리가 유명
해지자 사람들은 이를 조방낙지라 불렀다. 조선방직이
사라진 후 부산 각처로 퍼져 나가며 하나같이 '조방낙
지'라는 이름을 달고 영업했다. 동래구의 '구조방낙지'
도 그중 한 곳이다. 이해미자 할머니는 젊은 시절 조선
방직 근처의 낙지 골목에서 일하다가 식당을 열었는데,
그 세월이 벌써 50년을 헤아린다. 지금은 아들 노원종
씨가 운영한다. 손님들로부터 가장 사랑받는 것은 낙곱
새. 전남 무안에서 공수한 산낙지와 국내산 한우곱창에
새우까지 들어가는 낙곱새가 공깃밥 포함 1인 1만 1천
원. 반세기 넘는 긴 세월 부산 시민들의 변함없는 사랑
을 받아온 맛이 궁금해 욕심껏 한 숟갈 떠서 먹으니, 단
박에 알겠다. 맵고 달콤하면서도 해산물과 곱창의 절묘
한 맛의 조화가 기막히다.

🏠 부산 동래구 명륜로 94번길 39   📞 051 558 0295   🕐 10:00~21:00, 매주 화요일 휴무
🍴 낙지볶음 10,000원, 낙새/낙곱/낙곱새 11,000원, 곱창전골 12,000원, 산낙지회 40,000원
🌐 www.smartstore.naver.com/jobang

081

미포낙지

정갈한 엄마의 손맛이
먼저 떠오르는 곳

엄마가 '한턱' 쏘는 날이면 첫손에 꼽는 집.
비슷한 재료와 메뉴를 이용한 유명 체인점도 많지만,
가격 대비 풍성하게 차려주는 한 상으로 인기를 끄는 집이다.
40여 년 전 동네에서 부식과 반찬을 팔던 가게 주인이
음식점을 열었고 몇 군데 이동 끝에 이곳에 자리를 잡았다.
장성한 딸이 이어받아 운영하고 있다.

_ 여미현

점심시간에 몰려드는 손님과
계모임 아주머니들을 피해서 가면
편하게 식사할 수 있는 가성비 좋은
동네 맛집이다. 다른 낙지볶음
가게에 비해 마늘 향이 강하지 않고
자박자박한 국물이 맵지 않아
아이들이 먹기에도 괜찮다.
손바닥에 다시마 한 장 올리고 낙지와
새우 등을 올려 쌈밥으로 즐겨도 좋다.
오륙도 해맞이공원에서 버스로
8분 거리에 있고, 근처에
용호시장이 있어 장보기에도 좋다.

의자를 뒤로 빼고 앉으려는데, 벌써 반찬 8가지가 차려진다. 기다릴 필요가 없어 좋다. 낙지볶음만 먹을지, 낙지에 새우와 곱창을 각각 넣을지, 다 넣을지만 결정하면 끝이다. 손님 대부분은 낙곱새를 주문한다. 엄마는 곱창의 기름진 식감을 즐기지 않아 늘 낙새를 주문하는 편이다. 반찬으로 다시마, 양념장, 콩자반, 부추겉절이, 달걀찜, 콩나물, 김 가루, 국물김치, 배추김치 등이 나왔는데 계절에 따라 달라져도 다시마, 달걀찜, 부추겉절이는 빠지지 않는다. 경상도 음식이 짜다는데, 이 집 반찬은 낙지볶음에 곁들여 먹으면 간이 딱 맞다. 불판에서 보글보글 끓어오르는 낙지볶음을 한 국자 떠서 대접 밥에 올리고, 김 가루, 콩나물, 부추겉절이 등을 넣어 슥슥 비벼 먹으면 든든한 한 끼 식사다. 자박하게 남은 국물과 밥알까지 알뜰하게 먹어도 9천 원이다.

🏠 부산 남구 동명로158번길 78
🕚 11:00~20:00, 매주 월요일 휴무

📞 051 611 6674
🍲 낙새/낙곱/낙곱새(공깃밥 포함) 9,000원

부산초밥

좋은 재료를 향한
고집으로 차린 상

"일식은 기교를 부릴 수가 없다.
모양은 낼 수 있을지 몰라도, 속일 수 없는 음식이다.
재료가 신선하고 귀한 것이어야 맛있다.
그래서 일 년 열두 달 그 시기에만 나오는 신선한 재료로
요리해야 한다. 이게 일식 요리사의 고뇌고 즐거움이다."
부산초밥 김기환 대표의 초밥 철학이다.

_ 이승태

아무리 입맛 까다로운 사람이라도 부산초밥에서는 편하게 먹고 간다고 말하는 김 대표는 매일 새벽 자갈치시장 어판장으로 향한다. 가장 자신 있는 메뉴는 생선회 코스 요리. 전설의 물고기라는 돗돔이나 광어, 참돔, 참치 등 제철 최고의 생선으로 만든다. 손님들도 가장 많이 찾는다. 생선이 늘 바뀌어도, 맛은 21년 내내 변함없다. 손질한 복어에 두부, 미나리, 무, 대파 등 채소에 육수를 부어 끓여낸 복지리는 깔끔하고 시원하다. 탕은 아침 메뉴로 인기다. 광어 몸통살과 날갯살, 참돔, 성게알, 메가리(전갱이 새끼), 전복, 갯가재 등으로 만든 특초밥은 부산 앞바다가 떠오르는 탐스러운 비주얼이다. 좋은 생선에 버금가는 느낌의 밥알이다. 해남 땅끝에서 자란 '한눈에 반한 쌀'이란다. '히토메보레'라는 일본 품종을 우렁이농법으로 키워서 배로 비싸다고 한다.

◇

롯데호텔 후문 바로 앞에 위치한 덕분에
호텔 손님들이 자주 찾는다.
손님들이 호텔 측에 회나 초밥 잘하는
집을 물어보면 으레 부산초밥을
알려준다고. 그만큼 믿을 수 있어서다.
그래서 단골이 전국에 퍼져 있다.

🏠 부산 부산진구 부전로 66번길 16   📞 051 819 1688
🕐 08:00~22:00(브레이크 타임 09:30~11:00, 15:00~16:30), 매주 일요일 휴무
🍴 **특초밥** 30,000원, **초밥** 20,000원, **생선회 A코스** 55,000원, **생선회 B코스** 45,000원, **복지리** 20,000원

완벽한인생

석탄치킨과 수제 맥주의
완벽한 조화

얼마 전 남해독일마을에 간다는 친구가 거긴
뭐가 맛있냐고 물었다. 난 치맥이라고 답했다.
녀석은 떨떠름한 말투로 남해까지 가서
치맥을 먹겠냐고 반문했다. 난 조금 길게 쏴붙였다.
완벽한인생으로 가보라고, 석탄치킨과 수제 맥주의 조합이
훌륭하다고, 내가 언제나 장난만 치진 않는다고 말이다.
_ 박지원

완벽한인생의 대표 메뉴는 석탄치킨이다. 남해독일마을에 정착한 파독 광부에서 영감을 얻었다. 석탄을 표현하고자 오징어 먹물과 남해산 흑마늘 진액을 넣어 만들었다. '겉바속촉'은 말할 것도 없고, 아이올리 소스나 체리바비큐 소스에 찍어 먹어도 좋다. 완벽한 인생을 얘기할 때 빼놓을 수 없는 또 하나, 남해군 유일이자 최초의 양조장이다. 연간 30만 리터를 생산할 정도다. 독일과 영국에서 공수한 최상급 재료를 쓰는데, 5주 숙성을 원칙으로 한다. 무엇보다 저장 탱크에서 바로 뽑은 수제 맥주를 제공한다는 게 매력적이다. 세상에서 가장 신선한 수제 맥주를 마실 수 있는 셈이다. 맥주 중에는 '광부의 노래'가 인기다. 묵직한 풍미와 더불어 은은한 바닐라 향이 감돈다. 대한민국 주류대상 스타우트 부문에서 4년 연속 대상을 받기도 했다.

완벽한인생은 남해독일마을과 가깝다.
모던한 느낌의 외관과 차분하면서 고급스러운 분위기의
내부가 눈에 띈다. 내부 통창과 테라스 너머로 펼쳐지는
남해독일마을의 풍경도 근사하다.
수제 맥주는 영국식 페일에일 달로망, 아메리칸 에일 은하수,
백년초에일 남해 등 다양하다. 캔맥주와 병맥주로도 판매하고 있으니
기념 삼아 구입해 보는 것도 좋겠다. 물론 음식도 포장해 갈 수 있다.

🏠 경남 남해군 삼동면 독일로 30 📞 055 867 0108 🕐 11:00~21:00(브레이크 타임 15:00~17:00), 매주 화·수요일 휴무
🍽 **석탄치킨** 22,000원, **하우스 소시지** 25,000원, **광부의 노래**(330ml) 6,800원
🌐 blog.naver.com/perfactlife0108 📷 @perfactlife.official

084

우듬지

숙성의 차원이 다른 스테이크

특별한 관광지가 없는 경남 양산은 부러 찾는 이가
매우 드문 지방이다. 거기다 양산에서 더 깊이 들어선
골짜기인 천성산 서쪽의 상북면이라면 평생 갈 일이
있을까 싶은 동네. 그런데 이곳에 깜짝 놀란 맛집이 있다.
돈가스 전문점 우듬지다.

_ 이승태

처음 1년 반쯤은
손님이 없어서 힘들었는데,
지금은 소문을 듣고 멀리서도 찾아오는
손님이 적지 않다.
주변 사람들은 한적한 골목에
지나지 않던 이곳을 우듬지가
살렸다고 말할 정도다.
딸 셋을 둔 아빠인 안 대표는
기쁘게 자식에게 물려줄 수 있는
가게 하나 만들어 가는 게 소망이다.

우듬지는 많은 부분에서 의외다. 대부분의 돈가스 전
문점이 손질하기 쉽고 저렴한 등심을 쓰는데, 우듬지
는 돼지고기의 안심만 사용한다. 안심은 식감이 더 부
드럽고 좋지만 특유의 누린내가 문제다. 안 대표는 연
구와 시행착오 끝에 마늘과 카레를 섞고 후추와 맛술을
더해 냄새를 잡는 데 성공했다. 부드러운 식감을 높이
기 위해 오랜 시간 두드려 손질하는 과정을 더했다. 그
렇게 완성된 안 대표의 돈가스는 진심으로 놀라운 맛이
다. 뚝배기김치치즈가스는 꼭 맛봐야 할 메뉴다. 안심돈
가스에 치즈를 뿌린 후 볶은 김치를 더해 만든다. 김치
와 치즈와 안심이 뚝배기 속에서 조화를 이루며 기막힌
요리를 완성했다. 감자고로케는 놓칠 수 없는 우듬지의
별미. 찐 감자를 으깨고 마요네즈와 설탕 등으로 기본
간을 한 후 빵가루를 입혀 튀긴다.

🏠 경남 양산시 상북면 반회서4길 18-8 📞 055 374 8892 🕐 월~금 11:30~20:30, 토 11:30~15:00, 매주 일요일 휴무
🍴 안심돈가스 9,500원, (소) 6,500원, 안심+새우가스 10,000원, 뚝배기김치치즈가스 13,000원, (소) 9,500원,
돈가스 포장A(5장) 17,000원, 돈가스 포장B(돈가스 3장+새우 4마리) 18,000원

085

광포복집

속 풀러 갔다가
술잔을 들었다

복어는 캐비어, 트뤼프, 푸아그라와 더불어
세계 4대 진미로 이름 높다. 중국 문인 소동파는
"한 번 죽는 것과 맞먹는 맛"이라고 말했다.
예나 지금이나 극찬받는 복어 요리를 맛보려고 마산어시장
복요리거리를 찾았다. 이 거리에서도 세 손가락 안에
꼽히는 곳, 1980년에 문을 연 광포복집이다.
_ 박지원

광포복집에서는 참복을 비롯해
까치복, 밀복, 은복을 국, 매운탕,
수육 등으로 요리한다. 김 대표는
'복국을 먹을 때 기호에 따라
식초를 넣기도 한다'며
'하지만 복국 본연의 맛은 요리해서
나오는 그대로가 최고'라고 귀띔한다.
비벼 먹고 싶은 손님에게는 비빔 그릇과
참기름 등을 내준다. 복국에 들어간
미나리와 콩나물을 건진 후 초고추장을
넣고 밥과 함께 비벼 먹으면
또 다른 별미다.

광포복집의 대표 메뉴는 참복국이다. 경북 울진군 죽변
항 인근 청정 해역에서 잡아 올린 자연산 참복이 주재
료다. 잡는 즉시 급랭해 운반되어 손님상에 나갈 때마
다 자연해동 과정을 거쳐 요리한다. 육수는 복어 대가
리에 비법 양념을 넣어 끓인 후 미나리, 콩나물, 마늘, 파
를 얹는다. 국물은 깔끔하게 개운하고 참복의 속살은
부드러우면서 쫄깃하다. 전날 술도 마시지 않았는데 해
장이 되는 느낌이다. 정신을 차리니 손에는 이미 술잔
이 들려 있다. 엄마 손 잡고 왔던 코흘리개들이 어른이
돼 찾아온다는 주인장의 얘기가 충분히 공감된다. 광포
복집의 대표는 3대 김원진 씨. 가업을 잇는다면 제대로
해보겠다며 일본으로 떠났다. 그는 세계 3대 요리 교육
기관 중 하나인 츠지조리사전문학교에 입학해서 3년간
얻은 지식을 1대부터 내려온 비법에 녹여 넣고 있다.

🏠 경남 창원시 마산합포구 오동동10길 8   📞 055 242 3308
🕐 06:00~21:30, 매주 월요일 휴무(단, 월요일이 공휴일이면 다음 날 휴무)
🍽 참복국/참복매운탕 23,000원, 참복수육(소) 100,000원

언양각식당

소국밥에 석쇠불고기 한 판, 최고의 궁합!

45년 전통의 노포 맛집인 언양각식당의 석쇠불고기는 얇게 저민 안심과 등심을 소스에 재운 후, 석쇠에 구운 소불고기다. 육즙이 살아 있어 달짝지근하면서도 고소한 맛이 일품. 2~3인 테이블이면 십중팔구 소국밥은 각자 시키고, 석쇠불고기를 하나씩 추가하는 식으로 주문한다.

_ 이승태

사람들은 언양각을 석쇠불고기와 소국밥 맛집으로만 알고 있지만 사실 도가니탕을 먹으러 찾는 이도 적지 않다. 오래 끓여서 깊은 맛을 내는 뽀얀 국물이 깍두기와 잘 어울린다. 잘 삶아 쫄깃한 식감이 빼어난 수육과 함께 먹으면 더할 나위 없다. 겨울이면 더 생각나는 맛이다.

석쇠불고기는 연탄불에 구워야 제대로다. 언양각식당 주방 한 켠엔 불꽃이 춤을 추는 화력 좋은 19공탄 연탄 화덕이 줄지어 늘어서 있다. 손님이 몰리는 시각이면 화덕마다 석쇠가 오르락내리락 분주하다. 담당 직원이 비지땀을 흘리는 시간이다. 석쇠불고기를 한 점 떼서 백김치로 싸 먹으면 세상에 이런 맛이 또 없다. 시원하고 아삭한 백김치의 식감이 기름진 불 향과 어우러지며 맛이 상승하기 때문이다. 석쇠불고기는 반주를 부르는 음식이기도 하다. 소국밥만 주문할 경우 식사만 하고 나오지만, 석쇠불고기가 추가될 경우 대부분 소주 한두 병을 시켜서 반주로 마신다. 잘 삶은 양지가 듬뿍 든 붉은색 소국밥. 콩나물과 무, 대파 등을 넣고 푹 끓인 소국밥 한 그릇이면 한여름 무더위나 동장군이 기세등등한 겨울 한복판도 거뜬히 이겨낼 힘이 생긴다.

경남 창원시 성산구 용지로 253-1   055 266 8050

09:30~21:30

석쇠불고기 18,000원, **소국밥/설렁탕** 11,000원, **도가니탕** 23,000원, **모둠수육** 40,000원, **도가니수육** 50,000원

087

엘리브

삼각 편대를 이룬
복합 공간으로 호평받는 곳

일식당(사야카츠), 카페(엘리브), 빵집(겐츠 베이커리)이 하나의 건물을 이루는 이곳에 들어서면 삼각 편대로 맞춰진 공간의 편안함과 안락함이 느껴진다. '호평받다'라는 뜻의 독일어 'Beliebtheit'를 듣고 'ellib'를 떠올렸다는 강연대 사장님. 모두에게 오랫동안 호평받는 아름다운 복합 공간의 지킴이가 되시기를.

_ 여미현

엘리브는 삼귀해안 가까이에 있고, 차를 타고 마창대교를 건너면 가포해안변공원을 산책할 수 있는 드라이브 코스에 자리잡고 있다. 엘리브 2층과 루프톱은 노 키즈 존으로 운영되고 있으니 참고하자. 사야카츠는 근처에서 근무하는 직장인과 브런치를 즐기는 사람들이 많이 찾으므로, 예약하지 않으면 길게 줄을 서야 한다.

삼각 편대의 첫 번째 공간 사야카츠. 돈카츠류와 초밥 맛집으로, 예약 필수다. 겉바속촉의 고급스러운 돈카츠와 4명의 셰프가 만들어 내는 초밥 맛도 최고다. 매일매일 신선한 재료를 사용하는 것은 말할 필요가 없다. 식당 안쪽은 통유리로 되어 있어 시원한 녹음이 한눈에 펼쳐진다. 두 번째 공간 겐츠 베이커리. 겐츠 베이커리는 직영점만 두는데 이곳은 창원에서 유일한 카페 형태다. 세 번째 공간 엘리브. 건물에서 가장 넓은 공간을 차지하고 있는 로스터리 카페다. 핸드 드립 바를 운영하고 있어 드립 커피(필터 커피)를 주문하고 커피 내리는 과정을 지켜볼 수 있는 점도 흥미롭다. 2층에서 로스팅한 커피는 무게별로 판매(100g당 6천 원)한다. 이곳을 찾는 사람들에게 진심을 다한 음식으로 대접하겠다는 사장님의 마음은 곳곳에서 묻어난다.

경남 창원시 성산구 귀산로 19 055 274 7003 11:30~20:50(사야카츠), 10:30~24:00(엘리브, 겐츠 베이커리)
필터 커피(변동), 엘리브라떼 6,500원, 아인슈페너 6,500원, 런치초밥 18,000원, 사야초밥 29,000원,
사야 반반 19,000원 www.smartstore.naver.com/ellib

거북당꿀빵

100년을 이어갈,
통영 대표 꿀빵 가족

통영 시민은 물론 택시기사와 시장 상인들까지
모두 인정하는 통영 꿀빵 대표 주자가 '거북당꿀빵'이다.
김충권 대표는 50년 넘게 꿀빵을 만들어 온 장인.
잘 나가던 태권도 사범인 아들과 손자, 작은딸까지
온 가족이 가업을 잇는다.
_ 이승태

거북당의 꿀빵은 관광객이
많이 찾는 꿀빵거리의 여느 빵과는
차원이 다르다. 비결은 제조법이
외부에 노출된 적이 없는
반죽에 있다고 한다.
거북당만의 반죽 비법을 지키기 위해
그동안 외부인을 직원으로
들인 적이 한 번도 없었다고 하니,
100년을 이어갈 가게답다.

15살 때부터 평생 빵을 만들어 온 아버지와 어머니, 그
리고 아들과 손자까지 3대가 꿀빵을 만드느라 일사불
란한 가게. 1대 김충권 대표는 서울에서 제빵기술을 배
워 고향 통영에 내려와 '진미당'을 열었다. 처음에는 꿀
빵을 만들어서 함지박에 담아 새벽마다 서호시장에 가
서 장사치와 농사꾼, 뱃일을 나가려던 어민들을 대상
으로 팔았다. 1975년, 상호를 '거북당'으로 바꾼 후 지금
까지 50년 넘게 꿀빵을 만든다. 통영 사람이라면 누구
나 통영꿀빵을 대표하는 곳으로 거북당꿀빵을 꼽는 이
유다. 지금은 팥과 고구마, 유자, 완두를 앙금으로 넣은
4종류의 꿀빵과 생도너츠를 만든다. 2013년부터 아들
윤호 씨가 아버지의 기술을 지켜나간다. 외손자 진수
씨도 배우고 있고, 작은딸은 죽림리에서 2호점을 운영
하고 있다.

🏠 경남 통영시 통영해안로 368 남현빌딩 1층
🕖 07:00~19:00

📞 055 645 5950
🍞 꿀빵세트(10개, 팥꿀빵 4+고구마꿀빵 3+유자,완두꿀빵 3)
12,000원, 거북당생도너츠(대, 10개) 15,000원

089

동흥재첩국

섬진강의 명물 재첩 요리를
한자리에서 즐기다

재첩은 남도 구경 온 사람이라면 누구든 한 번은
접해봤을 섬진강의 명물이다. 국내에 서식하는 재첩 중에는
섬진강 재첩이 맛있기로 특히 유명하다.
섬진강 특산물 재첩을 넣은 국과 회무침, 부침개 등을
맛볼 수 있다. 특히 재첩국에 부추를 넉넉히 넣어
시원한 맛을 더한다.
_ 유철상

재첩은 낙동강 하구인 부산 하단과
김해, 양산, 섬진강 하구인 하동과
광양에서 주로 채취하는데,
섬진강 재첩이 맛있는 것으로
정평이 났다.
하동에서 채취한 재첩은
남해의 영향으로 국물 맛이 진하고
갯내가 난다.

재첩은 모래와 진흙이 많은 강바닥에서 서식하는 민물
조개로, 글리코겐, 타우린, 아미노산 등 다양한 영양소
가 풍부하다. 재첩 채취는 강물 깊이가 사람 허리쯤 오
는 썰물 때가 적기다. 물이 빠지고 모래톱이 드러나면
거랭이로 강바닥의 재첩을 긁어 올린 다음, 체로 재첩
을 골라낸다. 재첩은 국물 요리로 많이 먹는다. 다 자라
도 지름 2cm 내외로 크기가 워낙 작아 요리 하나에 수
십에서 수백 마리가 필요하다. 동흥재첩국은 한자리에
서 하동 재첩의 명성을 알려온 재첩 전문점으로, 가장
기본적인 재첩국을 비롯해 재첩회무침, 재첩회덮밥, 재
첩부침개, 재첩해물칼국수 등 다양한 요리를 선보인다.
현재 하동재첩특화마을에서도 맛있는 손맛으로 유명
하다. 10여 가지 반찬이 둥그런 쟁반에 가지런히 차려
진다. 1인분 주문도 가능하다.

경남 하동군 하동읍 경서대로 94
08:00~19:30

055 883 8333
재첩정식 10,000원, **재첩회덮밥** 15,000원, **재첩회**(소) 30,000원

혜성식당

시원하고 감칠맛 가득한 참게탕

지리산에서 흘러 내려온 물이 화개천을 이루고 섬진강으로 흘러간다. 화개천에는 예로부터 참게가 많이 났다. 하동 화개장터에 재첩과 더불어 인기가 많았던 식재료가 바로 참게다. 화개와 섬진강 일대에서 나는 참게로 탕을 끓여 유명해진 곳이 바로 혜성식당이다.

_ 유철상

혜성식당은 화개 십리벚꽃길이
시작되는 곳에 있다.
주차장도 넓고 주변에 농협과
마트가 있다.
아침 일찍부터 문을 여니
아침 식사를 하고 나서 주변 여행지으로
이동하기도 편하고 아침에 해장으로
곁들일 수 있는 메뉴도 인기가 좋다.

화개장터 위쪽 화개 천변에 자리한 혜성식당. 화개 토박이가 30년 가까이 참게 요리를 하는 맛집이다. 특히 하동에서 맛볼 수 있는 자연 음식들, 참게, 재첩, 은어 요리가 있지만 이곳은 특히 참게탕이 맛있다. 시래기가 가득 들어가고 참게도 듬뿍 넣어 국물이 진하고 시원하다. 마치 해장국을 먹는 느낌이 든다. 그만큼 시원한 감칠맛이 진국이다. 고추무침, 고사리나물, 도라지무침, 매실장아찌 등 반찬도 깨끗하고 정갈하다. 혜성식당의 참게탕은 커다란 뚝배기에 바글바글 끓여서 나오기에 맛이 더욱 진하다. 참게는 살을 발라 먹은 다음 껍질까지 오독오독 씹어 먹어도 될 정도로 푹 익혀진다. 이 집의 별미인 은어회나 재첩회무침을 같이 곁들여 먹으면 더욱 좋다. 참게탕은 뜨끈한 국물이 좋고, 재첩회무침이나 은어회는 입안을 상큼하게 해주는 매력이 있다.

🏠 경남 하동군 화개면 화개로 48
🕐 09:00~20:00
📞 055 883 2140
🍴 **참게탕**(대) 60,000원, **재첩모둠정식** 20,000원, **은어회**(소) 40,000원

091

3.3국밥전문점

정갈하고 깔끔한
합천 돼지국밥의 진수

경
남

합천돼지국밥은 부산과 밀양의 돼지국밥과 더불어
3대 국밥으로 손꼽힌다. 합천에서는 돼지고기 전문점이
특히 많고 돼지고기도 맛이 좋다.
합천돼지국밥은 느끼하지 않고 국밥의 고기도
쫄깃한 것이 특징이다.
_ 유철상

합천 3.3국밥전문점은 늘 손님들로
북적인다. 식사 피크시간보다는
전후로 방문하는 것이 좋다.
합천돼지국밥을 주문하고
비빔수육국수를 주문해
같이 먹으면 맛이 좋다.
돼지고기가 쫄깃하고 잡내가
없는 것이 특징.
가게 앞에 주차 공간이 별도로 있어
편하게 주차를 할 수 있다.

합천은 들판이 적어 오래전부터 집에서 돼지를 사육하
는 경우가 많았다. 그래서 부산과 밀양, 합천돼지국밥
을 3대 돼지국밥으로 손꼽는다. 농가에서 돼지를 키워
고기를 팔고 부산물로 국밥을 끓여 먹는 돼지국밥이 발
달하게 된 것이다. 합천 군민체육관 맞은편에 있는 3.3
국밥전문점이 있다. 합천군의 대표 먹거리로 떠오르는
돼지국밥을 비롯해 내장국밥, 순댓국밥, 모둠국밥, 육개
장 등 다양한 국밥을 만나볼 수 있다. 반찬은 김치, 부
추, 쌈장에 버무린 양파와 고추가 나오고 김치는 무와
열무가 들어가 시원한 열무김치 느낌이다. 식당도 깔끔
하고 고기에 잡내도 없고 국물도 깔끔하다. 합천 3.3국
밥전문점이 인기가 많은 이유는 국밥도 맛있지만 비빔
수육국수 때문이기도 하다. 또한 일해공원, 대야성, 정
양레포츠공원이 인접해 있어 함께 둘러보기 좋다.

경남 합천군 문화로 7
10:30~21:00(브레이크 타임 15:00~16:30), 매주 월요일 휴무
합천돼지국밥 9,000원, **모둠국밥** 10,000원, **순댓국밥** 9,000원

0507 1396 0033

092

대가식육식당

가성비도 좋고 맛도 좋은
소고기 맛집

입에서 살살 녹는 한우를 실컷 먹을 수 있는 합천 삼가면.
합천 삼가 한우 전문점 중에서도 제일 맛 좋은 대가식육식당.
비싼 한우를 가성비 있게 먹을 수 있는 곳이다.
정육점에서 고기를 사서 상차림으로 육회와
된장찌개를 곁들이면 군침이 꼴깍 넘어간다.
_ 유철상

삼가면 중앙로 인근에는 주차장이
부족하다. 안쪽의 농협 옆 공영 주차장을
이용하는 것이 좋다.
한우는 평소 좋아하는 부위를 먼저 먹고
추가로 가성비 좋은 특수 부위를
주문해서 먹으면 더 맛있게 먹을 수 있다.

합천 삼가면 중앙로 주변에는 한우 전문점들이 길을 중심으로 줄줄이 이어진다. 삼가면은 오래전부터 한우가 유명해 근처 진주, 의령, 대구 등지에서 한우를 먹기 위해 일부러 찾아올 정도로 현지인들에게 인기가 좋아 식육식당이 많다. 먼저 식당과 연결된 정육점에서 부위별로 포장된 고기를 골라온다. 상차림비 3천 원을 내면 각종 채소와 불판이 차려진다. 모둠한우세트는 꽃등심, 부채살, 갈빗살, 제비추리 등을 골고루 맛볼 수 있어 인기가 많다. 모두 A++ 등급의 질 좋은 고기다. 살짝만 구우면 훨씬 부드럽다. 여기에 소금만 콕 찍어 먹으면 육즙이 팡팡 터지며 고기가 입안에서 녹는다. 또 다른 인기 메뉴는 육회. 전문점에서는 3만 원대여도 양이 적은데 이곳은 2만 원에 한 접시 가득 나온다. 육회에 곁들여 먹는 고소하고 깔끔한 맛의 된장찌개도 별미다.

🏠 경남 합천군 삼가면 삼가중앙길 24-7
🕐 11:00~19:30, 매주 일요일 휴무

📞 055 932 8249
🍽 **한우육회**(200g) 20,000원, **상차림** 3,000원, **된장찌개** 3,000원

093

돈지식당

제주 한치 코스 요리 전문

5월부터 8월까지 제주 밤바다는 한치를 잡기 위한
집어등 불빛으로 가득해진다. 마치 은하수처럼 수천 개의
별이 바다를 수놓는다. 냉동 한치가 아닌 자연산
생물 한치를 맛보려면 이때를 맞춰 제주도를 찾으면 된다.
- 허준성

한치 시즌이 되면 제주도에 등록된
대부분의 어선이 밤마다
불을 켤 정도로 인기 어종이다.
한치 낚시는 초보자도 쉽게
손맛을 볼 수 있는 쉬운 장르로
체험 낚시에 도전해 보는 것도 좋겠다.
배에서 한치를 바로 잡아
회로 먹는 맛은 그 어떤 산해진미와도
비교 불가다.

한치는 꼴뚜기의 일종으로 몸에 비해 다리가 '한 치(약
3cm)'밖에 안 된다고 해서 붙여진 이름이다. '한치가 인
절미라면, 오징어는 개떡 정도밖에 안 된다'는 속담이
있을 정도로 제주도민에게는 자리돔만큼이나 영혼의
단짝 같은 존재다. 냉동 보관하다가도 회로 먹을 수 있
기 때문에 1년 365일 접할 수 있지만, 매년 5월부터 8
월 한치 시즌에 생물로 맛볼 수 있다. 오징어보다 부드
럽고 단맛이 강한 편이다. 돈지식당은 한치 코스 요리
를 선보이는 곳으로 한 번에 다양한 한치 요리를 맛볼
수 있다. 가장 많이 찾는 한치회와 한치물회는 기본이
고, 한치덮밥에 한치튀김이 함께 나온다. 부드러우면서
도 쫄깃하고 씹을수록 단맛이 난다. 여기에 먹물까지
맛볼 수 있는 한치통찜까지 한치 요리 대부분이 차려진
다. 봄에는 자리회 코스, 겨울에는 방어회 코스도 인기.

🏠 제주 서귀포시 대정읍 하모항구로 60
🕐 11:00~21:00, 매주 화요일 휴무
📷 @donji_moseulpo

📞 064 794 8465
🍽 한치 코스(2인) 60,000원

두가시의 부엌

제주 고사리와 제주 갈치의 환상적인 조합

제주의 맛을 소박하게 느끼고 싶을 때 찾으면 좋다.
부부가 운영하는 작은 식당이다. 제주 고사리를 넣어서
삼삼하게 조린 제주 갈치의 맛은 여운이 무척 길다.
'두가시'는 제주 말로 부부를 말한다.
조용하고 섬세한 부부처럼 음식도 정갈하고 깔끔하다.
_ 김영미

현지인들이 추천하는
갈치조림 맛집으로 가격도 착하다.
맛이 자극적이지 않아서
가족 외식하기 좋은 식당이다.
살짝 매콤한 갈치조림만으로는
심심하다 싶으면 사이드 메뉴인
흑돼지간장양념구이로 제주의 맛을
더 깊고 풍부하게 느낄 수 있다.
아이들 밥반찬이나
술안주로도 손색이 없다.

메뉴는 갈치조림과 사이드 메뉴인 흑돼지간장양념구이
로 단 2가지다. 갈치조림을 주문하면 기본 밑반찬이 나
온다. 나물, 김치, 어묵볶음 등이 한 치의 흐트러짐 없이 정
갈하게 그릇에 담겨 있다. 양이 적다고 서운하지 않아
도 된다. 몇 번이고 요청해도 된다. 주인장의 정성이 그
대로 느껴진다. 주인장이 만든 갈치조림은 기대 이상이
다. 제주산 갈치조림에 올라간 고사리도 제주산으로 부
드럽고 풍미가 진하다. 뜨거운 흰밥에 갈치 살과 고사
리를 올리고 그 위에 양념을 뿌려 먹어도 전혀 자극적이
지 않고 감칠맛이 돈다. 바로 공깃밥 추가를 부르는
갈치조림이다. 고사리 추가도 가능하다. 가격도 부담
없어서 자주 찾고 싶어진다. "화려하지는 않지만 맛있
게 이왕이면 건강하게 정성스럽게 음식에 집중할 뿐"이
라는 주인장의 철학이 오롯이 느껴진다.

제주 서귀포시 이어도로 679 1층
11:00~21:00(브레이크 타임 14:30~17:00, 라스트 오더 20:00), 매주 목요일 휴무
갈치조림 18,000원, 흑돼지양념구이 12,000원

0507 1478 7932

@dugasikitchen_jeju

남원바당

제주 토속 음식의 정석

제주에서만 맛볼 수 있는 토속 음식이 생각날 때
언제 찾아도 실망하지 않는 곳이다.
여기서는 돔베고기 메뉴가 빠지면 섭하다.
부드러우면서도 쫄깃한 돔베고기는 밥도둑, 술도둑이다.
여기에 멜조림을 별도로 추가해서 돔베고기와 함께
쌈을 싸 먹으면 금상첨화.

_ 허준성

'돔베'는 제주어로 도마라는 뜻이다.
삶은 돼지고기가 뜨거울 때
도마에 올리고 바로 썰어서 먹는 데서
유래가 되었다. 예전 제주 전통 초가의
부엌은 '정지'라고 해서 흙바닥에
솥이 있는 구조였다.
그래서 제주에서는 도마에 흙이
묻지 않도록 다리를 달아 미니 탁자 같은
모양으로 만들어 사용했다.
지금도 돔베고기 노포 식당에 가면
고기가 올려진 돔베에 낮은 다리가
달려있다.

돔베고기는 육지의 수육과 비슷해 보이지만, 약간씩 차이가 있다. 수육은 여러 가지 재료와 함께 끓이는 데 반해, 전통 돔베고기는 딱 제주 된장만을 넣고 삶아 고기 본연의 맛에 집중한다. 조리 시간도 수육은 2시간 내외지만, 돔베고기는 그보다 몇 배는 더 오래 삶는다. 고기와 순대, 돼지 부속을 오래 끓여 그 국물로 몸국이나 고사리육개장을 만들었고, 고기는 더욱 담백하고 차지게 된다. 먹는 방식에도 다른 점이 있다. 제주 돔베고기는 멜젓이나 제주식 생된장, 아니면 굵은 소금에 찍어 먹는다. 남원바당 돔베고기는 부드러우면서도 쫄깃하고 담백하면서도 깊이 있는 고기의 풍미를 제대로 느끼게 해준다. 돔베고기를 주문하면 각재기구이와 항정국이 함께 나온다. 각재기구이는 쉽게 접해보기 어려운데, 기름지고 고소한 맛이 일품이다.

🏠 제주 제주시 천수로8길 7
🕐 08:30~22:00, 매주 월요일 휴무

📞 064 755 3388
🍽 돔베고기(소) 27,000원, 멜조림 8,000원

말고기연구소

누구나 즐길 수 있는
말고기

한때 제주 관광 상품으로 알려졌던 말고기.
시도해 보고 싶지만 선뜻 손이 가지 않았다면
'말고기연구소'에서 궁합을 맞춰보는 것도 좋다.
누구나 즐길 수 있는 말고기 요리를 만들기 위해
문을 열었다는데, 말고기소시지, 마유소바 등 유일하게
독특한 말고기 음식을 선보이고 있다.
_ 허준성

제주에서는 고려 시대 몽골 지배를 받으며 본격적으로 말을 키웠다고 전해진다. 사실 말고기는 제주도민들도 일상적으로 먹지 않았다. 말고기 전문점이 생기기 시작한 것은 1990년대부터다. 호불호가 극명한 탓에 대중화에는 성공하지는 못했다. 말고기를 접해보고 싶은데 주저했었다면, 말고기연구소에서 시작해 보자. 말고기를 맛있고 누구나 접근하기 쉽도록 말고기를 이용한 음식을 연구했다. 일반적인 구이집과 달리 말고기로 만든 독일식 수제 소시지(카바노치)를 주력으로 한다. 육즙이 입안 가득 퍼지며 맥주 한 잔이 간절해진다. 시즌에 따라 말육포, 말육회초밥 등의 메뉴도 있다. 마유소바도 '강추' 메뉴. 말고기와 온천 달걀, 특제 소스를 함께 비벼 먹는 국물 없는 면 요리다. 매장이 좁아 포장 후 바닷가에서 피크닉 겸 먹기를 추천한다.

말고기는 완전히 익혀 먹지 않기도 하고
육회로도 즐기는 것이 소고기와 닮은 부분이 있지만,
기름이 상당히 적으면서도 부드럽고
고소한 것이 특징이다.
잘 구운 말고기는 소고기인지 사실 구분하기도 어려울 정도다.
말고기소시지에 거부감이 없었다면,
말고기육회나 구이에 도전해 보자.

🏠 제주 제주시 북성로 43
🕙 10:00~22:00(브레이크 타임 14:30~17:00, 라스트 오더 21:00)
📷 @jejuhorselab

📞 064 758 8250
🍽 **마유소바** 15,000원, **말카바노치구이** 9,900원

097

부지깽이

고밥과 싱싱한 고등어회의
진수, 제주 현지인 맛집

제주에서 고등어회를 맛볼 수 있는 곳은 꽤 있지만
외관부터 동네 맛집인 부지깽이는 제주 사람들이
숨겨두고 다니는 음식점이다. 알음알음 소문이 나기
시작하더니 이제는 꽤 이름이 알려졌다.
고등어회는 신선함이 최고 덕목이다.
고등어회에 진심인 부지깽이는 포장 불가다.

_ 황정희

부지깽이 고등어회는 고밥이 있어서
처음 고등어회를 접하는 사람도
무난히 적응할 수 있고
고등어회 마니아를 만들어 버린다.
고등어밥을 잘 비벼서 섞은 다음
고등어회에 특제 소스를 듬뿍 바른 다음
김에 싸 먹으면 그 풍미가 한층 좋아진다.
소자는 고밥 1개, 대자는 고밥 2개다.
부족하다 싶어 고밥을 추가하면
3천 원이다.

고등어회를 시키면 먼저 고밥이 나온다. 고등어를 넣은
밥에 김 가루가 솔솔 뿌려져 있다. 따뜻할 때 바로 비벼
둔다. 고등어회는 네모난 판 위에 가지런히 올려 나온
다. 등푸른생선 특유의 윤기가 잘잘 흘러 보는 것만으
로 군침이 돈다. 소스에 찍어 맛보면 그 신선함에 고등
어회가 비릴 것이라는 선입견은 한순간에 사라지고 만
다. 반찬 중에는 자리조림이 특별하다. 짜지 않게 졸여
낸 자리조림은 살은 별로 없어도 감칠맛이 난다. 이제
제대로 고등어회를 즐길 차례다. 마른 김에 고밥을 조
금 얹고 고등어회와 채소 또는 씻어 나온 묵은지를 한
두 개 얹어 김을 말아서 특제 소스에 살짝 찍어 먹으면
살살 녹는다는 표현이 절로 나온다. 고등어회와 고밥이
찰떡같은 궁합을 보여준다. 싱싱한 고등어로만 끓이는
고등어지리는 비린 맛이 전혀 없으며 해장에 좋다.

제주 제주시 광양13길 11-2   064 723 3522
11:30~23:00(브레이크 타임 14:00~17:00), 매주 일요일 휴무
고등어회(소) 50,000원, (대) 60,000원

098

앞돈지

제주 전통식으로 메주콩을
넣어 졸인 객주리조림

서부두 앞에 위치한 앞돈지는 제주 현지인 맛집이다.
대표 메뉴는 객주리조림(쥐치조림)이다.
싱싱한 쥐치에 메주콩과 마농지(풋마늘대장아찌),
무말랭이를 넣어 매콤하면서도 달달,
간간하게 조려 내온다. 살을 발라 먹고 남은 국물에
밥을 비벼 먹으면 밥도둑이 따로 없다.

_ 황정희

쥐치는 입이 작아서 낚시에도
잘 안 걸리는 데다 양식이 안 되는데도
쥐치가 너무 많아서 처치하기
어려웠던 때가 있었다.
쥐치를 납작하게 눌러 조미한 쥐포는
한때 온국민의 사랑을 받던
영양 간식이었다. 하지만 너무 많이
잡는 바람에 개체 수는 급감하였고
쥐포의 단가도 확 뛰었다.
쥐치조림은 제주에서만 맛볼 수 있는
음식이다. 금어기인 5월에서 7월까지는
생물 쥐치조림을 맛보기 어렵다.

제주토박이들이 많이 가는 식당이었는데 최근에는 관
광객도 꽤 눈에 띈다. 객주리는 우리가 흔히 알고 있는
쥐포를 만드는 납작한 생선, 쥐치를 말한다. 쥐치조림
을 주문하면 납작한 접시에 김이 모락모락 피어오르는
조림이 나온다. 무말랭이와 노란 메주콩, 마농지가 들어
가 있어 제주식으로 음식을 하는 집임을 알 수 있다. 마
농지는 제주 사람들이 봄에 야들야들한 풋마늘대를 장
아찌로 만들어 두고서는 밥반찬으로 먹거나 조림 또는
고기를 구워 먹을 때 함께 먹는 음식이다. 납작한 쥐치
에 살이 얼마나 있을까 싶지만 의외로 살이 꽤 많다. 결
에 따라 발리는 살은 쫀득쫀득 식감이 찰지다. 살에 양
념을 끼얹어 가며 먹어야 마지막까지 맛있게 먹을 수
있다. 진한 양념이 배어든 조림 국물에 밥을 비벼서 먹
다 보면 밥 한 그릇으로는 부족하게 느껴진다.

🏠 제주 제주시 중앙로1길 28   📞 064 723 0988
🕐 09:30~21:40(라스트 오더 20:50), 매월 1·3번째 수요일 휴무(5~8월은 연중무휴)
🍴 쥐치조림(소) 40,000원, 성게국 15,000원, 고등어구이 20,000원

연리지 가든

진짜 제주 재래 흑돼지를 파는
유일한 곳

제주 음식점에서 파는 흑돼지 대부분은 토종이 아니다.
해외에서 들어온 품종과 오랜 시간 누적 교배되어
재래 흑돼지의 유전적 특징이 거의 사라진 품종이고,
심지어 로열티까지 주고 있다는 것을 아는 사람은 드물다.
오직 연리지 가든에서만 천연기념물 550호로 지정된
제주 흑돼지를 맛볼 수 있다.

_ 허준성

제주도는 화장실에 흑돼지를 키우는
'돗통시' 문화가 있었다.
지금과 달리 채식 위주였던 사람의
인분에는 미처 흡수되지 못한
수많은 영양분과 유산균 등이 있어서
인분이 부패하기 전에 먹이는 건
흑돼지를 건강하게 키우는
좋은 방법이기도 했다.
돗통시에 깔아놓은 각종 쌀겨, 짚,
풀들은 흑돼지의 분뇨와 뒤섞여
자연스레 발효하며
최고의 비료를 만들어 줬다.

제주 4·3사건과 6·25전쟁이 지나 황폐해진 제주도에
외국 돼지가 들어왔다. 새끼도 많이 낳고, 6개월이면
100kg 넘을 정도로 빨리 성장하는 외래 돼지와 교배종
이 자리를 잡고, 1970년 말 새마을 운동으로 돗통시를
없애면서 토종 흑돼지는 거의 사라졌다. 나중에 토종
흑돼지 보존 문제가 대두되며 제주를 샅샅이 뒤진 끝에
5마리를 찾아 복원했다. 이곳은 토종 흑돼지만을 판매
하는 거의 유일한 식당이다. 좁은 축사에 가두지 않고
넓은 땅에서 뛰어놀며 자란 토종 흑돼지는 살코기 색이
붉고, 살과 비계 층이 나뉘어 있다. 일반 돼지와는 확연
히 다르게 비계가 마치 버터처럼 고소한 맛이 난다. 살
의 밀도가 치밀해서 너무 오래 구우면 질겨진다. 한 달
에 도축할 수 있는 마릿수에 한계가 있어 100% 예약제
로 운영되고 가격은 다소 비싼 편이다.

제주 제주시 한경면 두조로 190-20
12:00~22:00

064 796 8700
토종흑돼지 2인분(500g) 60,000원, 고기 추가(180g) 22,000원

오동여식당

추자도 별미 탐방
삼치회

생선구이 중에 가장 인기 좋은 삼치. 노릇하게 구우면 고소하면서 달콤한 맛과 두툼한 살집이 좋다.
그런데 다소 생소하겠지만 서남해안에서는 삼치를 회로 즐긴다. 큼지막한 회를 양념장에 푹 찍어서 갓김치와 김에 싸 먹으면 부드러운 식감과 감칠맛이 좋다.
가장 신선한 삼치회를 만나러 추자도로 떠난다.
_ 고상환

성인의 팔 한쪽보다 작은 것은 삼치라고 부르지도 않는 추자도. 이곳에서 삼치회와 함께 즐기는 양념과 김치류는 주로 전라도식이다. 지금은 행정 구역상 제주시에 속하지만, 옛날에는 전라도에 속했다. 게다가 추자도 사람들은 유학 가거나 장사를 하러 대부분 목포로 갔다. 그 영향으로 갓김치나 파김치 등 전라도식 반찬이 추자도에 전해지고 대중화된 것으로 보인다.

추자도에서 가장 맛 좋은 삼치회를 내는 집이 오동여식당이다. 주인의 손맛도 좋고 상차림도 푸짐하다. 삼치회를 주문하면 먼저 뿔소라, 새우, 문어숙회 등이 나오는데, 맛보기 한두 점이 아니라 큰 접시 가득이다. 해초류와 나물 반찬도 테이블 가득 푸짐하게 차려진다. 모두 신선하고 맛도 좋아 삼치회는 나오기도 전에 취할 수 있으니 조심해야 한다. 삼치회는 대형 접시에 먹음직스럽게 나온다. 큼지막하고 두툼하게 썰었는데 일반적인 회와 모양도 맛도 식감도 다르다. 활어회 같은 쫄깃함은 없지만, 담백한 맛이 인상적이다. 우선 삼치회를 양념장에 찍어서 함께 나온 갓김치나 파김치를 더해서 김 또는 채소에 싸 먹는다. 갖은 양념에 간장을 더한 이 집의 비법 양념장은 삼치회 맛을 몇 배는 더 올려준다.

🏠 제주 제주시 추자면 대서2길 18
🕐 09:00~21:00
📞 010 5612 9086
🍽 **삼치회**(1kg) 70,000원, **물회/회덮밥** 15,000원

Part 2

푸짐한 맛
식사 메뉴

할머니
현대낙지집

40년을 헤아리는
감자탕과 낙지 전문점

작은 앞마당에 은행나무가 서 있고, 미색의 타일로
외벽을 마감한 3층짜리 건물은 낡고 오래된 티를
풀풀 풍긴다. 간판엔 한 할머니의 사진이 붙어 있고,
한쪽엔 일본어도 보인다. 압구정동의 '할머니현대낙지집'이다.
1986년에 문을 열고 40년 가까이 한 자리에서 영업을
하고 있으니 이 골목의 터줏대감이 따로 없다.

_ 이승태

'좋은 재료'는 처음부터 흔들림 없이
지켜오는 정상순 할머니의 요리 철학이다.
그 점을 손님들이 더 잘 안다.
그래서 할머니현대낙지집은 대를 이은
단골이 많다. 벽 여기저기에 걸린
예쁜 꽃 사진이 눈길을 끈다.
단골손님 중 한 명인 개나리벽지 회장의
작품이다. 덕분에 낡은 외관과 달리
식당 내부가 밝고 화사하다.

간판 사진의 주인공은 창업자인 정상순 할머니. 지난
세월 동안 하루도 빠지지 않고 나와서 자리를 지켰다는
할머니를 대신해 몇 해 전부터 큰딸 김연숙 씨가 식당
을 운영한다. 홀의 모든 테이블을 둘러보며 반찬과 맛,
인사까지 챙기느라 걸음이 바쁜 김 대표. 힘들 법도 한
데 얼굴 가득 온화한 미소로 손님을 맞는다. 낙지 전문
점으로 문을 열었다가 메뉴에 감자탕을 추가했는데, 감
자탕 맛집으로 더 소문이 났단다. 돼지 뼈는 국내산보
다 살이 훨씬 많은 캐나다산을 쓴다. 전라남도 무안의
낙지를 사용한 낙지볶음은 부드럽고 질기지 않아 남녀
노소 누구라도 먹기 편하다. 한 숟갈 떠서 김이 모락모
락 나는 밥에 올려 쓱쓱 비벼 먹으니 감칠맛이 입안을
가득 채운다. 그야말로 밥 한 그릇이 뚝딱이다. 살이 두
툼한 감자탕과도 최고의 궁합이다.

🏠 서울 강남구 압구정로14길 11　　　📞 02 544 8020
🕐 11:30~21:30(브레이크 타임 15:00~17:00, 라스트 오더 20:30), 매주 일요일 휴무
🍴 **낙지볶음** 33,000원, **아구찜**(대) 65,000원, **아구수육** 80,000원, **게장** 70,000원, **감자탕**(대) 50,000원, **조개탕** 20,000원

002

동흥관

맛의 깊이가
다른 진미로 가득

동흥관은 모든 게 '놀라움' 그 자체다.
먼저 중국 무협 영화에서 보던 기루를 떠올리게 하는
외관이 인상적이다. 계단과 다리로 이어진 여러 채의
붉은 건물이 요새 같고, 인천 차이나타운이나 서울 시내의
내로라하는 중화요리 전문점보다 규모도 크다.
가구나 장식품도 모두 중국에서 가져온 듯 독특하다.

_ 이승태

동흥관은 주방의 요리사가
모두 중국 산둥성 출신으로,
메뉴판에 적힌 50가지 음식 하나하나가
본토의 맛에 충실하다.
양념이나 간이 세지 않으면서도 하나같이
감칠맛이 압권. 정통 중국식 만두인
'산둥빠오즈'는 동흥관의 자랑.
입구에서 만두 장인이 즉석에서
직접 빚어 익힌 것을 판매한다.
얼마 전엔 서울시로부터
'서울미래유산'과 '서울 백년가게'로
지정받기도 했다.

동흥관은 중국 산둥성 옌타이에서 온 요리기술자 장연
윤 씨가 1951년, 정육점이던 적산가옥 한 채를 구입해
문을 열며 시작되었다. 1960년대 대한전선과 기아산업
(현 기아자동차)이 가까이 있어 직원들과 근처 미군 부
대의 군인, 군무원 등을 중심으로 문전성시를 이루며
날로 번창해 갔다. 세월이 흘러 기업들이 사업 확장과
부진 등으로 떠나도 동흥관만 가업을 이어받은 막내 장
수훈(63세) 사장은 앞과 옆 건물을 차례로 사들이며 덩
치를 불려 지금은 17개의 방에 280명이나 수용할 수 있
는 대형 음식점이 되었다. 주말이면 예약은 필수! 70년
가까이 한자리를 지킨 동흥관은 시흥동 사람들에게 특
별한 곳이다. 타지로 나갔다가도 모일 땐 동흥관을 약
속 장소로 잡고, 어릴 적의 추억 하나씩은 묻어둔 곳이
니, 그야말로 금천의 랜드마크다.

서울 금천구 시흥대로63길 20   02 803 3759   11:00~21:30(라스트 오더 20:50)
짜장 8,000원, **간짜장** 9,000원, **굴짬뽕** 12,000원, **탕수육** 26,000원, **산둥빠오즈** 6,000원,
런치 A코스(2인 이상) 29,000원, **디너 A코스**(2인 이상) 44,000원   www.donghung.co.kr

화양시장
할머니순대국

3대에 걸쳐 맛을 이어오는
시장표 순댓국

건국대학교 수의과대학 쪽 큰길가의 허름한 건물에 있다.
소도시의 버스 터미널 근처에나 있을 법한
남루한 외관의 3층짜리 건물은 간판이 낡고 해져 있다.
그런데 가게 안은 사람들로 북적인다.
'화양시장'은 식당의 족보를 표시해 둔 것이다.

_ 이승태

이 맛에 길든 이들은 잊지 못하고
찾고 또 찾는다. 그래서 이곳을 찾는
손님 대부분이 단골이다.
할머니순대국은 먹을 때
요령이 필요하다.
워낙 양이 많아 바로 밥을 말면
국이 넘친다. 건더기를 반쯤 먹은 후
밥을 말고, 그 위에 새우젓이나
다대기를 풀어 먹으면 최고다.

재개발로 사라진 화양시장 반지하에는 과일가게와 채
소가게, 순댓국밥집이 여럿 있었다. 그때 그곳에 있던
할머니순대국도 지금의 자리로 옮겨왔다. 벌써 17년 전
일이다. 길기송 할머니(91세)가 57년 전, 화양시장에서
문을 열었고 지금은 아들 내외와 손자가 함께 가게를
운영한다. 3대에 걸쳐 이어오고 있는 셈이다. 이곳의 특
징은 모든 메뉴에서 재료를 내 맘대로 넣고 뺄 수 있다
는 것. 순대나 머리, 내장, 대창 중 하나만 넣거나 하나
씩만 빼는 것은 물론, 모두 골고루 넣는 것도 주문할 수
있다. 술국도 마찬가지. 무엇을 주문하더라도 내용물이
풍성하다. 부속 고기와 대창, 막창, 오소리감투, 내장, 아
기집 등이 뚝배기에 한가득 담겨서 국물이 부족해 보일
정도도. 순댓국은 내장의 냄새가 살짝 남아 있는 거친
맛이다. 뼈해장국도 국물이 진하다.

🏠 서울 광진구 아차산로 293   📞 02 457 3989
🕐 10:00~22:30, 매월 2·4번째 일요일 휴무
🍲 순댓국 11,000원, 술국(소) 30,000원, (중) 50,000원, 순대볶음/삼색순대 15,000원, 해장국 10,000원

004

송삼례
중화요리

외진 곳에서 만난
의외의 맛집!

노원구 상계동 깊은 곳, 아파트와 빌라로 가득한
주택단지의 상가. 어찌 이런 지역에 맛집이 있을까 싶은,
평범하다 못해 외진 장소에 송삼례중화요리가 있다.
밝고 선한 얼굴의 김주식 대표는 15살 때 무작정 집을 나와
중국요리를 배우려 했는데, 유명한 화교 주방장이 그를
제자로 받아주었다. 그렇게 시작된 요리 인생이
39년째를 맞고 있다.

_ 이승태

'송삼례'는 김 대표가 19살 때
돌아가신 어머니 이름이다.
어머니 이름을 걸고 운영하는 만큼
김 대표의 마음가짐은 남다르다.
구석진 곳에서 식당을 열었는데도
입소문이 잘 나서 손님이 꾸준히
찾아온다. 서울대병원 가든뷰에서
일할 때의 인맥이 이어지며
지인들의 소개로 부러 먼 곳까지
오는 것이다.

세종호텔 외식부에서 운영하던 서울대병원 가든뷰의
책임자였던 김 대표는 2012년, 회사를 다니면서 부업
형태로 중국집을 차렸다. 주말엔 직접 나와서 일했지
만 평일은 다른 이에게 식당을 맡겼는데, 잘되지 않아
2015년부터 김 대표 부부가 직장을 관두고 직접 운영
중이다. 예약 손님들의 대부분은 5가지 요리로 구성된
코스를 주문한다. 메뉴가 모두 정해져 있진 않고, 계절
에 맞게 하되 손님이 원하는 특별 요리가 있으면 2가지
쯤 만들어 준다. 다진 새우살을 안에 넣고 표고버섯으
로 감싸 튀긴 어항동구와 해산물과 소고기로 요리한 삼
슬이, 해삼에 다진 새우살을 채우고 튀긴 금사오룡해삼
이 중심이고 여기에 소고기나 닭고기를 이용한 요리와
송이볶음 같은 게 추가된다. 마지막엔 김 대표가 철마
다 최적의 재료로 만드는 식사가 준비된다.

🏠 서울 노원구 한글비석로48길 12 2층　　📞 02 938 0763　　🕐 11:00~20:00, 매주 수요일 휴무
🍽 **짜장면** 6,000원, **짬뽕/울면/우동** 7,000원, **잡채밥** 10,000원, **탕수육(중)** 20,000원, **양장피** 32,000원,
　팔보채/깐풍기 35,000원, **A~D코스** 35,000~100,000원

005

광주식당

갓 지은 양은 냄비밥과
보글보글 청국장

친정엄마의 구수한 청국장이 생각나면 반드시 들르는
청량리 광주식당. 청량리 경동시장 골목에 위치해서
찾아가기도 쉽지 않지만 식당은 언제나 손님들로
북적거린다. 단돈 9천 원에 즉석에서 지은 따끈따끈한 양은
냄비밥을 직원이 손님상에서 직접 퍼준 후
물을 넣고 누룽지로 끓여준다.

_ 김영미

청국장도 반찬도 모두 맛있지만
양은 냄비에 갓 지은 밥 냄새는
'밥이 맛있으면 모든 것이 다 맛있다'는
친정엄마를 떠올리게 하는
소중한 추억이다.
젊을 땐 엄마가 좋아하시던 청국장은
냄새가 싫다고 먹지도 않았는데
이젠 광주식당의 청국장이
애정하는 메뉴가 되었다.

예약 시스템조차 없는 시장 밥집. 빈 테이블이 있어서
웨이팅 없이 바로 식사를 할 수 있으면 운이 좋은 날이
다. 여러 가지 메뉴 중에 단연 베스트는 청국장. 주문하
면 바로 쟁반에 반찬이 준비되어 나온다. 계절별로 조
금씩 다르지만 콩나물무침, 무생채, 고등어조림 등 모
두 한국인이라면 좋아할 맛이다. 특히 큼직한 무를 넣
고 매콤하게 조린 고등어는 통조림이 아닌 생물. 기본
반찬으로 나오기엔 좀 과분할 정도다. 게다가 리필도
된다. 큼직막한 두부와 무를 함께 넣고 센불에 파르르
끓인 청국장은 나흘 전에 발효시켜 사용한다. 구수한
데, 짜지 않아서 더욱 맛있다. 대접을 받아서 남은 밥에
무생채, 콩나물, 고추장, 참기름과 함께 쓱쓱 비비면 청
국장비빔밥이 된다. 마무리는 팔팔 끓인 누룽지. 9천 원
을 내고 식당 문을 나서기가 미안할 정도다.

🏠 서울 동대문구 경동시장로2길 51
⏰ 10:00~21:00, 매주 월요일 휴무

📞 02 969 4403
🍽 **청국장** 9,000원, **김치찌개** 10,000원, **제육볶음** 16,000원

006

만두전빵

비주얼도 맛도 예술인
아롱사태수육만두전골

나이 드신 분이나 입맛이 까다로운 사람과 함께
식사해야 할 때면 어김없이 생각나는 식당이다.
특히 연로하신 부모님께서 입맛이 없을 때 '강추'한다.
집밥같은만두전골은 2인에 2만 2천 원,
아롱사태수육만두전골은 2만 9천 원이다. 3천 원으로 촉촉
하고 부드러운 아롱사태수육을 함께 즐길 수 있다.
_ 김영미

한 번도 안 먹어본 사람은 있어도
한 번만 먹어본 사람은 없다고
자신 있게 말할 수 있는 만두전빵의
아롱사태수육만두전골.
에너지가 부족하다 싶을 때면
늘상 찾는 단골 메뉴다.
예약은 받지 않고 식당에 와서 웨이팅
리스트에 이름을 쓰고 기다려야 한다.
식사 피크타임을 피해서
넉넉하게 가는 것이 좋다.

아롱사태수육만두전골 냄비가 식탁에 출현하는 순간
그 비주얼에 모두 입을 다물지 못한다. 채소가 가득 담
겨 있고, 육수는 청양고추를 넣어 시원하고 칼칼하다.
매운맛이 부담스러울 때는 청양고추를 조금 덜어내고
끓인다. 아롱사태는 부드럽고 담백해서 술을 좋아하는
사람에게는 술을 부르는 맛이라고 한다. 만두피는 얇고
두부와 숙주가 가득 담긴 속은 어찌나 꽉 찼는지 얇은
만두피가 벗겨져도 흐트러지지 않는다. 깨가 가득한 양
념장에 살짝 찍은 아롱사태수육은 유명한 수육집보다
더 맛있다. 골라 먹는 재미도 있다. 마무리는 칼국수. 전
골과 함께 꼭 먹어봐야 할 메뉴는 이북 스타일의 '겉바
속촉' 녹두전이다. 겉은 바삭하고 속은 촉촉한데 그 두
께가 상상 이상으로 두텁다. 모든 식재료는 유오근 사
장이 직접 장에서 구입해서 언제나 신선하다.

🏠 서울 성동구 행당로15길 2-1 만두전빵
🍴 아롱사태수육만두전골(2인 기준) 29,000원,
　　 집밥같은만두전골(2인 기준) 22,000원, 녹두전 8,000원
📞 02 2292 6882
🕐 11:30~21:00(브레이크 타임 15:00~16:00, 라스트 오더 20:00)
📷 @mandoo_jeonbbang

삼거리먼지막순대국

먹는 순간 당신은
이미 단골

난 '순댓국 마니아'다. 예전 직장 동료도 그랬다.
추구하는 바가 같았던 우린 맛집을 찾아다녔다.
어딜 가든 '원조'란 간판을 내걸어도 대부분 원조에
걸맞지 않았고 더러는 맛없다 싶기도 했다.
그러던 중 대림동을 배회할 때였다. 적당히 허름한 데
별 기대 없이 들어갔다. 삼거리먼지막순대국이
내 순댓국 '서열 1위'에 오른 날이었다.

_박지원

1962년도 전경

삼거리먼지막순대국은 일찍이
서울시 서울미래유산에 선정됐다.
중소벤처기업부 인증 백년가게 1호로도
이름 높다. 원래 손님이 많았지만,
백년가게로 선정되며 젊은 층의 방문도
눈에 띄게 늘었다. 저렴한 가격에 훌륭한
양과 맛을 지닌 순댓국을 즐길 수 있으니
마다할 까닭이 없지 않았을까.
순댓국과 낯가림을 겪는 사람이 꽤 있다.
여기서 시도해 보길 권한다.
딱 한 번만이라도.

삼거리먼지막순대국의 역사는 김운창 씨의 부친이
1957년 대림시장에서 국밥집을 열면서 시작됐다. 과거
조각가였던 김 씨는 2002년 연로한 부친의 뜻에 따라
조각칼 대신 주방 칼을 들었다. "잡내를 없애려고 당일
들여온 생고기로 육수를 냅니다." 주방으로 들어가니
가마솥이 다 있다. 그것도 4개나. 싼값이라고 맛과 양
까지 저렴하진 않다. 순댓국에는 순대, 오소리감투, 막
창, 대창, 암뽕, 머릿고기가 양껏 들어 있다. 어른이라면
소주 한 잔이 절실해진다. 게다가 공깃밥은 몇 개를 추
가하든 무료다. 70년 가까운 역사 덕분에 추억도 많다.
순댓국 심부름을 하던 아이가 어른이 돼 자식을 데리고
온 사연, 손님이 많다 보니 한쪽에서 싸움이 나도 몰랐
던 일화 등, 식당 곳곳에는 김 씨와 더불어 이곳을 방문
했던 여러 손님의 희로애락이 스며 있다.

🏠 서울 영등포구 시흥대로185길 11
🕐 08:00~19:30, 매주 화요일 휴무

📞 02 848 2469
🍲 순댓국(보통) 7,000원, 술국 9,000원, 안주(소) 10,000원

008
정인면옥

정성과 고집이
고스란히 담긴 냉면

미쉐린가이드와 블루리본에 수년째 연속 선정되고, 〈수요미식회〉 등 온갖 매체에서 평양냉면을 이야기할 때 빠지지 않는 정인면옥. 누구나 부러워할 성적이지만, 정작 변대일 대표는 별 관심이 없다. 음식점은 광고로 유지되는 게 아니라며 묵묵히 자신의 일만 할 뿐. 그 모습이 평양냉면의 은은하고 깊은 맛과 무척 닮았다.
_ 이승태

직장인들이 많은 여의도에 위치한 까닭에 점심때는 대기를 감안해야 한다. 브레이크 타임이 끝나는 오후 5시부터 저녁 장사를 시작한다. 계속 손님이 몰리는 탓에 저녁 7시가 지나면 하나둘 재료가 동나기 시작한다. 휴일엔 더 일찍 떨어진다. 그래서 수육과 만두를 먹기 위해 멀리서 왔다가 못 먹고 가는 경우도 자주 발생한다.

정인면옥의 뿌리는 변 대표의 부모님이 운영하던 오류동 '평양냉면'이다. 한결같은 맛을 향한 그의 고집은 매일 새벽 1시에 가게로 나와 그날 쓸 고기를 삶고 육수를 뽑는 것으로 시작된다. 정인면옥을 시작하고 지금까지 하루도 빠지지 않고 모든 음식을 직접 장만한다. 아내 이희진 씨는 이것이 맛의 비결이라 말한다. 좋은 재료를 쓰면 무조건 맛있다는 게 이들 부부의 믿음이다. 한우로만 육수를 내고, 공급이 부족한 메밀을 제외한 모든 재료가 국내산이다. 주문과 동시에 면을 뽑고, 삶는다. 그 정성과 고집이 냉면 한 그릇에 고스란히 담겨 입소문만으로 광명에서 여의도로 확장해 옮길 수 있었다. 정인면옥에는 특별한 메뉴가 있다. 100% 메밀로 만든 '순면'이다. 메밀 자체의 맛을 제대로 느낄 수 있어 그 맛을 아는 이들은 꼭 순면을 찾는다.

🏠 서울 영등포구 국회대로 76길 10 　📞 02 2683 2615　🕐 11:00~21:30(브레이크 타임 15:00~17:00)
🍜 **평양냉면(물/비빔/온면)** 14,000원, **순면(물/비빔/온면)** 16,000원,　🌐 www.junginmyunok.modoo.at
　한우아롱사태수육 39,000원, **암퇘지편육** 29,000원, **접시만두/녹두전** 13,000원

009

단풍나무집
삼청점

외국인들에게
더 유명한 식당

가성비 좋은 육즙이 가득한 고기를 먹고 싶을 때 찾아가면
좋은 고기 전문점이다. 숯불에 은은하게 익힌 고기는
불 향이 가득한 고기 맛을 즐길 수 있다.
식당 내부의 테이블 간격도 넓어서 회식이나
모임 장소로 손색이 없다.

_ 김영미

점심시간에는 런치 세트 메뉴를
좀 더 저렴한 가격으로 제공한다.
특히 우삼겹 세트는
가성비가 최고인 메뉴다.
간장 베이스로 살짝 간이 밴 우삼겹의
풍미는 다른 식당과는 남다르다.
고기 먹고 난 후 식사는 김치말이쌀면을
추천한다. 아삭한 얼음 육수에 담긴
소면이라 더욱 쫄깃하다.
시원하고 담백한 육수를 마시면
고기의 뒷맛 또한 아주 깔끔하게
마무리가 된다.

삼청동 끝자락에 위치한 식당으로 외관부터 남다르다.
철 그물망에 자갈을 넣어 만든 돌담부터 정겹다. 단풍
나무와 자작나무가 있는 마당 규모도 꽤 넓다. 눈이나
비가 오는 날은 더욱 운치 있다. 마치 오래된 유럽 식당
에 온 듯하다. 한우 투플(1++)의 한우숙성등심은 마블
링도 무척 선명하고 두께도 두텁다. 구워지기를 기다리
는 게 힘들 정도. 숯불에 구워 촉촉하고 부드러운 고기
를 입에 넣는 순간 입안에는 육즙이 자르르 퍼진다. 한
번 먹고 나면 단골이 될 수밖에 없다. 분위기, 맛, 가격까
지 좋으니 회식하기도 좋다. 주한 대사관들의 단골 회식
장소일 뿐 아니라 외국에도 입소문이 나며 세계적인 스
타 안젤리나 졸리도 다녀갔다. 스텔라 생맥주는 단풍나
무집이 생맥주 맛집이란 별칭으로 불릴 정도로 고기와
잘 어우러진다. 예약은 전화로만 가능하다.

🏠 서울 종로구 삼청로 130
🕐 11:30~22:00(라스트 오더 21:30), 매주 일요일 휴무
🌐 www.mapletreehouse.co.kr

📞 02 730 7461
🍽 1++한우숙성등심 55,000원, **단풍갈비 49,500원,**
우삼겹 18,900원

010

르블랑서

종로 익선동의 데이트 맛집,
프랑스 가정식

한옥이 즐비한 익선동은 분위기 있는 카페와 맛집들이 즐비한 뉴트로(New-tro) 감성 거리다.
익선동 골목길의 프랑스 가정식 음식점 르블랑서.
블루리본 서베이가 수년째 인정한 맛집이자 '인스타 핫플'로, 한옥과 프랑스 가정식이라는 조합이 어울리는 식당 곳곳은 사진찍기에도 좋다.

_ 황정희

주말에 르블랑서에서 식사를 하려면 엄청나게 오랫동안 기다려야 한다. 다행히 네이버로 예약이 가능하니 이를 활용하면 좋다.
음식을 맛보고 난 뒤 익선동의 좁은 골목길을 누벼보자.
카페와 맛집, 쇼핑의 즐거움까지. 아기자기한 소품으로 멋을 낸 가게들이 눈을 즐겁게 한다.
주차는 낙원상가 공용 주차장을 이용하도록 한다.

익선동은 어느 정도 수준을 유지하는 맛으로 인해 어느 곳을 가도 실패할 확률이 적은 편이다. 그중에서도 매년 블루리본 서베이에 선정되는 르블랑서는 합리적인 가격에 비해 높은 음식 수준으로 만족도가 높다. 하얀 벽돌의 정문을 들어서면 샹들리에가 들어간 유리 돔 천장의 테라스가 나온다. 내부 공간은 한옥 느낌인데 테라스가 있어, 동서양이 공존하는 인테리어가 감각적이다. 전체적으로 아늑하고 아기자기하다. 식전 빵인 호밀빵은 바삭하게 구웠다. 가지런하게 썬 가지, 호박에 토마토소스를 부어 오븐에서 구운 프랑스식 채소 스튜인 라따뚜이는 겉은 바삭하고 속은 부드럽다. 새우와 각종 허브를 종이로 감싸 구운 새우빠삐요트는 갈릭소스에 찍어 먹는데, 재료 맛이 살아 있고 오븐에 구워 풍미가 깊다. 에이드 등 음료도 다양하다.

🏠 서울 종로구 익선동 170-1   📞 02 766 9951
🕐 12:00~22:00(브레이크 타임 16:00~17:00, 라스트 오더 21:00), 매주 월요일 휴무
🍴 **라따뚜이** 12,000원, **로스터드치킨** 24,000원, **갈빗살라구파스타** 19,000원, **토마토홍합찜** 16,000원

서
울

139

맘스키친

부암동에서 만나는
소박한 일본 가정식

야트막한 산이 병풍처럼 감싸고 있는 아늑한 동네 부암동.
지하철도 없고 주차 공간도 없지만 불편을 감수하고
많은 이들의 발길이 끊이지 않는 일본 가정식 식당,
맘스키친. 식당 이름에서 느껴지듯이 엄마 같은 정성으로
마음이 푸근해지는 식당이다. 내 아이를 위한 음식이
동네 엄마들 사이에서 소문이 나고 식당까지 열게 되었다.

_ 김영미

맘스키친에서 어떤 식사를 해도
밥이나 면이 조금 남았을 때
테이블에 준비되어 있는
수제 만능 오일을 살짝 뿌려 먹으면
색다른 맛을 즐길 수 있다.
매콤하고 칼칼한 수제 오일은 견과류와
멸치, 마늘, 참기름, 베트남 고추 등을
넣고 만든 맘스키친의 특제 소스.
주문한 음식의 간이 심심하다고
느껴질 때도 함께 섞어서 먹으면 좋다.
따로 구매도 가능하다.

도쿄 출신으로 현재는 부암동 주민인 일본인이 운영하
는 작고 소박한 일본 가정식 전문점이다. 햇살이 가득
들어오는 맘스키친의 작은 식탁에 앉으면 일본 소도시
에 온 듯한 느낌이 든다. 메뉴를 펼치자 '밥, 반찬, 된장
국, 카레소스 등 모두 리필이 가능합니다'라는 문구가
눈에 띈다. 주인장의 넉넉함에 식사하기 전부터 감동이
다. 명란파스타, 연어덮밥, 맘스그라탕, 일식파닭, 소고
기덮밥, 탄탄면 등 많은 메뉴가 있지만 처음 방문하는
이에게 추천하는 메뉴는 탄탄면이다. 진하고 따뜻한 국
물은 몸이 허하다고 느껴질 때 먹으면 온몸을 데워주어
마치 보약 먹은 기분이 든다. 쫄깃한 면에 숙주가 곁들
여져서 식감도 무척 좋다. 돼지고기 육수에 땅콩소스로
맛을 내 무척 고소하다. 중국식 탄탄면보다 깔끔하고
뒷맛의 여운이 많이 남아서 쉼 없이 먹게 된다.

🏠 서울 종로구 창의문로 146　　　📞 02 395 7022
🕐 11:30~20:00(브레이크 타임 15:15~17:00, 라스트 오더 19:20), 매주 월요일 휴무
🍽 **탄탄면** 12,000원, **스프카레** 13,000원, **키마그라탕** 13,000원, **일식파닭** 11,000원

012

무교동
북어국집

북엇국의 대명사

자리에 앉으면 인원수만 체크하고 주문이 들어간다.
메뉴는 딱 하나, 북엇국이다. 메뉴 선택 고민을
할 필요가 없다. 김이 모락모락 올라오는 북엇국에는
탱글탱글 야들야들한 두부와 부드러운 북어가 가득하다.
직장인들의 속풀이엔 무교동북어국집의 북엇국을
능가할 해장 음식은 없다.

_ 김영미

웨이팅이 긴 평일 점심시간을 피해서
오전 시간이나 저녁 시간에 찾아가면
여유롭게 식사를 할 수 있다.
단골손님들은 "알 하나요"라고
따로 주문하는 메뉴.
초란으로 만든 반숙 달걀프라이에
새우젓을 아주 조금만 올려서 먹으면
더욱 고소한 별미의 맛을 즐길 수 있다.

서울시청 뒤편, 다동에서 대를 물려서 영업 중인 무교동
북어국집. 1968년 이후 55년 이상 북엇국 한 가지만 끓
이고 있다. 뽀얀 국물의 맛과 깊이가 남다른 까닭은 사
골 육수에 북어를 넣고 오랜 시간 끓여서 만들기 때문
이다. 해장국으로 최고지만 나이 지긋한 어르신들에게
도 사랑을 듬뿍 받고 있다. 반찬 통에 들어 있는 부추,
김치, 오이지는 원하는 만큼 덜어 먹을 수 있고 북엇국
과 공깃밥은 무한 리필이 가능해서 주인장의 넉넉함까
지 느낄 수 있다. 북엇국의 간은 새우젓으로 맞춰야 더
욱 감칠맛이 풍부해진다. 100% 국내산 종갓집 김치를
사용한다. 친정어머니의 기억을 소환하는 살짝 짭조름
하고 달콤새콤한 오이지는 누구도 부정할 수 없는 밥도
둑이다. 북엇국이 반 정도 남았을 때 부추를 넣고 밥을
말아 먹으면 또 다른 맛을 느낄 수 있다.

🏠 서울 중구 을지로1길 38
🕐 월~금 07:00~20:00, 토·일 07:00~15:00

📞 02 778 3981
🍽 북어해장국 10,000원, 초란 500원

해늘 찹쌀순대

청와대 만찬 음식으로 선정된
인천의 대표 순댓국

부담 없는 가격에 고기로 배를 채울 수 있는 순댓국밥은
많은 이들의 사랑을 받는 음식이다.
인천 지역을 대표하는 해늘 찹쌀순대(구 이화찹쌀순대)는
1968년 개업 이후 56년째 영업 중이며,
지금은 가업을 이어받아 1997년부터 2대째 운영 중이다.
1987년 청와대 만찬 음식으로 선정된 맛집이다.

_ 에이든 성

업소가 워낙 한적한 곳에 위치해 있다.
대중교통을 이용하려면
인천지하철 2호선 남동구청역
3번 출구에서 약 10분 정도 걸어야 한다.
인천 만수고등학교 정문 바로 앞에
위치하고 있으며 식당의 간판은
아직도 이화찹쌀순대로 걸려 있다.
검색할 때도 이화찹쌀순대로
검색해야 한다.

2001년 개업한 인천 만수 본점은 유동 인구가 거의 없
는 외지에 있지만, 손님들이 번호표를 뽑고 줄 서서 기
다릴 정도다. 2007년 프랜차이즈 사업을 위해 상호를
이화찹쌀순대에서 (주)해늘로 변경하고 인천남동공단
에 제조 공장을 설립하기도 했다. 이곳은 육수부터가
남다르다. 순댓국집은 대부분 사골 육수를 사용한다.
축산 기간이 6개월 정도인 규격돈으로는 고기 육수 맛
을 내기 어렵기 때문이다. 그런데 해늘은 국내산 암돼지
로 육수를 내서 잡내가 전혀 나지 않는다. 재료비가 2배
정도 비싸지만, 육수 맛이 진하고 고소하다. 또 부속 부
위 없이 순대와 머릿고기만을 넣어 깔끔하고 담백하다.
여성 프로골퍼 김미현 선수가 LPGA에서 우승 후 귀국
후 처음으로 방문하기도 했고, 2010년에는 중국 공영
방송 CCTV에서 맛집으로 소개되기도 했다.

🏠 인천 남동구 장승로 88 원조이화순대
🕐 월~토 10:00~21:00(브레이크 타임 월~금 15:00~16:00),
　　일요일·공휴일 08:00~21:00
📞 032 467 3050
🍲 순댓국 11,000원

014

이름 없는
해장국집

유명한 60년 전통의 노포

업소의 이름이 없다. 들어가는 입구 한쪽에
'해장국'이란 조그마한 간판이 끝이다.
그래서 이곳은 이름 없는 해장국집으로 유명하다.
지역 토박이들 사이에서는 송림동 해장국집으로 통한다.
1964년부터 이어진 역사는 다른 노포와 마찬가지로
대를 물려서 운영되고 있다.
_ 에이든 성

영업시간이 특이하다.
해장국은 05:00~10:30, 설렁탕은
11:00~15:00, 딱 10시간만 운영한다.
화요일은 휴일이다.
시간대별 단일 메뉴라서 선택권이 없다.
그래서 이곳을 찾으려면 시간과 메뉴,
요일을 점검해 보아야 한다.
사장님에게 맛의 비결을 물었더니
정직한 재료로 정직한 맛을
한결같이 지켜내는 게 비결이라 한다.
대답이 묵직했다.

국밥은 토렴해서 나온다. 뚝배기에 육수를 부었다가 다
시 따라내는 작업을 반복해서 쌀에 열과 수분을 더해
밥맛을 더해주는 방식으로 조선 시대부터 전해 내려왔
다. 이곳의 해장국은 얼큰하고 자극적인 국물이 아닌
맑은 국물이다. 고기도 제법 들어 있고 배춧잎을 넣고
끓여서 담백하고 깔끔하다. 설렁탕도 일반적인 뽀얀 국
물과는 달리 맑다. 국내산 한우로 첨가물 없이 만들어 낸
진한 육수의 기본 육향이 좋다. 얼핏 보면 해장국과 설렁
탕이 비슷해 보이기도 한다. 굳이 차이를 꼽으라면 우거
지가 들어가고 안 들어가는 차이라 할 수 있겠다. 〈백종
원의 3대 천왕〉에 소개된 맛집으로 여러 매체에서 지속
적으로 방송을 제안받고 있다고 한다. 실내에는 매체에
소개된 기사 스크랩, 이연복 셰프와 탤런트 이진욱, 만
화가 허영만 등 방송인들의 사인들이 즐비하다.

📍 인천 동구 동산로87번길 6
🕐 05:00~10:30(해장국), 11:00~15:00(설렁탕), 매주 화요일 휴무

📞 032 766 0335
🍽 **해장국** 10,000원, **설렁탕** 12,000원

대왕김밥

마음만은 왕이로소이다!
우엉 듬뿍 대왕 김밥

별다른 기대 없이 한 끼를 때우러 가는 곳이 분식집이다.
하지만 인천의 부평에는 43년간 사람들의 한 끼를
든든하게 책임지는 대왕김밥이 있다.
부평역 앞 노점상부터 시작된 대왕김밥은
어머니의 맛에 대한 고집이 네 자매에게로 이어져 변함없는
맛을 지키고 있다.

_ 에이든 성

대왕김밥은 2개의 업소를
다른 방식으로 운영하고 있다.
별관은 식사하시는 분들을 위한 장소고
본관은 포장 손님을 위한 공간이다.
본관은 별관에서 50여 미터 거리에 있다.
전철을 이용할 때는 부평역 6번 출구나
부평시장역 3번 출구에서 하차하면 된다.

대왕김밥의 상호는 손님들이 지어준 것이다. 1981년 부평역 노점 당시의 이름은 '서울토스트', 부평역 일대 노점상 생계 지원 대책으로 조성한 한아름상가로 이전했을 때는 '원조김밥'이었다. 2014년 지금의 자리로 이전하며 상호를 '대왕김밥'으로 바꾸었지만, 이 이름은 이미 한아름상가 시기부터 손님들이 붙여준 이름이다. 창업주 강순화 씨는 변함없는 맛을 지켜내기 위해 김밥의 크기는 물론 재료 선택에 무척이나 고집스럽다. 인천 강화쌀만을 사용하며 속재료도 직접 조리한다. 그뿐만 아니라 맛이 변할까 봐 모든 분점 제안을 거절하고 있다. 김밥에 대한 자부심과 애착은 네 자매에게 이어져 쫄면 소스 제조법을 전수받은 둘째 딸은 쫄면을, 우엉 김밥의 주재료인 우엉의 조리는 셋째 딸이 맡는 등으로 네 딸이 함께 가게를 운영하고 있다.

🏠 인천 부평구 부평문화로 47-1
🕐 04:00~21:00

📞 032 527 3423
🍙 우엉김밥(대왕) 3,500원

016

명월집

백반 전문 노포

인천광역시 중구에 위치한 중앙동에는 토박이들만이 알고 있는 노포 백반집이 많다. 어떤 집은 간판도 없으며, 어떤 집은 심지어 일반 가정집에서 영업하는 등 숨은 곳도 많다. 140년 개항의 역사와 1985년까지 인천시청이 현 중구청 자리에 있었던 이유도 크다.

_ 에이든 성

홀 중앙의 석유풍로에서
365일 항상 끓고 있는 김치찌개와
주변에 비치된 상추는 셀프 서비스다.
모르는 사람들은 그냥 지나칠 수 있으니
반드시 챙겨서 먹어보자.
김치찌개와 눌은밥은 명월집에
수십 년간 이어져 내려온
시그니처 음식이다.

1966년부터 영업을 시작해서 어느덧 58년의 역사를 대물려 이어가고 있다. 인천의 맛집으로 소문난 명월집은 중구청과 신포국제시장 사이에 위치해 오랜 시간 서민들의 굶주린 배를 채워주었다. 이곳은 인원수만 말하면 알아서 백반을 가져다준다. 대략 10가지 이상의 반찬들은 계절과 맞물려 항상 변하지만, 김치찌개와 눌은밥만큼은 변함없는 명월집만의 메뉴다. 명월집의 영업 방식은 적어도 내가 경험한 40년간의 세월 동안은 변함이 없었다. 굳이 변한 게 있다면 선대 할머니들이 동네에서 머리에 밥상을 이고 배달 가던 문화가 없어진 게 유일하다 할 수 있다. MBC 〈화제 집중〉, SBS 〈리얼코리아〉, KBS 〈그곳에 가면〉, 〈세상의 아침〉, 〈백종원의 3대천왕〉, 〈한국인의 밥상〉, 〈식객 허영만의 백반 기행〉 등에 소개되어 많은 사람에게 사랑받고 있다.

🏠 인천 중구 신포로23번길 41
🕐 08:00~19:30, 매주 일요일 휴무

📞 032 773 7890
🍲 **김치찌개백반** 9,000원

017

잉글랜드
경양식 돈가스

80년대에

시간이 멈춘 곳

인천 동인천역 앞에 위치한 잉글랜드 경양식 돈까스는 1981년에 오픈하여 지금까지 그 역사를 이어가고 있다. 드라마 〈응답하라 1988〉의 촬영지로 선택되었듯이 시간이 멈추어 버린 듯한 80년대의 레트로 감성을 온전히 느낄 수 있는 곳이다.

_ 에이든 성

MBC 〈생방송 오늘저녁〉,
iHQ 〈맛있는 녀석들〉,
〈백종원의 3대 천왕〉에 돈가스 맛집으로
소개된 잉글랜드 경양식돈가스는
드라마 〈응답하라 1988〉에서
류준열이 가족과 함께 외식하러 가는
장면 속 장소로도 유명하다.
보통 사이즈의 잉글랜드돈가스는
1만 1천 원이고 곱배기에 해당하는
왕돈가스는 1만 8천 원이다.

메뉴로는 국내산 돼지고기를 72시간 밑간 숙성한 돈가스와 최고급 흰살생선을 옛날 방식 그대로 두툼하게 튀겨 타르타르소스에 찍어 먹는 생선가스, 그리고 두 가지를 한 번에 먹을 수 있는 '반까스'가 있다. 스페셜 요리로는 100% 자연 치즈로 가득 찬 치즈돈가스가 있다. 최고 등급 도드람 한돈에 신선한 과일과 채소로 3번 끓인 40년 전통의 소스를 사용한다. 전남 고흥 직거래 농장에서 수확 후 바로 올라온 오이와 제주 무로 매일 아침 직접 담근 깍두기 등이 돈가스의 맛을 보조한다. 커피숍에서 커피를 마시고 레스토랑에서 연인과 함께 돈가스를 먹는 게 최고의 데이트 코스였던 80년대는 지금의 50~60대에게 아련한 향수다. 오래된 LP와 분수대 등의 인테리어는 그 청춘의 기억을 가진 이들에게 시간 여행을 즐길 수 있는 추억의 장소가 될 것이다.

🏠 인천 중구 우현로90번길 7 2층
🕐 11:30~20:30(브레이크 타임 16:00~17:00), 매주 일요일

📞 032 772 7266
🍴 잉글랜드돈가스 11,000원

018

청실홍실
신포 본점

메밀면이
살아 숨 쉬다

인천의 오랜 역사를 함께해 온 신포동은 차이나타운, 인천근대거리를 찾는 관광객들로 해가 지날수록 더욱 붐비고 있다. 역사만큼이나 오래된 노포들이 골목 여기저기 살아 숨 쉬고 있다. 공영 주차장에서 신포시장으로 들어가는 초입에 자리한 이곳은 점심시간마다 메밀국수 한 그릇 하기 위한 사람들로 북새통을 이룬다.

_ 운민

인천 신포동 일대는 이 도시의 정수가 모두 담겨 있다고 해도 과언이 아닐 정도로 수많은 매력이 살아 숨 쉬는 동네다. 활력이 느껴지는 신포시장에서는 숨은 맛집들이 골목마다 자리하고 있고, 일본풍의 건축과 중국 화교들의 흔적이 남아 있는 차이나타운에는 다양한 이야기들이 숨어 있다. 하루 정도 시간을 내서 이 일대를 함께 돌아보는 것을 추천한다.

명성에 비해 가게 내부는 생각보다 작다. 하지만 회전율이 빠른 편이고, 주문한 지 오래지 않아 둥그런 틀에 담긴 메밀국수와 소스가 나온다. 판모밀을 더욱 맛있게 즐기는 방법이 있는데 소스에 파 한 숟가락과 무즙 한 숟가락을 넣고 식초를 한 바퀴 두른 뒤 겨자를 얹는 것이다. 자가제 면이라 그런지 메밀의 향이 은은하게 코를 자극하고 재료 본연의 맛과 부드러운 식감을 자랑한다. 판에 담겨 나오는 메밀국수는 양도 많은 편인데, 소스에 찍어 한 입, 두 입 먹다 보면 10분도 지나지 않아 국수가 쏜살같이 사라진다. 손님 중 절반 이상은 메밀국수를 추가로 주문한다. 만두도 주력 메뉴 중 하나로, 겉으로는 평범해 보이지만 얇은 피의 쫀득함과 이물감 없이 씹히는 속재료의 조합이 촉촉하고 부드럽다. 1979년부터 꾸준히 사랑받는 청실홍실이다.

인천 중구 우현로35번길 23-1

032 772 7760

11:30~20:20(라스트 오더 20:00), 매주 월요일 휴무

메밀국수 7,000원, 메밀우동 7,000원, 가케우동 5,000원

군포식당

깊고 진한
60년의 설렁탕

서울의 끊임없는 확장으로 인해 일산신도시와
분당신도시를 기점으로 경기도에 많은 신도시가 속속
들어서고 있다. 특히 안양, 과천, 군포는 도시 간 경계도
모호할 정도로 수많은 아파트가 연이어 이어진다.
하지만 군포역 전방 대로변의 한 설렁탕집은 예나 지금이나
이곳을 지키며 전통을 고수하고 있다.

_ 운민

이곳의 주차장은 차 20대를
수용할 수 있지만 들어가는 길목이 좁고
자주 찾는 손님이 많아 점심시간은
조금 혼잡한 편이다. 1호선 군포역에서
도보로 접근할 수 있다.
이곳에서 조금 내려가면 의왕역 근처에
철도박물관과 왕송호수가 자리한다.
호숫가를 따라 레일바이크가
설치되어 있고 그 길을 따라 아름다운
호수의 모습을 엿볼 수 있다.

경기 남부 일대를 대표하는 군포식당은 1959년 개업한
이래 진한 육수를 고집하고 있다. 그 역사만큼이나 낡
은 3층 규모의 건물. 간판도 빛이 바랬지만, 제법 넓은
주차장은 오전부터 이미 만원이다. 어르신들이 주로 찾
을 줄 알았는데 젊은이부터 어린이까지 이곳의 깊은 국
물을 맛보기 위해 가게 문을 서성이고 있다. 예전에 한
대통령도 직접 찾아와서 먹었다고 한우 양지를 오래도
록 푹 삶아 육수를 충분히 우려낸 것이다. 얼핏 섞박지
같은 두툼한 깍두기와 상큼한 배추겉절이를 맛보니 확
실히 이 집의 내공이 파악된다. 설렁탕 '특'은 고기 양이
더 많고 공깃밥이 따로 나오는데, '보통'은 국물과 밥을
토렴해 좀 더 녹진하다. 정갈하게 담겨 나오는 설렁탕
의 양지머리는 부드럽고 국물은 소금을 넣지 않아도 충
분히 진하다. 국물의 밸런스가 인상적이다.

🏠 경기 군포시 군포로556번길 6　　📞 031 452 0025
🕐 08:00~20:30(브레이크 타임 15:00~16:00 라스트 오더 14:30, 20:00), 매주 일요일 휴무
🍽 **한우양지설렁탕** 12,000원, **한우양지수육**(소) 34,000원, (대) 47,000원, **제육보쌈**(소) 29,000원

020

하남정

그 양에 놀라다!
김포 감자탕의 명가

과음으로 다음 날까지 머리가 아플 때 우리는 해장을 한다. 한국은 특히 해장 문화가 발달한 나라라 다양하게 얼큰하고 칼칼한 해장국 중 무엇을 먹어야 할지가 큰 난제다. 만약에 숙취로 인해 기운도 없고 어지러운데, 해가 중천이라 배가 고프다면 전통의 감자탕 명가 하남정을 방문해야만 한다.

_ 운민

이곳은 가족끼리 와도 추천한다.
양이 무척 많아 감자탕 소자를 시켜도 3~4명이 충분히 먹을 만하다.
돈가스 등 아이들을 위한 메뉴도 구비되어 있고, 놀이방 시설도 설치되어 있다.
식사를 즐기고 주변을 둘러보자.
김포를 대표하는 생태공원인 김포 한강 야생조류공원이 있어 소화를 시킬 겸 산책하기 충분하다.

한강신도시에서 한강변으로 가다 보면 타운하우스와 전원주택이 밀집한 동네가 나타나고 수십 년간 자리를 지킨 하남정이 모습을 드러낸다. 지하 주차장부터 차 60대를 주차할 수 있는 넓은 공간이 있어서 접근성이 편리하다. 이곳에 오면 놀라운 것 세 가지가 있다. 우선 가게의 크기, 다음은 푸짐한 양, 마지막으로 해장술을 판매하지 않는다는 사실이다. 제1종 주거 전용 지역이라 술의 반입과 판매가 금지되었다고 한다. 그래도 메인 메뉴인 뼈다귀해장국과 감자탕을 맛보면 아쉬움이 달래진다. 돼지 잡내가 전혀 없고 오래 삶아서 그런지 뼈에 붙은 고기가 젓가락으로 떼어질 만큼 부드럽다. 우거지도 전혀 질기지 않고 혀에 감겨 스르르 녹는다. 점심시간 전부터 가게는 인산인해지만 회전율이 빨라 바로 푸짐한 감자탕을 맛볼 수 있다.

📍 경기 김포시 김포한강11로 436 📞 031 997 5709
🕐 09:00~22:00(브레이크 타임 15:00~17:00, 라스트 오더 14:20, 21:20)
🍴 **뼈다귀전골(감자탕)** 소 33,000원, 중 48,000원, 대 60,000원, **뼈해장국** 10,000원, **갈비탕** 15,000원 *술 판매금지

이배재장어

장어가 이렇게
맛있는 요리였다니

이배재장어는 1995년에 문을 열어 29년째 영업 중인
장어 요리 전문점이다. 이익주 대표에게 장어는 그 무엇보다
친근한 재료다. 부모님께서 팔당댐 근처에서
대림정이라는 간판을 걸고 40년쯤 장어와 매운탕 장사를
하셨기 때문이다. 평생 장어를 손질하고 구우며
살아온 장어 장인이 이 대표다.

_ 이승태

장어구이나 매운탕을 먹고 나면
후식으로 비빔국수가 나온다.
이게 별미다. 단골 중에는 이 국수를
먹기 위해 찾는 이가 있을 정도.
옛날 어르신들이 출출한 밤에 끓여
드시던 국수에 김치를 넣고
비볐을 뿐이라는데,
그 맛의 균형이 절묘하다.
장어구이로 배가 불러도 젓가락질을
멈출 수가 없다.

메뉴는 장어와 메기매운탕, 딱 2가지다. 하루 100마리
쯤 쓰는 민물장어는 전라도의 양만장에서 매일 공수한
다. 통째로 손질한 큰 장어 한 마리가 1인분. 맛있는 요
리를 위해 최고 등급의 싱싱한 장어를 사용하는 건 당
연하다. 그보다 어떻게 굽느냐가 중요하다고 이 대표는
말한다. 그래서 주문과 동시에 이 대표가 밖에서 직접
장어를 굽는다. 최고의 맛을 위해 엄선한 참숯만 사용
하며, 특히 불 조절에 신경 쓴다. 이곳만의 한결같은 감
칠맛 비결이기도 하고, 손님들은 옷에 냄새가 배지 않
아 좋다. 장어는 기본적으로 간장양념구이지만 손님이
원하면 소금구이도 한다. 비트, 양파, 여러 과일과 옥수
수를 갈아 넣어 드레싱한 샐러드가 찰떡궁합이다. 장어
뼈튀김은 비스킷 같다. 무엇보다 이 대표의 부모님께서
개발한 소스가 장어의 맛을 더 특별하게 한다.

경기 광주시 이배재로451번길 14 　　　　 031 765 3451
12:00~21:30(브레이크 타임 15:30~17:00), 매주 일·월요일 휴무
장어(대, 1마리) 39,000원, **메기매운탕**(소) 45,000원, (중) 55,000원, (대) 65,000원, **비빔국수** 6,000원

호수식당 본점

022

부대찌개의 원조 부대볶음을
만날 수 있는 곳

전 세계에서 사랑받는 한국의 대표 메뉴 부대찌개,
사실은 부대볶음에서 출발한 것이다.
국물을 자작하게 졸여 햄과 소시지의 풍부한 맛이
느껴지는 이 요리는 술꾼들에게 더욱 사랑받는다.
간판에서부터 예스러움이 느껴지는 호수식당은
변치 않는 모습으로 현지인들에게 사랑받고 있다.
_ 운민

부대찌개와 달리 부대볶음의
라면 사리는 메인 음식을 어느 정도
먹고 난 후 육수를 부어서 면을
집어 넣는 형태다.
호수식당의 부대찌개 역시 많은 사람이
즐겨 먹는 메뉴다. 여기서 멀지 않은 곳에
동두천외국인관광특구가 위치해 있다.
미군 부대 앞에 자리 잡은 이곳은
외국에 온 듯 색다른 거리 풍경을
접할 수 있다.

부대찌개로 유명한 의정부에서도 자동차로 45분을 내
달려야 하는 동두천은 좀처럼 쉬이 발길이 닿지 않는
다. 하지만 이 도시는 시간이 멈춘 듯한 매력이 살아 숨
쉰다. 거리 곳곳에 90년대 초반에나 볼 법한 단관 극장
과 낡은 경양식집이 있다. 부대찌개의 옛 형태를 간직
한 게 어쩌면 당연한지도 모른다. 들어서자마자 코로
스며드는 강한 육향은 이 식당의 내공을 짐작케 한다.
흰 그릇에 담겨 나오는 동치미와 쌀밥, 김치, 밑반찬만
살펴봐도 메인 요리에 대한 기대감이 부푼다. 10분 정
도 끓여 나오는 푸짐한 부대볶음은 그 자태만 봐도 영
롱하다. 소시지와 햄은 종류별로 맛과 식감이 천차만
별이다. 특히 이곳에서 제조한 모닝햄은 밥반찬이 따로
필요 없을 정도로 식감과 맛이 좋다. 그냥 먹어도 맛있
는 소시지를 매콤하게 볶으니 금상첨화가 따로 없다.

🏠 경기 동두천시 중앙로 312
🕐 09:00~21:30, 매월 2·4번째 일요일 휴무

📞 031 865 3324
🍲 **부대찌개** 9,000원, **부대볶음** 10,000원

늘봄웰봄

023

자식에게 먹여도
부끄럽지 않은 음식

고기와 전골 요리를 잘하는 늘봄웰봄은 서울시 서초동과
성남시 정자동 두 곳에 있다. 2004년에 문을 연
이 두 식당은 모두 윤재영 대표가 운영한다. 좋은 재료를
사용하는 것은 기본이어서 자랑거리도 아니라는 그녀는
친정집에 가서 밥을 먹는 것처럼 편하고 안심할 수 있게
찬이나 모든 재료와 조미료까지 신경을 쓴다.
_ 이승태

늘봄웰봄엔 여느 고깃집처럼 천장에
주렁주렁 매달린 환풍 시설이 없다.
대신 테이블마다 '신포'라는
그릴 시스템이 장착되어 있다.
이는 연기를 아래로 빼내는 장치로,
식사하는 내내 덕분에 냄새가 나지 않고
쾌적하다. 고깃집에서 옷에 냄새가
배지 않는다는 게 신기하다.

2층에 자리한 늘봄웰봄은 한쪽 벽 전체를 통유리로 마
감했다. 창밖엔 그 높이까지 자란 벚나무가 여러 그루
여서 사철 최고의 풍광을 펼쳐 보인다. '내 엄마, 내 자식
에게 먹여도 부끄럽지 않은 음식을 만들자'는 것이 윤
대표의 음식 철학. 단골들이 꼽는 늘봄웰봄의 대표 메
뉴는 등심에 붙은 고기로 만드는 로스편채다. 고기의
겉면을 시어링한 후 그대로 냉동해 뒀다가 주문이 들어
오면 얇게 썰어서 내놓는다. 고기가 녹으면 핏물이 빠
지며 맛이 없어지기에 냉동된 채 먹는 게 포인트. 고기
의 테두리 부분만 살짝 익은 상태여서 바깥쪽은 어둡고
안쪽은 생고기의 선홍빛 그대로다. 피망과 양파, 무순,
깻잎 같은 채소를 편채로 싸서 먹으니 그야말로 일품이
다. 좋은 고기와 채소, 비법 소스로 차려지는 샤부샤부
또한 빼놓을 수 없다.

🏠 경기 성남시 분당구 정자일로 248 파크뷰상가 2층 　　📞 031 783 2808
🕐 11:30~22:00(브레이크 타임 15:00~17:30)
🍽 **로스편채**(소) 38,000원, (대) 54,000원, **샤부샤부** 39,000원, **육회** 45,000원, **뚝배기불고기** 18,000원

만강

믿고 찾는
남도 계절 음식 전문점

만강, 이름부터 예사롭지 않은 이 식당은 모든 재료가
국내산인 남도 계절 음식 전문점이다.
갯장어와 여러 수산물을 일본으로 수출하던 길호철 대표는
나라 전체를 뒤흔든 IMF 외환 위기 때 모든 사업을 접고
성남으로 들어왔다. 그때 그의 수중엔 500만 원이
전부였다. 이를 종잣돈 삼아 지금의 '만강'에 이르렀다.

_ 이승태

조림으로 나온 덕자가 생각보다 커서
놀랍다. 재료가 신선해서인지
생선 살의 감칠맛이 더 특별하다.
자꾸만 손이 가는 덕자조림.
소고기육회와 갯벌 낙지,
전복으로 만든 산낙지탕탕이삼합은
하도 예뻐서 손을 대기가 주저될 정도.
한 숟갈 떠서 김에 싸 먹으니
세상 부럽지 않은 맛이다.

'정직'을 무엇보다 중요한 신념으로 지켜온 길 대표. 그는 이것이 목포에서 45년간 식당을 운영한 여수 출신 어머니의 가장 소중한 유산이자 가르침이라 여긴다. 신선하고 좋은 재료가 맛의 비결이라 믿는 그의 하루는 매일 새벽 4시에 시작된다. 목포항 어판장 중매인들로부터 생선을 구하고, 꼬막과 제철 채소는 각 산지에서 올라오는 것으로 직접 챙긴다. 만강의 대표 음식은 덕자회와 덕자조림. 덕자는 병어의 사촌쯤 되는 고급 어종이다. 표준말은 덕대, 남도에서는 덕자라고 한다. 한 마리로 뱃살은 회, 나머지는 조림을 만든다. 덕자 요리엔 소금 대신 오래 묵혀 맛좋은 조선간장과 고추장, 비법 숙성 양념을 사용한다. 널따란 접시에 한 겹씩 깔린 덕자회는 '사람 인(人)' 자로 모양을 내 근사한 회화 느낌이다.

경기 성남시 분당구 장미로 92번길 7-5 031 705 8892 11:00~22:00
덕자회+조림 60,000원, 민어회 50,000원, 산낙지탕탕이삼합(산낙지+육사시미+활전복) 중 60,000원,
대 80,000원, 민어지리탕 30,000원 www.cafe.naver.com/mangangfood(네이버 카페)

나영집밥

소박하지만
특별한 냉면

맛있는 음식을 만났을 때 소감을 물으면
'엄마의 손맛' 같다는 말이 먼저 나온다. 그만큼 엄마가
차려준 밥에 대한 향수가 강하기 때문일 것이다.
수원의 한 골목에서 특이한 냉면을 만났다.
소박하면서도 푸짐한 냉면을 마주하면서 상투적이지만
'엄마'란 단어가 생각났다.

_ 고상환

나영이가 오이무침을 좋아했을까?
실제 나영집밥의 냉면은 업주이자
엄마가 (나영이로 추정되는) 딸에게
만들어 주던 냉면이다.
식구들이 먹던 냉면을 단골손님들과
나누다가 여름철 정식 메뉴로
발전한 것이다.
그러니 이곳의 냉면을 먹으며
엄마나 집밥이 떠오르는 것은
당연한 일이다.

수원 화성의 장안문과 1번 국도 사이의 영화동. 조용한 주택가 골목에 오랫동안 살아온 가족이 운영하는 식당이 있다. 워낙 손맛이 좋아서 단골손님들이 소리 없이 즐겨 찾았는데, 최근 SNS에서 이슈가 되면서 줄 서는 식당이 되었다. 실내는 가정집처럼 방과 마루에 테이블 몇 개가 전부다. 냉면이 나오자마자 '와우!' 소리가 저절로 나온다. 냉면 위에 채 썬 오이무침을 듬뿍 올려 시선을 압도한다. 물과 비빔의 구분이 없고, 이름도 그냥 냉면이다. 혹시 매울까 봐 긴장했지만, 다행히 맵지 않다. 적당히 간이 밴 아삭한 오이도 매력적이고 제육볶음을 함께 먹어도 좋다. 두 음식의 양념에 공통점이 있어서인지 반발감 없이 무난하게 어우러진다. 좁지만 편하게 식사할 수 있고, 나가면서 업주와 편한 인사를 나누는 풍경이 마치 잔칫집에 초대받은 느낌이다.

🏠 경기 수원시 장안구 팔달로316번길 16-29
🕐 11:30~20:00(브레이크 타임 15:00~17:00)
📞 031 242 7153
🍽 냉면 7,000원, 냉면+제육set 10,000원, 된장찌개 7,000원

026

동흥식당

누군가의 수원행,
그리고 불백

문득 푸짐한 저녁이 고픈 날, 화성행궁 맞은편 골목의 동흥식당이 떠올랐다. 'Since 1977'이라 적힌 간판에서 알 수 있듯 이 골목의 터줏대감이자, 정갈하고 푸짐한 밥상을 저렴하게 내어주는 착한 이웃이다. 아울러 단골들이 불편할까 봐 방송 출연도 한사코 거절하는 고집 센 집이다.

_ 고상환

불백은 돼지고기로 만든 불고기다.
먼저 고추장불백을 떠올리겠지만,
80년대 중반 기사식당을 중심으로
퍼져 나간 불백의 시작은
간장 양념이었다. 1인분씩 팔았으니
바쁜 기사님들은 고기에 밥 한 공기를
모두 넣고 비빔밥처럼 먹거나
크게 한 술 떠서 상추쌈으로 즐겼다.
소고기불고기와 같은 양념에
돼지고기를 넣은, 싼값에 기분 좀 내보는
서민들의 음식이다.

반찬은 7가지. 굴을 넣은 무생채 말고는 평범해 보인다. 그러나 자세히 보면 볼수록 만만한 내공이 아니다. 콩나물무침과 겉절이 등 반찬 구성 또한 완벽하다. 밥과 국만 더하면 고기 없이도 훌륭한 밥상이다. 불백에 빠질 수 없는 쌈 채소는 깨끗하고, 큼지막한 마늘도 알싸한 국내산이다. 이렇게 푸짐한 반찬과 채소가 함께 차려지는데 1인분에 단돈 9천 원이다. 점심 특선 메뉴나 평일 한정 가격이 아닌 정규 메뉴다. 불판에서 보글보글 끓어오르던 국물이 자작해지면 우선 큼지막한 고기 한 점을 상추에 올려 쌈으로 즐기고 흰 쌀밥에 국물을 비벼 먹는다. 촉촉하고 부드러운 고기의 식감과 달달하고도 짭조름한 양념이 좋다. 양도 섭섭지 않으니 가벼운 안주로도 괜찮다. 식사를 마치기도 전에 다음 메뉴를 점찍었다. 동흥식당 덕에 수원행이 이어진다.

🏠 경기 수원시 팔달구 창룡대로8번길 8 1층   📞 031 256 1193
🕐 08:00~21:30
🍽 **돼지불백** 9,000원, **고추장불백** 11,000원, **냉삼겹살**(200g) 16,000원

백가네곰탕

가마솥에 우린
푸짐한 곰탕

양주 가래비장터에 위치한 백가네곰탕은 무쇠 가마솥에서 몇 시간 동안 정성껏 우려낸 국물 맛이 일품인 곳이다. 주인장은 곰탕집을 열기 위해 꼬박 1년을 다른 식당에서 일을 도우며 고기 고르는 법, 곰탕 끓이는 법 등을 익혔다. '하루에 100그릇'을 파는 것이 원칙인데 점심 장사에 이미 동나버리는 날이 허다하다.

_ 변영숙

'좋은 재료와 정성이 최고의 비법'이라는 주인장은 매일 새벽 5-6시부터 뼈와 고기를 손질하고 대여섯 시간을 푹 고아 그날 장사할 국물을 준비한다. 두 개의 가마솥에서 4번 우려낸다. 국물만 따로 포장도 가능하다. 가마솥에서 바로 퍼담은 뜨끈뜨끈한 국물에 물을 살짝 넣고 만둣국, 된장국을 끓여 먹어도 좋다. 콜라겐 상태가 된 곰탕은 3주가 지나도 상하지 않아 든든한 비상식량이다.

지어진 지 80년이 다 되어가는 허름한 단층 건물, 그 앞에 걸린 무쇠 가마솥이 먼저 반긴다. 백가네곰탕은 경상도식 현풍곰탕을 모티브로 해 사골, 우족, 꼬리, 반골을 넣고 6시간 이상을 우려낸다. 우유, 밀가루 등의 첨가물 없이 순수하게 뼈와 고기만 푹 고아 우윳빛처럼 뽀얗다. 소뼈나 고기의 누린내, 비릿함이 전혀 없고 고소하기만 하니 신기할 정도다. 혀에 들러붙는 듯 걸쭉하고 뜨끈한 국물이 목젖을 타고 내려가는 느낌이 좋다. 우족, 도가니 등이 골고루 섞여 있어 부위별로 골라 먹는 재미가 있다. 고기는 질기지도 않고 흐물거리지도 않고 딱 적당한 식감이다. 탕에는 밥과 면이 함께 나와 든든한 한 끼가 된다. 이곳의 또 하나의 별미는 직접 빚은 수제 떡갈비다. 두툼해서 먹음직스럽다. 겉은 바삭하고 속은 촉촉하게 익혀 뻣뻣하지 않고 부드럽다.

경기 양주시 광적면 가래비7길 8-1 ☎ 010 5645 8265
🕙 10:00~20:00(브레이크 타임 15:00~17:00, 재료 소진 시 영업 마감)
🍲 곰탕 10,000원, 불곰탕 12,000원, 수육 25,000원, 수육전골 35,000원

028

청해식당

가격도 맛도 진국,
양평해장국

물 맑은 양평 전통시장 안에서 가장 오래된
양평해장국 전문점이다. 시장의 스타 점포로도 선정된
소문난 맛집으로 사시사철 언제나 손님들로 북적북적하다.
30년째 찾는 양평 토박이 단골들이 대부분으로,
모두 소복한 밥그릇을 들고 연신 땀을 닦으며
식사하기에 바쁘다.

_ 강한나

양평해장국은 매운 양념장을 풀어
얼큰하게 끓인 육수에 신선한 선지와
한우의 내장, 콩나물 등을 넣어
뚝배기에 끓여내는 것을 말한다.
선지를 주재료로 하기 때문에 흔히
선지해장국이라고 불린다.
선지는 도축장에서 갓 받아 온
신선한 재료를 사용해야
비릿한 맛이 나지 않는다고 한다.
신선한 선지에는 철분을 비롯하여
여러 가지 영양분이 풍부하다.

양평을 찾았다면 어머니의 손맛이 담긴 양평해장국 한
그릇은 필수다. 비가 오나 눈이 오나 하루도 빠짐없이
양평해장국을 끓인다는 사장님. 이곳의 가장 큰 특징은
착한 가격과 신선한 재료. 모두 맑은 물을 먹고 자란
양평 농산물을 사용하며, 선지와 내장, 고기도 양평 한
우와 한돈을 사용한다. 근처 정육점에서 소 잡는 날 공
수해 오는 것이 비법이다. 선지는 너무 익히면 단단해
져 식감이 좋지 않으므로, 육수가 끓을 때쯤 한 움큼 떠
넣는다. 내장은 소의 첫 번째 위인 양을 넣는데, 쫄깃하
고 탄력적인 식감이 일품이다. 내장과 선지를 따로 삶
아 국물이 탁하지 않고 깔끔하면서 깊다. 구수한 된장
을 푼 한우 사골 국물에 우거지까지 잘 어울려 맛이 시
원하다. 송송 썬 실파와 새우젓을 곁들여 먹으면 감칠
맛은 배가 된다.

🏠 경기 양평군 양평읍 양평시장1길 12
🕖 07:00~22:00

📞 031 772 4784
🍲 **양평해장국** 8,000원, **소머리해장국** 10,000원, **뼈다귀탕** 8,000원

한옥숯불갈비

역사 깊은 한옥에서 맛보는
돼지갈비

우직한 외관이 어딘지 모르게 비범하다.
좁은 벽화 거리를 따라 걷다 보면 은밀하게 숨어 있는
한옥집 하나를 발견할 수 있다. 백여 년이 훌쩍 넘는
역사를 거치며 다채로운 이야기를 머금은 이 한옥은
현대에 이르러 내부 인테리어를 거쳐 손님에게 맛 좋은
숯불갈비를 대접하는 공간으로 활용되고 있다.

_ 강한나

현재 한옥숯불갈비가 있는 건물은
과거 1907년 영국 데일리메일 기자
F.A 매켄지가 양평의병을 처음 만나
첫 번째 의병 사진을 촬영했던 장소로
추정되는 곳이다.
백여 년의 세월이 무색할 만큼 관리가
잘된 한옥에는 사장님이 직접 볏짚을
하나하나 엮어 만든 소품들로 가득하다.
실내 구석구석에 애정이 깃들어 있다.

최근 경기도 전통시장 '명품 점포'로 선정된 맛집. 25년
동안 2대에 걸쳐 마당에 숯불 향이 마를 날 없었다. 국
내산 돼지로 만든 숯불갈비는 영업 시작 전 자택에서부
터 준비 과정을 거친다. 당귀, 갈근, 녹각 등 35가지의
보약재를 석 달간 먹인 국내산 무항생제 한약 암퇘지
를 사용해서 부드럽고 쫄깃한 맛이 일품이다. 고기를 직
접 포 뜨고 숙성하는 과정에서 고유의 노하우로 잡내를
잡는다. 이후 과일과 채소로 감칠맛을 더한 특제 양념에
재운 뒤 참숯불에 직화로 구워내면 불 향 가득 수제돼지
갈비가 완성된다. 양평의 작은 텃밭에서 직접 재배한 제
철 농산물을 사용해 건강함까지 잡았다. 쟁반 가득 내오
는 정갈한 나물 하나하나에 구수하고도 깊은 시골의 맛
이 깃들어 있다. 게장, 동치미, 장떡, 샐러드 등 7가지의
반찬도 매일 아침 사장님의 정성으로 빚어낸다.

경기 양평군 양평읍 양평시장길8번길 1
031 7749 9575
11:00~22:00(브레이크 타임 15:00~17:00), 매주 화요일 휴무
수제돼지숯불갈비 16,000원, **육회(중)** 25,000원, **(대)** 49,000원

030

대호식당

겨울이면 생각나는
동태찌개 전문점

대호식당은 연천 대광리역 앞에 있는
동태찌개와 부대찌개 전문점이다.
세 자매가 20년 넘게 장사 중이다. 연천의 숨은 맛집이지만
아는 사람은 다 아는 소문난 집이다.
동태와 알과 고니가 푸짐하게 들어간 동태찌개를
맛본 사람은 다시 찾지 않을 수 없을 정도로 맛나다.

_ 변영숙

겨울철 뜨끈한 국물 요리가 생각날 때
가장 먼저 떠오르는 것이 동태찌개다.
동태 살과 알, 고니, 내장 등을 넣고
끓여낸 푸짐한 동태찌개는 식사뿐만
아니라 소주 안주로도 그만이다.
4계절 내내 쉽게 구할 수 있고,
가격도 저렴해서 주머니가 가벼운
서민들의 대표적인 먹거리다.
한국인의 소울푸드라고 해도 좋을 정도.
요즘은 대부분 러시아산 동태를
사용하는 데다가 가격도 1만 원이 넘는
경우가 많아 안타깝다.

오후 3시가 훌쩍 지나 들어선 대호식당. '동태찌개 1인
분도 되냐'고 묻자 '지금 밥을 새로 하는 중이니 조금 더
기다려야 한다'며 양해를 구하는 통에 오히려 송구하
다. 잠시 후 한 상이 차려진다. 밥에선 윤기가 좔좔 흐르
고 콩자반, 고추조림 등 밑반찬들도 정갈하고 맛깔나
다. 엄마의 손맛이 떠오르는 솜씨다. 동태찌개가 보글보
글 끓기 시작하자 칼칼한 양념 냄새가 올라온다. 미리
우려낸 육수에 국내산 고춧가루를 풀고 대파, 콩나물과
해물을 넣어 시원한 맛에 목이 탁 트인다. 동태, 알, 고
니를 차례로 건져 고추냉이소스에 찍어 먹으니 이 또한
별미다. 큼지막한 두부도 입에서 살살 녹는다. 동태찌개
1인분이 2인분만큼 많다. 동태는 러시아산이지만 김치,
고춧가루, 쌀은 국내산이다. 일대에서 이미 소문난 맛집
이라 점심시간에는 한참 기다려야 한다.

🏠 경기 연천군 신서면 연신로 1154 대광리역 앞
🕘 09:30~20:30(라스트 오더 19:30), 매주 화요일 휴무

📞 031 834 1416
🍲 **동태찌개** 11,000원, **부대찌개** 10,000원

031

자연밥상

황태구이가 맛있는
연천

2021년 연천군 한탄강 일대가 유네스코 세계지질공원으로 등재되면서 여행객들의 발걸음이 늘고 있다. 늦여름이면 해바라기 축제가 열리는 임진강변 호로고루 성 일대는 물론 선사 유적지와 고인돌의 성지인 연천은 답사 여행지로도 손색이 없다. 연천으로 떠나는 여행길에 밥집을 찾는다면 단연 '자연밥상'을 추천한다.

_ 변영숙

전혀 기대하지 않았던 곳에서
우연히 발견한 맛집은
머릿속에 각인되어 보석처럼 빛난다.
어느 날 문득 그 집의 음식 맛이
그리울 때 여행 짐을 꾸린다.
오래전부터 음식은 단순히
음식이 아니라 여행의 이유였음을
새삼 깨닫는다.
자연밥상으로 연천 여행의 이유가
하나 더 추가된다.

임진강 비룡대교를 건너면 나타나는 자연밥상. 식당이 많이 없는 동네라 더욱 반갑다. 황태구이를 주문하자 기본 찬들이 차려진다. 호박나물, 열무김치, 두부조림 등 밑반찬만 7가지가 넘는다. 채소는 거의 다 직접 재배한 것들이다. 애호박을 두툼하게 썰어 볶은 호박나물볶음은 달달하고 씹는 맛이 좋다. 소금에 살짝 절인 후 꼭짜서 무친 오이나물도 아삭한 식감이 좋다. 주방장의 내공과 정성이 느껴진다. 경험상 밑반찬이 맛있으면 다른 음식들도 맛이 좋다. 역시나 황태구이는 감탄을 자아낸다. 고추장, 파, 마늘 등 갖은양념에 재워 알맞게 구운 황태의 포슬포슬한 식감에 밥 한 공기가 순식간에 비워진다. 연천콩으로 담근 된장으로 끓인 된장찌개 맛도 기대 이상이다. 모든 음식이 흠잡을 데가 없다.

경기 연천군 백학면 청정로46번길 22 ｜ 031 835 6615 ｜ 10:00~21:00(브레이크 타임 15:30~17:30)
우렁쌈밥정식(2인 이상) 1인 15,000원, **자연쌈밥정식(2인 이상)** 1인 13,000원, **황태구이** 14,000원,
주꾸미볶음(2인 이상) 1인 15,000원

032

고기리 금잔디

맛과 분위기 모두
시골 할머니 댁

좁은 도로를 따라 다리를 건너고 산모퉁이도 지나고
굽이굽이 돌아 찾아간 금잔디. 마당엔 예쁜 분홍
비단 주머니를 주렁주렁 매단 금낭화가 예쁘고,
졸고 있는 고양이 옆에서 뜰보리수가 빨갛게 익어가는
지붕 낮은 한옥. 시골 할머니 집, 딱 그 느낌이다.

_ 이승태

아침에 따왔다는 호박잎이 눈길을 끌고,
가지무침과 향긋한 산나물에 강원도
초당에서 가져온 고소한 두부가
맛깔스러운 조림으로 상에 올랐다.
더덕은 불에 구워 숯 향이 솔솔.
무와 배추와 오이무침, 감자조림에
멸치볶음까지 딱 집밥이어서 기분 좋게,
부담 없이 숟가락을 들게 된다.

나무와 흙으로만 지은 건물은 날카롭거나 자극적인 구
석 없이 눈길 머무는 곳마다 편안하고, 생각보다 내부
가 넓다. 대들보를 향해 가지런히 뻗은 서까래가 훤히
노출돼 있어 건물이 낮아도 답답하지 않고, 창문의 발
사이로 시원한 바람이 불어와 쾌적하다. 금잔디에는 메
뉴판이 없다. 메뉴는 순두부찌개와 된장찌개뿐이다. 술
도 팔지 않는다. 특별한 요리를 안 해도 되는 메뉴라서
가정식 백반집으로 정했다는데, 기본 반찬이 11가지나
된다. 정성 또한 가족을 위해 차린 집밥 그대로다. 대부
분의 재료를 이곳 고기리에서 공급받고, 온갖 채소도
때맞춰 밭에 가서 따온다. 그래서 반찬 종류가 계절마
다 바뀐다. 주인장 솜씨가 좋아 음식은 물론 필요한 장
이나 소스도 직접 담근다. 주인장의 신념대로 싱싱하고
좋은 재료로 만든 맛있는 한 상이 이곳의 원칙이다.

🏠 경기 용인시 수지구 고기로 553-17
🕐 11:30~20:00(라스트 오더 19:30), 매주 월요일 휴무

📞 031 261 4449
🍽 순두부찌개 15,000원, 된장찌개 15,000원

제일식당

백암순대를 대표하는
국밥집

우리나라에서 순대로 이름난 곳을 꼽으라면
천안의 병천순대, 속초의 아바이순대, 그리고 용인의
백암순대가 있다. 백암으로 가기 위해서는 용인의 수지,
기흥에서도 꽤나 먼 거리를 가야 하지만 그런 수고를
충분히 감수할 만한 가치가 있다. 백암면 일대를 중심으로
수많은 순댓국집이 위치했지만 가장 대표 격인 식당은
바로 제일식당이다.

_ 운민

백암순대는 다른 순대와 달리
돼지 소창을 뒤집어 돼지고기와 당면,
절임 배추, 양배추, 양파 등 각종 채소를
가득 넣는다. 그래서 아삭한 식감과
각종 감칠맛이 입안에 계속 맴돈다.
백암은 용인 수지구를 기준으로
자동차로 40분 정도 걸리는 꽤
먼 곳이지만 근처에 독특한 개성을 지닌
카페와 색다른 맛집이 많아
식사 후 함께 돌아볼 만하다.

백암면에서는 한때 대한민국에서 가장 많은 돼지를 사육했다. 그때 부속물로 순대를 만들기 시작하면서 명성을 이어가게 되었다. 백암면의 수많은 집이 각자의 비법으로 순대를 만드는데, 그중 제일식당에 많은 손님이 모이며 대표적으로 알려졌다. 그 맛은 과연 어떨까? 면 내 가장 중심부에 자리 잡은 이곳에는 오전 11시 무렵부터 사람들이 몰려들기 시작한다. 가게 구석에서는 순대 삶는 진풍경이 펼쳐지고, 미로 같은 내부는 시대를 거치면서 점차 확장했음을 보여준다. 메뉴는 간단하다. 국밥과 순대, 부속물뿐이다. 주문을 마치고 김치를 먼저 맛보았다. 크게 썰어 나오는 깍두기의 아삭함, 입안에 퍼지는 산뜻함이 국밥과 금상첨화다. 백암순대와 오소리감투 등 부속물이 풍부하고, 국물은 명품이라 할 만하다. 문을 나서자마자 다시 돌아가고 싶어진다.

📍 경기 용인시 처인구 백암면 백암로201번길 11　📞 031 332 4608
🕐 06:00~21:00(라스트 오더 20:00), 매주 수요일 휴무
🍽 **모둠순대** 18,000원, **백암순대** 18,000원, **순댓국밥** 10,000원

034

두부마을
양반밥상

대한민국 명인,
두부 음식 1호의 솜씨

어버이날 가족 외식 집으로 낙점한 곳이
수락산 두부마을양반밥상이다. 매일 먹는 두부인데도
새삼스레 찾을 만큼 이곳의 손두부는 특별하다.
입구에 걸린 '대한민국 명인, 두부 음식 1호' 타이틀이
선명한 인증서가 모든 것을 말해준다. 시어머니의 손맛을
이어받은 며느리가 두부 음식 1호 명장이다.

_ 변영숙

옛날 우리네 할머니들은 두부를
직접 만들어 식구들 밥상에 올렸다.
콩을 갈고 간수를 만들어 돌로 지져
손두부를 만들어 두부찜도 만들고
된장찌개도 끓였다. 따끈한 손두부에
김치 하나 올려 먹으면 막걸리 안주로는
최고였다. 공장 두부 맛에 익숙한
요즘 사람들에겐 손두부 맛이
낯설 수도 있겠지만, 중장년층들에게는
고향의 맛이자 추억을 떠올리게 하는
음식이다. 그래서 굳이 손두부집을
찾아가는 것이 아닐까?

주메뉴는 단연 두부를 주재료로 한 두부버섯전골, 생두부, 부침두부, 콩비지 등 두부 요리다. 생선구이정식이나 해장국 등 메뉴도 다양하다. 별식으로 더덕구이, 메밀전병, 촌두부 반 모 등도 즐길 수 있다. 시그니처 메뉴인 두부버섯전골을 주문한다. 밑반찬으로 나온 시래기나물 등 10여 가지의 밑반찬들이 모두 흠잡을 것이 없이 맛깔나다. 두부버섯전골은 비주얼이 압도적으로 푸짐하다. 표고버섯, 느타리버섯 등 버섯만 3가지가 넘는다. 큼지막하게 썰어 넣은 두부는 끓을수록 부들부들해져 더욱 먹음직스럽다. 채소를 살짝 들추니 게 다리, 미더덕 등이 넉넉하게 들어 있다. 해물의 시원한 맛과 버섯의 구수한 맛이 어우러져 균형이 최고다. 양도 넉넉해서 4인분 같은 3인분이다. 함께 주문한 돌솥밥의 구수한 숭늉으로 입가심을 하니 더없이 완벽하다.

🏠 경기 의정부시 동일로 190　　📞 031 877 8295　　🕐 06:00~22:00(라스트 오더 21:30)
🍴 **두부버섯전골**(2인 이상) 34,000원, **솥밥+한정식** 18,000원, **콩비지** 11,000원, **옛날순두부** 11,000원,
　　코다리조림(2인 이상) 34,000원, **사골우거지해장국/황태해장국** 10,000원

035

박가 삼거리
부대찌개

파주식 부대찌개의

대표 주자

소시지와 햄 위에 우리 고유의 김치가 들어간 대표적인
퓨전 요리인 부대찌개는 한동안 한식 취급을 받지 못했지만
이제는 외국인들에게도 널리 사랑받는 음식이 되었다.
부대찌개 계열로는 크게 의정부식과 송탄식이 있는데,
미나리와 쑥갓이 들어간 파주식도 요즘 주목받고 있다.
그중 대표적인 곳으로 한번 가보자.

_ 윤민

부대찌개를 먹는 방법은 기호에 따라
여러 방식으로 나뉘는데
맨 처음 라면 사리를 넣을 때 되도록
하나 이상을 넣지 말기를 권장한다.
라면 사리의 전분으로 인해서 국물이
탁해지고 맛이 변질될 수 있다.
부대찌개는 그 명칭처럼 대부분
군부대에서 유래되었다.
경기도의 송탄, 의정부, 파주식 말고
전북 군산의 비행장 부대찌개도
나름 유명하다.

박가 삼거리부대찌개는 파주의 북쪽 끝 동네, 문산에
있다. 그곳까지 가는 수고를 충분히 감내할 만한 가치
가 있다. 메뉴는 오직 부대찌개 하나인 이곳의 기본 반
찬은 무와 오이가 들어간 짠지와 김치. 주문한 지 얼마
안 돼서 쑥갓과 김치, 어묵같이 생긴 모닝햄이 들어간
부대찌개가 나오고, 끓을 때까지 차분히 기다리기만 하
면 된다. 이곳은 아침에도 영업하고, 1인분도 주문 가능
하다. 국물이 끓고, 함께 주문한 라면 사리를 넣는다. 라
면을 공깃밥에 받쳐 먹으며 부대찌개와의 궁합을 즐겨
본다. 다음으로 깊은 육수. 파주식 부대찌개의 특징은
뽀얀 사골 베이스가 아닌, 채소 혹은 김치만 들어간 맑
은 국물이다. 진하고 걸쭉한 부대찌개 맛에 지쳤다면 바
로 삼거리부대찌개의 담백함을 느껴볼 차례다. 새로운
부대찌개의 세계관을 넓힐 수 있는 집은 바로 여기다.

경기 파주시 문산읍 문향로 103 삼거리부대찌개
08:00~21:30, 매주 일요일 휴무

0507 1356 3431, 031 952 3431~2
부대찌개(공깃밥 포함) 10,000원

164

036

무봉리
토종순대국 본점

전국에 체인점 거느린
순댓국 명가

뜨끈뜨끈한 국물과 머릿고기, 순대가 듬뿍 들어간
순댓국을 떠올리니 자연스럽게 무봉리토종순대국이
생각난다. 1994년 의정부시 진도백화점 맞은편
15평 가게에서 처음 문을 열고, 1997년 포천 소흘읍
무봉리에서 30년 이상 영업 중이다.
SNS상에서 수많은 인증 사진이 맛을 증명하는 곳이다.
_ 변영숙

순댓국을 좋아하지 않는 나의 입맛까지
사로잡은 무봉리토종순대국.
영업을 시작한 지 벌써 30년이 다 돼간다.
그 사이 '순댓국 명가'라는 명성과 함께
전국에 150개의 체인점을 개설했다.
대부분의 메뉴를 상품화하여
경기, 충청 등에 판매하는
식품 가공 기업으로도 성공했다.
돈과 명예를 동시에 거머쥔 셈이다.
존경스럽다.

포천시 소흘읍의 무봉리토종순대국은 본점답게 매장
도 넓고 인테리어도 깔끔하다. 손님들의 끊이지 않는
발걸음으로 유명세를 실감한다. 주문한 순댓국이 나오
고, 송송 썬 대파와 뽀얀 국물을 보는 순간 침이 꼴깍
넘어간다. 잡내가 전혀 나지 않으며, 국물은 진하고 고
소하면서도 담백하다. 양념장을 넣으면 얼큰해지고 새
우젓을 넣으니 짭짜름한 깊은 맛이 난다. 들깻가루를
넣자 깊은 맛이 더해진다. 뽈살고기, 순대, 내장, 이름
을 알 수 없는 부위까지 양이 엄청나다. 무봉리순대국
은 14시간 동안 직접 끓인 국내산 사골 육수에 값싼 머
릿고기 대신 뽈살고기와 순대를 사용한다. 자연 숙성된
섞박지도 맛있다. 순댓국과 섞박지는 포장과 배달도 가
능하고, 식사를 마치면 옆 궁전 카페 '빵공장'에서 음료
와 빵을 10% 할인된 가격으로 이용할 수 있다.

🏠 경기 포천시 소흘읍 호국로 475　　📞 0507 1443 4466　　🕐 24시간
🍜 토종순댓국(기본) 10,000원, (특) 12,000원, **우거지얼큰순댓국** 12,000원, 찰순대 10,000원,
　　뼈해장국 11,000원, 내장탕(기본) 13,000원, 모둠순대(대) 20,000원　　📷 @moobongri_official

(037)

산비탈손두부

100% 국산콩으로 만드는
40여 년 전통의 두부 전문점

산정호수 가는 길의 산비탈손두부 식당은
포천 몽베르 CC 맞집으로 통한다. 100% 국산콩으로
직접 만든 손두부를 선보이는 곳이다.
<수요미식회>, <생생 정보통> 등 다양한 TV 프로그램
에 소개된 바 있고, SNS에서 맛집으로 명성이 자자하다.
'Since 1986'이 증명하는 40여 년 전통의 두부 전문점이다.
_ 변영숙

산비탈손두부 식당이 처음 문을 연 것은
1986년도다. 사장님 할머니가
서울살이를 하다 고향인 포천으로
돌아와 두부를 만들기 시작한 것이 47세.
30년 넘게 한눈팔지 않고 두부를
만들다 보니 어느새 80세가 넘으셨단다.
친정에서 늘 두부를 만들어 먹었던지라
방법을 일부러 배울 필요도 없었다고.
아직도 식당에 나와 일일이 손님을
챙기는 사장님은 "찾아와 줘서 고맙다"
라며 몇 번이나 다음에 꼭 다시 오라고
당부하신다.

두부버섯전골을 주문하자 산나물과 장아찌, 김치 등 10
가지가 넘는 밑반찬이 차려진다. 모두 조미료 맛이 느
껴지지 않는 담백한 맛이다. 이어서 나온 전골은 비주얼
부터 압권이다. 새송이, 느타리, 팽이버섯, 표고버섯 등
4가지 버섯과 소고기가 꽃봉오리처럼 소담스럽게 담
겨 있고 국물도 자작자작하다. 그 위의 듬뿍 뿌려진 들
깨가 영락없이 꽃술처럼 보인다. 전골이 끓기 시작하자
양념이 우러나 매콤하고 칼칼한 냄새가 식욕을 자극한
다. 적당한 맵기의 국물 맛은 깊고 묵직하면서도 시원
하다. 유부처럼 보들보들한 손두부와 쫄깃한 버섯의 식
감도 뛰어나다. 3명이 2인용 소자를 나눠 먹었는데도
남을 정도로 양이 푸짐하다. 메밀전병 속에는 고기소와
김칫소가 꽉꽉 들어차 있고 메밀전은 쫄깃쫄깃하면서
고소하다.

🏠 경기 포천시 영북면 산정호수로 295 　　📞 0507 1446 3992
◎ 06:00~21:00(브레이크 타임 15:00~17:00, 라스트 오더 20:30), 매주 목요일 휴무
🍴 **두부버섯전골(소) 40,000원, 순두부정식**(2인 이상) 1인 13,000원, **메밀전병** 13,000원 등

038

강릉 짬뽕순두부
동화가든 본점

짬뽕순두부의 원조

동해안이 시원하게 펼쳐지는 경포호 소나무 숲 사이에는 초당 허엽이 개발했다고 알려진 초당 순두부집이 모여 있는 마을이 있다. 동해 간수를 이용해 만들었다는 순두부는 깔끔함을 자랑해서 여행객들이 아침 해장용으로 즐기고 가는 경우가 많았다. 그런데 짬뽕과 순두부를 결합한 이색적인 요리가 주목받기 시작했다.

_ 운민

강릉 초당마을에서 멀지 않은 곳에
허균 선생과 허난설헌이 어린 시절을
보냈던 생가가 복원되어 있고
뒤편의 소나무 숲은 우리나라에서 손꼽는
탐방로로 알려져 있다.
경포호는 주위가 평탄하고 경관이 훌륭해
자전거로 한 바퀴 돌아보기도 좋다.
초당마을의 순두부집마다 조금씩
맛이 다르니 두루 경험하는 것도 좋다.

초당마을의 제법 넓은 부지에 자리 잡은 강릉 동화가든은 최근 우후죽순 늘기 시작한 짬뽕순두부집 중 원조격으로 가장 붐비는 집이다. 얼핏 보면 식당이 아니라 하나의 단지처럼 보이는 거대한 규모다. 입구는 번호표를 뽑고 기다리는 손님들로 붐비지만, 카페 등 부대시설이 갖춰져 있고 순두부아이스크림도 팔고 있어 그 시간이 결코 지루하지 않다. 진한 붉은빛과 부추의 조화가 강렬한 짬뽕순두부가 등장했다. 첫입에서 적당한 칼칼함과 불 향이 감돌고 곧이어 순두부의 고소함이 깔끔하게 보완한다. 전혀 어울릴 것 같지 않은 조합이 어우러져 서로의 장점을 극대화하는 새로운 맛이다. 밑반찬도 훌륭한데 특히 이곳의 백김치는 특허 등록도 되어 있다고 한다. 청국장과 초두부 등 다양한 메뉴를 함께 즐기는 것도 좋다.

🏠 강원 강릉시 초당순두부길77번길 15 📞 0507 1432 9885, 033 652 9885
🕐 07:00~19:00(브레이크 타임 16:00~17:00), 매주 수요일 휴무 🍲 **원조짬순** 13,000원, **안송자청국장** 12,000원,
초두부백반 11,000원, **얼큰순두부**(아침 한정 메뉴) 10,000원 📷 @donghwagarden

대우칼국수

동해에서 맛보는 칼칼하고 매콤한 장칼국수의 매력

장칼국수는 동해 대표 음식 중 하나로,
간판에 장칼국수라 써 붙인 음식점이 쉽게 눈에 띈다.
유독 사람이 몰리는 대우칼국수는 주말이면 긴 줄을
감수할 정도다. 칼칼하고 매콤한 장칼국수의 맛에
세월을 간직한 공간, 정겨운 분위기가 특별한 추억을
안겨주기 때문일 것이다.

_ 채지형

2층에 있어, 좁은 계단을 올라야 한다.
내부 인테리어는 옛 모습 그대로다.
벽에는 동해 묵호 신협 달력이 걸려 있는데,
선풍기 바람에 날아가지 말라고
빨래집게로 집어 놓았다.
할머니와 할아버지가 운영하시다가
현재는 딸과 사위가 칼국수를 만든다.
근처의 오뚜기칼국수도 줄 서는 맛집이다.
홍합과 해물, 고니 등을 넣는
식당도 있으니, 취향에 따라 다양하게
맛보기를 추천한다.

대우칼국수는 단일 메뉴라 장칼국수만 내다 보니, 자리에 앉으며 '두 개요'라고 주문하면 끝이다. 면은 부드럽고 국물도 자극적이지 않다. 칼국수 안에는 호박과 감자, 파, 냉이가 들어 있고, 김 가루와 깨가 고명으로 올라간다. 반쯤 익힌 달걀이 풀어져 있는 것이 특징이다. 장칼국수는 강원도 영동 지방의 향토 음식이다. 장칼국수의 '장'은 고추장. 집집마다 맛은 달라도 고추장으로 얼큰한 국물을 내는 방식은 비슷하다. 묵호에서 장칼국수가 발달한 이유 중 하나는 항구가 있어서다. 새벽 조업에서 돌아온 어부들에게 간단하면서 든든한 한 끼 식사로 사랑받았다. 사장님에게 언제 시작하셨냐고 물으니, "58년 개띠예요"라고 하신다. 대우칼국수는 묵호의 살아 있는 역사나 마찬가지다. 아담한 공간에 긴 세월이 고스란히 묻어 있다.

🏠 강원 동해시 일출로 10
🕐 월·수~금 08:30~16:00, 토·일 08:30~18:00, 매주 화요일 휴무
📞 033 531 3417
🍜 **장칼국수** 8,000원

040

수림

바다 향이 한 그릇에 가득,
깔끔한 멍게해초비빔밥

수림(水林)이라고 쓰고 '바다 숲'이라고 읽는다.
동해 묵호항 근처의 해산물 전문점이다.
시그니처 메뉴는 바다 향 가득 품은 멍게해초비빔밥이다.
바다 숲에 사는 여러 해초를 모아 한 그릇에 담았다.
잘 섞어 입에 넣으면, 눈앞에 푸른 바다가
넘실거리는 기분이 든다.
_ 채지형

진한 멍게 향이 부담스럽다면, 멍게를
덜어내고 고추장을 달라고 요청하자.
수림의 생선구이나 간장게장을 선호하는
이들도 적지 않다. 생선구이는
깔끔하고 간장게장은 맛깔스럽다.
특히 간장게장은 베테랑 한식 조리사가
국내산 연평도 꽃게를 사용해 만들어,
포장해 가는 이도 적지 않다.

해초는 바다에 사는 종자식물로, 맛과 영양이 뛰어나
다. 요오드와 철분, 무기질 등은 건강에 좋을 뿐 아니라,
식이 섬유가 풍부하고 칼로리가 상대적으로 낮아 웰빙
푸드로 알려져 있다. 이런 해초를 이용한 특별한 비빔
밥을 맛볼 수 있는 곳이 수림이다. 1981년 문을 연 수림
은 대를 이어 운영하는 '묵호 터줏대감'이다. 멍게해초
비빔밥은 톳, 곰피, 꼬시래기 등 해초가 노란 멍게를 가
운데 두고 몽글몽글 놓여 있다. 철마다 조금씩 다르지
만, 동해가 아니면 보기 힘든 참지누아리 등도 맛볼 수
있다. 간은 멍게의 짭짤함에 기대고, 고추장을 사용하
지 않는 것도 특징이다. 채소가 거의 들어 있지 않아 바
다 향이 더욱 진하게 올라온다. 간장새우와 게장, 가자
미식해, 도루묵조림 등 반찬도 정갈하고 깔끔한 인테리
어에 주차장도 넓어 손님맞이로도 손색이 없다.

🏠 강원 동해시 발한로 220-10 1층
🕐 월~토 09:30~21:00(브레이크 타임 15:00~17:00), 일 09:30~14:30, 매주 화요일 휴무
🍽 **멍게해초비빔밥** 15,000원, **알배기간장게장정식** 37,000원, **양념게장정식** 19,000원

📞 033 532 2702

📷 @donghae.surim

장터생선구이

생선구이의 참맛을
느낄 수 있는 9천 원 백반

바닷가를 여행한다고 매끼 회만 먹을 수는 없다.
든든하고 맛있게, 주머니 사정도 고려하면서
바닷가 음식을 먹고 싶다면, 생선구이백반이 정답이다.
묵호에 있는 장터생선구이는 9천 원에 알찬 생선구이
백반을 낸다. 집 근처에 있으면 바닷가가 생각날 때마다
찾고 싶은 백반집이다.
_ 채지형

생선구이 외에도 알탕, 망치탕 등
탕 메뉴도 많이 찾는다.
도루묵 철(12월 전후)에만 메뉴에
올라오는 도루묵찌개도 특별하다.
이곳에서는 지역 막걸리인
'약천골 지장수 생막걸리'를 판매한다.
지장수는 2022 대한민국 주류품평회
대상을 수상한 막걸리로,
약간 달달한 맛에 목 넘김이 경쾌해,
생선구이와 잘 어울린다.

동쪽바다 중앙시장에 있는 장터생선구이. '집에서 굽
지 마세요. 총각이 구워줘요'라는 문구가 발길을 멈추게
했다. 바삭하게 구워진 생선구이는 전에 먹은 생선구이
맛을 잊게 할 정도로 강렬했다. 가짓수와 종류별로 다
른 모듬생선구이 메뉴도 있지만, 한 끼 식사로는 생선
구이백반이 더 좋다. 생선구이와 찌개, 호박나물과 마늘
쫑 등 반찬 7가지를 맛볼 수 있기 때문이다. 때에 따라
다르지만, 보통은 고등어, 조기, 꽁치(2인 기준)가 나온
다. 고등어구이의 속살은 담백하고, 겉은 바삭하고 고
소하며, 살만 먹어도 끼니가 될 정도로 크다. 고추를 썰
어 넣은 된장찌개와 오이절임도 일품이다. 가자미나 갈
치 등 다른 생선을 추가로 주문할 수도 있다. 고기를 곁
들이고 싶다면, 정식도 좋은 선택이다. 매콤한 주물럭이
함께 나오는데 전문점 못지않게 맛있다.

🏠 강원 동해시 중앙시장길 10　　📞 033 532 9222
🕐 09:50~21:00(브레이크 타임 15:30~17:00, 라스트오더 20:00), 매주 수요일 휴무
🍽 **생선구이백반**(1인분) 9,000원, **생선구이정식** 12,000원, **알탕** 9,000원, **망치탕** 9,000원

042

거북바위식당

메밀국수 먹고 거북바위에
소원도 빌어보자

주문진 원포리라는 외진 곳에 위치한 거북바위식당.
해변에서도 멀리 떨어져 있고 주변에 다른 식당도 없다.
이곳이 더 반가운 이유다. 곳곳에서 세월의 흔적이
느껴진다. 꼭 시골 할머니 댁처럼 푸근하다.
반갑게 손님을 맞이해 주는 주인어른의 반가운 표정에서
돌아가신 할머니 모습이 겹쳐 보인다.

_ 변영숙

거북바위식당의 메뉴는 단출하다. 막국수와 냉면, 손만
두와 곰탕이 전부다. 덕분에 메뉴 고르는 수고를 덜 수
있다. 주문한 비빔막국수가 나왔다. 푸짐하다. 넓적한
그릇에 담겨 있는 메밀국수는 흡사 작은 산봉우리 같
다. 시커먼 김 가루가 국수 봉우리를 뒤덮었고, 콩가루
와 깨소금이 금가루처럼 뿌려져 있다. 함께 나온 밑반
찬들은 모두 정갈하고 맛이 깊다. 밥을 부르는 맛이다.
밥 한 숟갈이 이렇게 아쉬울 줄이야. 국수를 비벼주니
고소한 양념 냄새가 코끝을 찌른다. 뚝뚝 끊기는 국수
의 질감과 슴슴한 양념 맛이 자극적이지 않아 좋다. 슴
슴함은 잘 익은 김치와 무말랭이무침으로 보충해 주면
된다. 무말랭이무침은 강원도 옥수수막걸리와도 찰떡
궁합이다. 먹어도 먹어도 줄지 않는 메밀막국수는 바로
주인장의 넉넉한 마음이다.

몇 년 전 우연히 찾아간 거북바위식당.
일흔이 넘은 나이에 혼자 장사하시던
할머니의 정정하고 고운 모습에
감탄했고 음식 맛과 얘기 솜씨에 반했다.
뒷마당의 거대한 거북바위에서
소원을 빌면 다 이뤄진다고.
가끔 마을 사람들도 찾아와 기도를
드린다고 한다. 구수한 강원도 사투리로
풀어 놓는 할머니의 젊은 시절 이야기도
막국수만큼이나 맛깔났다.

🏠 강원 양양군 현남면 화상천로 58-2
🕐 11:30~22:30

📞 033 671 0567
🍴 비빔/물막국수/냉면 8,000원, 곰탕 11,000원

회영루

소소하지만 특별한 한 끼,
중국식 냉면

중국냉면은 인지도가 낮은 편이다.
지금이야 맛집 탐방이나 미식 여행 관련 프로그램도
많아 조금 나아지기는 했지만, 여전히 동네 중국집에서는
쉽게 찾아보기 어렵다. 생소한 만큼 도전이 쉽지 않겠지만,
막상 먹어보면 의외로 대중적인 맛이다. 일상이 답답한 날,
여행도 고프고 특별한 한 끼가 생각나 춘천으로 향했다.

_ 신지영

중국의 식문화에서는
차가운 음료나 국물을 꺼린다.
실제 중국에서 렁미엔(냉면)이라고
부르는 음식은 한국이나 조선족의
전통 음식으로 알려져 있다.
중국냉면의 정확한 기원과 유래는
알 수 없으나 중국의 차게 식힌
량피(면에 해당한다)를 고명,
소스와 비벼 먹는 량미엔이 한국에서
현지화되었다고 추측하고 있다.

이른 아침 서둘러 도착한 곳은 춘천의 오래된 중식당, 회영루다. 2대에 걸쳐 화교가 운영하는 중식당으로 시청 인근 골목에서 1974년 영업을 시작했다. 유명한 곳이라 대기가 길까 걱정했는데, 다행히 점심 전에 도착해 쉽게 자리를 잡았다. 대표 메뉴 중국냉면을 주문했다. 먹기 전부터 고소한 냄새가 식욕을 자극한다. 땅콩으로 만든 화생장 육수에, 말린 해삼과 새우, 달걀 등 여러 채소가 예쁘게 올려져 있다. 국물은 텁텁하지 않고 담백하면서 새콤하다. 처음보다 두 번째, 두 번째보다는 세 번째 먹을수록 맛이 풍부해진다. 적당한 굵기의 면발은 쫄깃하다. 얼음은 없어 이가 시릴 정도는 아니지만, 아주 시원하고 개운하다. 어쩐지 계속 당긴다. 소소하지만 특별한 한 끼로, 즐거운 춘천 여행의 시작으로 제격이다.

강원 춘천시 금강로 38
월·수~금 11:00~22:00, 토·일 10:00~22:00, 매주 화요일 휴무

033 254 3841
중국냉면 10,000원, **백년짬뽕** 9,500원

도암식당

횡계에서
오삼불고기?

횡계의 오삼불고기거리에는 수십 년의 업력을 자랑하는
식당이 여러 곳이다. 모두 비법 양념으로 무장한
고수들로 굽는 방식도 다양하다. 철판에 알루미늄 포일을
깔고 굽는 집, 석쇠에 올려 직화로 굽는 집 등.
도암식당은 다른 집에 비해 역사는 짧은 편이지만,
신선한 재료와 잘 숙성된 양념으로 평창 주민들과
관광객의 입맛을 모두 사로잡았다.

_ 고상환

횡계는 고원이지만 동해안과 가까운
지리적 이점이 있다.
마음만 먹으면 얼마든지 싱싱한 해물을
조달할 수 있는 것이다.
아울러 횡계 인근에는 우리나라 최초의
스키장인 용평리조트가 있다.
스키장을 찾아오는 관광객을 위한
특별한 별미가 필요했을 것이다.
이런 배경과 수요가 겹치면서
오삼불고기가 시작되고 거리가 형성되며
산골 횡계의 대표 음식으로 떠올랐다.

둥근 주물 팬에 굽는 오삼불고기에는 특이하게 배추가
수북하게 올라간다. 매콤한 양념에 평창 고랭지 배추가
더해져 자연스러운 감칠맛이 일품이다. 오징어와 삼겹
살의 선도도 좋고 양념도 깊은 맛이다. 다른 곳에 비해
자극적이지 않아서 특히 아이들이나 어르신을 동반한
가족에게 알맞다. 유선희 사장은 이것저것 넣어봐도 깊
은 맛에 배추만 한 게 없다고 말한다. 신선함을 위해 인
근 마을에서 재배한 것만 사용한다. 단골손님들은 이곳
을 '배춧집'이라 부른다. 소문 자자한 오삼불고기는 그
냥 탄생한 것이 아니었다. 테이블마다 일일이 볶아주고
세심하게 살피는 업주의 모습도 인상적이다. 오삼불고
기를 즐긴 후에는 밥을 볶아도 좋지만 도암식당의 또
다른 인기 메뉴인 황탯국도 좋은 선택이다. 배춧집답게
배추가 수북하게 들어가 담백하고 개운하다.

🏠 강원 평창군 대관령면 대관령로 103
⏰ 11:00~21:00(브레이크타임 15:00~17:00)

📞 033 336 5814
🍴 **오삼불고기** 1인 16,000원, **황태국** 8,000원, **황태구이** 13,000원

045

홍운장식당

옛날식 간짜장과

탕수육이 매력적

대전에는 유명한 중화요릿집이 여럿이다.
이들의 존재감에 가려진 탓일까. 덜 알려진 맛집이 꽤 있다.
그중 하나가 주택가 골목의 작은 가게 홍운장식당이다.
외관이나 내부가 세련되진 않지만 깔끔하고, 친절하며,
저렴한데, 맛있다. 방송 출연도 마다했다. 이유는 솔직하다.
돈은 벌고 싶지만 건강을 지키고 싶어서다.

_ 박지원

홍운장식당은 1991년 장홍길 씨 부부가
문을 열었고, 현재도 단둘이 꾸려나가고
있다. 화교 2세대인 장 씨는 어릴 적
충북 청주에서 중국집을 운영하던
부친 등에게 요리를 배웠다.
지금도 여전히 전통 방식을 고수하고
있어서일까. 장 씨는 자신이 만든
음식에 대한 자부심이 상당하다.
이곳에서 어떤 메뉴를 주문하든
알아챌 수 있다. 그의 자부심에는
근거가 있다는 것을 말이다.

홍운장식당의 대표 메뉴를 꼽으라면, 잘 모르겠다. 매
번 다른 음식을 주문하지만, 늘 만족스러웠다. 그중 낮
술과 즐겨 먹었던 간짜장과 탕수육으로 이곳의 훌륭함
을 역설하고 싶다. 먼저 간짜장을 주문하면 즉석에서
기름에 볶아낸 춘장에 돼지고기, 양파, 애호박 등이 어
우러져 나온다. 채를 썬 오이를 무심하게 얹은 면발도
인상적이다. 정성껏 비벼서 한 젓가락 입에 넣으면 좔
좔 흐르는 기름기에 불 향이 느껴지는 옛날식임을 깨닫
는다. 설탕을 넣지 않아 적절히 배가된 짠맛도 매력적
이다. 탕수육 역시 옛날식으로 돼지고기는 손수 손질해
잡내를 잡고, 일일이 튀김옷을 입혀 튀겨냈다. 고기 본
연의 맛과 고소한 맛이 일품이다. 소스는 요새 접하기
어려운 투명한 빛깔이다. 근래 추세처럼 케첩, 간장 등
으로 색깔을 변형시키지 않았기 때문이다.

🏠 대전 서구 사마6길 35   📞 042 523 4791
🕐 11:30~20:00 매주 일요일 휴무
🍽 **간짜장** 7,000원, **탕수육(소)** 18,000원, **군만두** 6,500원

금산원조
김정이삼계탕

인삼 품은

영계의 부드러운 맛

금산은 인삼의 고장이다. 전국 인삼 생산량의 70%가 거래되는 유통 집산지다. 전국 최대의 인삼약초시장이 있어 구경할 맛이 난다. 즐비한 인삼, 약초 가게를 보면 구경만으로도 몸이 보신되는 느낌이다.
거기에 인삼과 각종 약초를 넣고 푹 고아낸 삼계탕 한 그릇 더하면 기운이 불끈불끈 솟을 것이다.
_ 김수남

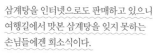

삼계탕을 인터넷으로도 판매하고 있으니 여행길에서 맛본 삼계탕을 잊지 못하는 손님들에겐 희소식이다.
삼계탕과 닭 다릿살죽 등이 위생적인 파우치 포장으로 배송된다.
삼계탕을 좋아하지 않는 손님들을 위해 매장에서는 갈비탕도 준비해 놓고 있다.

금산 인삼약초시장은 인삼과 생약재, 건약재 등이 두루 거래되는 상설 시장이다. 그 옆에 있는 금산금빛시장은 금산의 대표적 재래시장이다. 금산원조김정이삼계탕은 이런 까다로운 소비 시장 안에서 인정받고 성업 중이다. 1994년에 창업하여 중소벤처기업부에서 지정하는 '백년가게' 인증을 받았으며 현재는 창업자에 이어 2세로 대물림된 30년 전통의 삼계탕 전문점이다. 이곳에선 어린 영계 한 마리에 인삼의 메카 금산의 질 좋은 인삼을 넣고 황기, 감초, 천궁, 헛개 등의 약초를 더해 한 시간가량 끓인 후 내놓는다. 인삼과 어우러진 약초는 진한 육수가 되고 닭고기는 얼마나 부드러운지 입안에 넣고 오물거리면 저절로 뼈와 살이 분리된다. 메뉴 개발에도 공을 들여 전복삼계탕, 능이버섯삼계탕, 동충하초삼계탕 등이 있어서 취향대로 몸보신할 수 있다.

🏠 충남 금산군 금산읍 인삼약초로 33 📞 041 752 2678 🕐 11:30~20:00(브레이크 타임 15:00~17:00), 매주 월요일 휴무
🍽 원조삼계탕 15,000원, 전복삼계탕 22,000원, 능이버섯삼계탕 19,000원, 동충하초삼계탕 21,000원
🌐 www.smartstore.naver.com/long-lasting-small-business(네이버 쇼핑몰)

대중식당

시골 할머니의 향수가
느껴지는 된장찌개백반

당진 시청이 있는 읍내동을 걷다 보면 '대중식당'이라는
간판이 붙은 단층의 오래된 기와집이 보인다.
시골 어디서나 볼 수 있는 흙집이다. 오래된 대문과 장독대,
마당 한쪽에 놓인 화분과 빨갛게 말라가는 고추가 정겹다.
80세가 넘은 할머니가 운영하시는 백반집이다.
_ 신지영

어렸을 적, 저녁 어스름 된장찌개 냄새가
퍼지면 집집마다 밥 시간을 알리는
엄마의 외침이 골목을 가득 채웠다.
시간이 아무리 지나도 그때의 냄새와
따뜻한 공기가 손에 잡힐 듯하다.
대중식당에서의 식사는 내게 그런
따스함으로 다가왔다. 요즘 식당에 비해
쾌적하거나 깔끔하지는 않지만,
시골집 안방에서 할머니가 차려주시는
밥상을 받은 듯해 조금 뭉클했다.
식사 후 집으로 향하는 길,
할머님이 오래오래 건강하시기를 빌었다.

대중식당은 세월의 흔적을 고스란히 간직한 집이다. 사
별 후 홀로 삼 형제를 키우기 위해 집 안 방 한 칸에 밥
상을 차리기 시작했다. 50년이 넘는 동안 어느덧 자녀
들은 다 자라 각자의 가정을 이루었고, 할머니는 여든
이 넘었지만 오래된 단골과 놀지 않으면 심심하시다며
장사를 이어가고 있다. 메뉴는 된장찌개와 김치찌개 두
종류지만 주문은 된장찌개만 가능하다. 할머니의 생활
공간인 안방에 한 상 가득 차려진 반찬은 조금씩 다르
다. 계절 반찬일 때도 있고, 시골에서 먹던 장아찌나 나
물 반찬일 때도 있다. 가운데 뚝배기가 놓인다. 식사하
는 동안 TV를 보고 계시는 할머니의 모습이 돌아가신
우리 할머니의 모습과 닮아 있다. 시골집의 추억이 있
는 사람들에게는 따뜻한 향수로, 모르는 이들에게는 생
소하지만 재밌는 경험이 될 듯하다.

🏠 충남 당진시 교동길 93
🕐 11:00~14:00(재료 소진 시 마감), 매주 월요일 휴무
📞 041 355 3263
🍲 **된장찌개백반** 8,000원

048

솔내음
레스토랑

백제의 혼이 담긴
푸짐한 연잎밥정식

백제의 마지막 왕도로 찬란한 영광을 내뿜었던 부여는 발길이 닿는 곳마다 그 시절 화려했던 영화를 짐작해 볼 수 있다. 옛 백제의 왕궁이 자리했던 부소산자락에는 수많은 식당들이 어느새 노곤해진 여행객들의 배를 채워준다. 그중 구드래 조각공원 바로 옆에 자리한 솔내음레스토랑에서 이곳의 명물인 연잎정식을 한우떡갈비와 함께 푸짐하게 즐길 수 있다.

_ 운민

솔내음레스토랑에서 맛있게 식사를 즐기고 나면 이 식당에서 운영하는 카페에서 밤을 이용한 디저트와 아이스크림을 맛볼 수 있다. 백제의 찬란했던 유산들이 곳곳에 남아 있는 만큼 주변의 다양한 유적지를 즐겨도 좋다. 특히 부소산성 산책로는 다양한 경관들을 걸어서 다닐 수 있기에 추천한다.

식당 안으로 들어가자마자 군밤 굽는 화로가 사람들의 눈길을 끌고 있다. 손님들은 대부분 2층에서 백제의 금동대향로를 모티브로 한 식기와 함께 식사에 대한 기대감을 한껏 부풀린다. 계절 반찬 10가지와 연잎밥, 금동대향로에 올린 떡갈비가 푸짐한 자태로 우리를 맞이한다. 연근조림, 전, 샐러드, 튀김 등 계절마다 달라지는 반찬들은 하나하나가 메인이라기에 충분할 정도로 알차다. 특히 콩을 부드럽게 갈아 셔벗처럼 떠먹는 요리는 마치 고급레스토랑에 온 것 같은 기분이 들게 한다. 녹쇠 그릇에 듬뿍 담긴 파채와 각각 한우, 한돈으로 만든 떡갈비를 함께 맛보는 순간 오묘한 조화가 어떤 것인지 알게 된다. 향이 은은한 연잎밥은 찰진 식감이 입안에 감기고 오곡의 고소한 맛과 어우러져 다른 음식을 끌어당기는 효과가 있다.

🏠 충남 부여군 부여읍 나루터로 39   📞 0507 1487 0344
🕐 11:10~20:00(브레이크 타임 14:00~17:10, 라스트 오더 19:00)
🍴 **백련정식** 1인 19,000원, **연정식** 1인 22,000원, **연화정식** 1인 25,000원

실비식당

18첩에 홍어탕까지 더한
인심 가득한 서천 백반집

"벌이 있는 곳에 꿀이 있다"라는 말이 있다.
즉 꿀이 있으면 자연스럽게 벌이 모이게 마련이다.
실비식당이 있는 장항읍은 비철금속을 제련하던
장항제련소가 있어 늘 사람들로 북적거렸다.
고된 일을 하던 노동자의 마음을 달래주듯 18첩의 반찬과
홍어탕으로 한가득 채운 상차림에 가슴과 뱃속이
포근하고 든든하다.

_ 이진곤

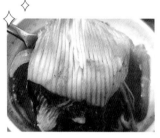

실비식당에서 내어주는 홍어탕에는
생물 홍어가 쓰인다.
삭힌 홍어를 먹지 못하는 사람도
얼큰하게 끓인 홍어탕을 즐길 수 있다.
실비식당이 있는 곳은
'장항6080 음식골목 맛나로'라는
음식거리에 있다. 음식거리에는
옛 장항미곡창고(등록문화재 591호)를
예술 문화 공간으로 탈바꿈한
서천군 문화 예술 창작 공간,
서천군의 옛 기록을 모아 전시하고 있는
예소아카이브도 가볼 만하다.

'장항 6080 음식골목 맛나로'에 있는 실비식당으로 향
한다. 1만 원으로 18가지 반찬에 홍어탕까지 맛볼 수 있
는 백반집이다. "처음부터 이렇게 많이 나오지는 않았
는데 시간이 흐르다 보니 이렇게 나왔어요. 잡숴 봐요"
라는 사장님. 손님에게 하나라도 더 대접하려는 마음이
그대로 담겨 있다. 홍어탕은 육수에 홍어와 부산물 등
을 넣고, 고춧가루를 푼 뒤 미나리를 잔뜩 얹어 팔팔 끓
여 나오는데, 칼칼하면서 시원한 맛에 절로 탄성이 흘
러나온다. 간이 슴슴해서 술술 넘어간다. 김이 모락모락
나는 홍어의 살을 발라내니 맛살처럼 결을 따라 하얀
속살이 드러난다. 부드러운 살이 입안에서 살살 녹는다.
바닷가 지역의 후한 인심이 느껴지는 병어조림, 꼴뚜기
젓, 게장, 홍어회 등도 입맛을 돋운다. 마지막으로 구수
한 누룽지를 들이키며 식사를 마친다.

🏠 충남 서천군 장항읍 장서로29번길 43　　📞 041 956 4630
🕙 10:00~20:00, 가끔 일요일 휴무
🍴 **백반(홍어탕)** 10,000원, **청국장** 9,000원, **참치김치** 9,000원, **동태찌개** 10,000원

050
남촌왕만두

수제 생만두

샤부샤부전골

만두는 한국화된 중국 음식 중 하나다.
겨울철 별식으로 잔칫상이나 제사상에 올리기도 했다.
지금은 남녀노소 대부분이 좋아하는 음식이라
계절과 상관없이 찾는 음식이기도 하다.
유난히 입맛이 없던 어느 날, 만두가 떠올라
남촌왕만두로 향했다.

_ 신지영

어렸을 적, 동네 책방 옆에 친구네 집에서
하던 만둣집이 있었다. 매주 토요일,
별일 없으면 책방에서 만화책을 빌리고
만두를 사서 집으로 갔다.
라디오를 틀고, 이불 속에서 만두를
먹으며 만화책을 보는 기분이란.
지금도 그 맛이 잊히지 않아서인지
가끔 입맛이 없을 때 만두가 생각난다.
맛있는 만두전골집 찾기 어려운데,
입맛 없는 날 달려갈 곳이 생겼다.

남촌왕만두는 매일매일 만두를 빚는다. 오전과 오후 2
번씩 카운터 뒤편에서 만두를 빚는 사장님을 볼 수 있
다. 만두전골은 육수가 끓으면 만두를 먼저 넣어 익힌
후 고기와 채소를 넣어서 먹으면 된다. 익은 만두를 한
입 베어 물자 육즙이 입안 가득 번지고, 적당한 두께의
만두피는 쫄깃하다. 고기가 적지만 만두가 10개나 되
고, 칼국수까지 나와서 양이 알맞다. 만두전골은 빨간
육수지만 포장 시에는 양념장을 따로 준다. 개인적으로
는 맑은 육수로 먹다가 칼국수와 양념장을 동시에 넣어
얼큰하게 먹는 것이 맛있었다. 맑은 육수를 맛보고 싶
다면 주문할 때 양념장을 따로 요청해야 한다. 쫄면과
군만두가 나오는 비빔만두는 새콤한 양념이 군만두와
잘 어우러졌다. 군만두 맛에 감동하기 어려운데, 생만두
를 튀겨서인지 감탄사가 나올 정도로 맛있다.

충남 아산시 음봉면 음봉로 791　　📞 041 534 1819　　🕚 11:00~21:00, 매주 화요일 휴무
만두샤부샤부전골(2인 이상) 1인 15,000원, **비빔만두** 16,000원, **찐만두**(고기/김치) 7,000원, **군만두** 7,500원,
떡만둣국 9,000원

산마루가든

속을 따뜻하게 해주는
담백하고 얼큰한 어죽 맛집

어죽은 예산 하면 빼놓을 수 없는 음식이다.
예당호에서 잡히는 여러 민물고기를 손질하여 끓여낸
건강 보양식이다. 매콤하게 끓인 어죽은 입맛을 돋우고
기운을 차리게 한다. 먹을 것이 부족했던 시절에 속을
따뜻하게 달래주는 음식. 산마루가든에서 매콤하고
구수한 어죽 한 그릇을 먹고 나면 온몸이 따뜻해지고
기운이 난다.

_ 이진곤

어죽은 민물고기로 만든 죽이다.
비리지 않을까? 뼈가 걸리지 않을까?
지레 겁부터 먹는다.
하지만 푹 끓여 육수를 걸러내고
각종 양념을 넣어 끓여낸
산마루가든의 어죽은 매콤하고
후추와 깻잎을 넣어 잘 넘어간다.
김치와 동치미를 함께 먹으면
깔끔한 어죽 한 그릇을 맛볼 수 있다.

예산 8미 어죽은 여행을 더욱 풍성하게 해준다. 예당호
는 상수원 보호 구역이라 수질 관리가 철저해 다양한
민물고기가 서식하는데, 그러다 보니 주변에 민물고기
어죽집들이 유명하다. 예당호가 바라보이는 곳에 있는
산마루가든은 현지인에게 유명한 어죽 맛집이다. 민물
고기를 푹 고아 채로 걸러낸 육수에 고추장, 고춧가루
등으로 간을 하고 쌀이나 국수, 수제비를 넣어 끓인다.
후추와 깻잎으로 자칫 텁텁할 수 있는 고춧가루 맛을 잡
아준다. 다른 지역과 달리 민물새우가 들어가 고소하면
서 아삭아삭 씹히는 식감이 좋다. 함께 나온 동치미가
입맛을 더욱 살려준다. 어죽은 비싸고 화려한 음식은 아
니다. 하지만 청정 호수에서 잡힌 영양 만점 민물고기 어
죽에 한번 맛을 들이면 계속 찾게 된다. 한 그릇 뚝딱 비
워내고도 칼칼하고 고소한 맛의 여운이 남은 음식이다.

🏠 충남 예산군 대흥면 예당금모로 406   📞 041 334 9235
🕐 09:30~19:10, 매주 월요일 휴무
🍲 **어죽** 9,000원, **메기매운탕**(중) 45,000원, **새우매운탕**(대) 50,000원

(052)

한일식당

70년 넘게 3대째 한우로
한결같은 맛을 내는 국밥집

한일식당은 중소벤처기업부가 인증하는 백년가게다.
예산에서 3대째 한우를 사용하여 기름을 제거하고
국내산 마늘과 고춧가루로 빨갛게 국밥을 낸다.
지금도 전통 방식으로 밥을 토렴해서 양념된 고기를
얹어준다. 국밥 한 그릇에 몸과 마음이 따뜻해지고
헛헛한 배까지 채워주니 예산을 가는 날에는
어김없이 찾게 되는 국밥집이다.

_ 이진곤

손님들은 소머리국밥을 자신의 기호에
맞추어 주문할 수 있다.
토렴 방식으로 밥을 데워 고기와 함께
나오는 소머리국밥이 있고,
국과 밥이 따로 나오는 따로국밥이 있다.
각각 빨간 국물과 맑은 국물이
들어간 것과 양만 들어간 국밥을
선택할 수 있다. 새로 이전해 넓어진
주방 덕분이다. 지금은 수십 년을 지켜온
삽교 오일장을 떠나 한옥으로 크게 지어
손님들도 예전보다 여유롭게
국밥을 즐길 수 되었다.

예산에서 한일식당은 소머리국밥으로 인정받은 맛집이
다. 1950년대부터 지금까지 70년 넘게 한결같은 맛을
끓여낸다. 여전히 토렴 방식으로 밥을 데운 후 소머리
고기를 얹은 국밥을 고수하고 있다. 육개장처럼 빨개서
매울 것 같지만 그렇게 맵지 않고 담백하다. 국내산 한
우에 갖은양념에 더해 칼칼한 맛을 내는 국산 고춧가루
와 마늘이 들어간다. 영업 당일 하루 종일 끓이는 육수
에 머릿고기와 양을 넣고 양념을 더해 손님들의 기호에
맞추어 내준다. 새로 이전해도 여전히 소머리국밥을 잊
지 못해 일주일에 한 번씩 단골들이 찾는다고 한다. 대
표는 변함없는 맛에 가끔 칭찬을 들으면 보람을 느끼는
동시에 피곤함이 싹 사라진다고 한다. 한 그릇 뚝딱 해
치우고 "맛있게 먹고 가요", "역시 최고예요"라고 기꺼
이 '엄지 척'을 보낸다.

충남 예산군 삽교읍 삽교역로 58   041 338 2654
09:00~20:00(라스트 오더 19:00), 설날·추석 당일만 휴무
소머리국밥 11,000원, **따로국밥** 12,000원, **특국밥** 18,000원, **소머리수육**(소) 25,000원, **국수** 8,000원

식사를합시다

"밥은 먹었냐?"

습관처럼 건네는 인사 "밥은 먹었냐?" 시골의 노모는 도시에서 직장이나 학교 다니는 자식이 항상 걱정이다. 밥은 제때 먹고 다니는지, 어디 아픈 데는 없는지, 별일은 없는지… '밥은 먹었냐?'는 그 모든 사랑이 담긴 말이다. 식사를 챙겨줄 사람이 있다는 건 행복한 일이다. 그래서 '식사를합시다'라는 간판이 정겹다.

_ 김수남

백반 값에 돼지고기 목살과 달걀찜, 볶음밥 등이 모두 나온다. 메뉴판이 조금 복잡한데 주문자의 취향에 따라 다양하게 조합하여 먹을 수 있도록 했기 때문이다. 예를 들면 달걀찜 대신에 된장찌개를 시킬 수 있고 콩나물 대신에 양파나 파절이를 시킬 수도 있다. 저녁 시간대에는 빈자리가 없을 정도로 인기가 있다.

천안 시내 남서울대학교 정문 앞 상권에 위치해 있다. 그러다 보니 주 고객층이 대학생들이라 밥값도 저렴하다. 맛도 좋고 양도 풍족해 가성비와 가심비를 모두 잡았다. 주메뉴는 콩나물불고기. 대개는 불고기세트를 주문하는데 돼지고기 목살과 콩나물이 푸짐하게 올려지고 양념이 더해진 불판을 받게 된다. 콩나물 속에는 풍미를 더해줄 깻잎과 떡볶이용 떡, 납작당면도 숨어 있다. 주걱으로 버무리면서 익혀 먹는데, 매콤달콤한 게 기운이 보충되고 힘이 솟는다. 호불호가 있을 수 없는 맛이다. 마지막에는 볶음밥을 만들어 먹는 게 이곳의 룰이다. 주머니가 얇고 시간이 없는 직장인이나 학생들은 식사를 거르거나 가볍게 때우는 경우가 많다. 자식 같은 이들이 허기지지 않도록 콩나물불고기에 달걀찜까지 두둑이 먹고 밥값은 조금만 받는 엄마의 마음 같다.

🏠 충남 천안시 서북구 성환읍 성진로 51　　📞 041 585 1102
🕐 08:30~23:00
🍴 불고기세트(2인) 19,000원, (3인) 27,000원, (4인) 36,000원, **부대찌개**(2인) 17,000원, **된장찌개** 7,500원

054

광천원조어죽

입맛 살리고 기운 돋우는
추어 어죽

취재차 전국을 떠돌다 작업실로 복귀하는 날엔
노동주를 들이켜겠다고 결심한다. 복귀 기점이
홍성 인근이라면 그곳에 사는 지인에게 전화를 건다.
모객이 성사되면 목적지는 광천원조어죽으로 바뀐다.
영양이 차고 넘치는 추어어죽으로 원기를 회복하고,
입맛까지 사로잡히고 싶어서다.
_ 박지원

광천원조어죽은 중소벤처기업부 인증
백년가게로 이름 높다.
모든 재료는 국산이다.
추어어죽 외에 소머리국밥과
돼지족탕이 식사류로 준비돼 있다.
소머리수육, 미꾸라지튀김, 돼지족발,
미꾸라지찌개 등 안주류도 훌륭하다.
특히 돼지족발은 생김새가 족탕의
그것과 비슷하다. 하얀 족발 위에
고춧가루 등을 뿌려 나오는데,
특제 양념에 찍어 먹으면 또 다른 별미다.

광천원조어죽은 1990년 문을 연 이래 한자리를 지키고
있다. 2대 엄기중 씨와 그의 어머니, 창업주인 김동춘
씨가 운영 중이다. 대표 메뉴인 추어어죽은 여느 집과
달리 잡어 없이, 늙은 호박을 먹인 자연산 미꾸라지만
쓴다. 미꾸라지가 호박을 먹고 배설하면 흙내가 사라진
다. 또 다른 핵심 재료는 8시간 동안 푹 곤 소머리 육수
다. 여러 과정을 거쳐 상에 오른 추어어죽의 맛은 어떨
까. 국물을 한 숟가락 떠먹으니 속이 다스려진다. 얼큰
하고 깊은 맛이 입에 착착 감긴다. 안 그래도 고소한데,
들깻가루와 깻잎까지 거드니 그 맛과 향이 배가된다.
여름철 땀을 뻘뻘 흘리며 한 그릇 해치우면 달아난 입
맛이 되돌아오는 느낌이다. 찬바람이 코끝을 간질이는
겨울은 또 어떤가. 뜨끈한 국물은 얼어붙은 속을 녹인
다. 면발을 호로록 넘기면 소주 한 잔이 달다.

📍 충남 홍성군 광천읍 광천로329번길 24 📞 041 641 2572 🕐 11:00~20:00(브레이크 타임 15:00~17:00,
라스트 오더 19:00), 매월 1·3·5번째 월요일 휴무 🍴 **추어어죽** 9,000원, **소머리국밥** 9,000원, **추어튀김**(소) 15,000원,
돼지족발(소) 12,000원 🌐 blog.naver.com/ukj1001

055

미도식당

진심이 엿보이는
홍성 한우불고기

취재차 광천전통시장에 갔다가 촬영 후 막역한
동생을 만났다. 광천 토박이인 그는 불고기 맛집이 있다며
날 미도식당으로 데려갔다. 그는 낮술을 권했고,
난 일정 때문에 마다했다. 불판 위에서 익어가는
불고기 냄새는 도발적이었다. 한 젓가락 먹었을 땐
알맞게 짭짤한 감칠맛에 놀랐다. 그가 말했다.
"말아 드려유?" 이에 난 답했다. "시작하자."

_ 박지원

광천 현지인에게 불고기 맛집을 물어보면 대다수가 미
도식당에 후한 점수를 준다. 토박이가 미도식당에 대
한 자신감을 대놓고 드러내는 이유는 뭘까. 미도식당은
1983년에 문을 열었다. 김진숙 씨와 그의 아들 허성 씨
가 운영 중이다. 대표 메뉴인 불고기는 손님상에 내기
전까지 쏟는 정성이 보통이 아니다. 소를 잡는 날마다
우시장으로 나가 육질을 꼼꼼하게 확인하는 작업도 게
을리하지 않는다. 양념을 만드는 일은 아직도 1대 김 씨
의 몫이다. 정확한 비율은 김 씨만 안다. 양념에 잰 홍성
한우는 3일간의 숙성을 거친다. 과한 정성의 결정체인
불고기 맛은 수식어가 필요없다. 정갈하게 차려진 여러
반찬도 별미다. 특히 젓갈의 고장답게 밴댕이젓, 어리굴
젓 등도 빠지지 않는다. 후식으로 내주는 요구르트까지
칭찬받아 마땅하다.

미도식당은 깔끔한 느낌의 외관과
예스러우면서 차분한 분위기의 내부로
이뤄졌다. 대표 메뉴인 불고기 외에
궁중갈비, 등심, 특수 부위, 육회 등
다양한 홍성 한우를 맛볼 수 있다.
생삼겹살과 대패삼겹살 등
돼지고기도 판다. 이 밖에 젓갈백반,
육회비빔밥, 갈비탕, 우족탕 등
식사류도 준비돼 있다.
전용 주차장은 없지만, 가까운 거리에
공영 주차장이 있어 불편함이 없다.

🏠 충남 홍성군 광천읍 광천로 300-1 📞 041 641 2574
🕐 10:00~21:30, 매월 1번째 월요일 휴무
🍽 **불고기** 1인 16,000원, **궁중갈비** 1인 45,000원, **젓갈백반**(2인 이상) 1인 13,000원

056

모양성숯불구이

푸짐하게 잘 차려진
돌솥밥정식

고창읍성 근처에 위치한 모양성숯불구이는 고깃집이다.
숯불구이도 잘하지만 깔끔하고 입맛에 맞는
반찬들이 푸짐하게 나오는 돌솥밥정식이 특히 인기다.
밥맛이 좋고 잘 차려 먹은 듯한 느낌이 든다.
점심특선메뉴인 고창정식은 만 2천 원인데
떡갈비까지 나온다.
_ 김수남

모양성은 고창읍성의 다른 이름이다.
'모양'은 고창의 옛 이름에서 나왔다.
고창읍성 정문에서 식당까지는 걸어서
10분 거리라 식사 후 산책으로
고창읍성을 추천할 만하다.
반대로 고창읍성 연계 맛집으로도
적합하다.

돌솥밥정식은 고창정식과 모양성정식, 고인돌정식으로
나뉘는데 종류에 따라 반찬이 추가되면서 가격도 상향
되는 형식이다. 고창정식은 잘 지어진 돌솥밥에 된장국
과 떡갈비, 가오리찜, 풀치조림, 골뱅이초무침, 묵무침,
샐러드, 고등어조림, 갓 무친 겉절이 등의 반찬이 차려
진다. 하나하나 젓가락이 고루 가는 반찬들이다. 모양
성정식에는 적지만 육회와 냉채족발이 추가된다. 가장
비싼 고인돌정식은 풍천장어의 고창답게 모양성정식에
장어조림이 더해진 구성이다. 허투루 가짓수만 늘린 게
아니라 식재료의 특성을 잘 살려 맛을 낸 반찬들은 호
불호가 없어 손님 접대로도 좋다. 홀은 작고, 방이 많은
게 이곳의 특징이다. 오랫동안 정육 업계에서 일했다는
주인장의 경력이 도움이 된 걸까. 이곳의 한우 생고기
와 숯불구이, 돼지양념갈비 등도 인기가 좋다.

전북 고창군 고창읍 동리로 183

063 564 9979

10:00~22:00(브레이크 타임 15:00~17:00)

고창정식(점심 특선) 12,000원, **모양성정식** 17,000원, **고인돌정식** 35,000원, **육회비빔밥** 12,000원

뭉치네
풍천장어전문

선운산에서 직접 채취한
산나물 밥상

선운사 입구에 위치한 산채 전문 한식당.
고창의 명물인 풍천장어구이와 산채비빔밥, 도토리묵 등
직접 채취한 산나물로 만든 산채비빔밥이 특히 맛있다.
나물 하나하나에 정성이 가득하고 막걸리를
곁들여 먹으면 더 좋다.
_ 유철상

뭉치네는 선운사 입구 주차장
바로 앞에 있어 찾기 쉽고,
편백나무로 실내 인테리어를 해서
깨끗하다. 계절마다 산에서
직접 나물을 채취해 만드는
반찬도 정갈하고 맛있다.
아침 식사도 가능하니 선운사 주변에서
숙박한 여행객이라면 안성맞춤.

고창 선운사 입구에 40년 넘게 터줏대감으로 자리한 산채전문점 뭉치네집. 장어구이와 산채비빔밥을 비롯해 김치찌개, 조기매운탕 등 밥장사와 술장사가 모두 되는 맛집이다. 계절마다 음식 재료들을 산에서 직접 채취한 신선한 나물들과 함께 주인아주머니의 정성 어린 손맛이 가득해 반찬과 음식이 모두 깔끔하고 입에 붙는다. 40년이 넘는 경력으로 장어도 노릇하게 기름기를 빼고 담백하게 굽고, 산채비빔밥에 곁들여 나오는 시래기된장국도 시원한 국물맛이 좋다. 음식이 자극적이지 않고 건강한 느낌이다. 특히 신선한 산나물무침과 오랫동안 숙성시킨 장아찌의 궁합이 입맛을 돋운다. 산채비빔밥에 파전과 막걸리를 곁들여 먹으면 금상첨화다. 파전은 달걀이 가득해 고소하고 해산물도 듬뿍 넣어 노릇하게 구워져 막걸리 안주로 최고다.

전북 고창군 아산면 중촌길 13　　063 562 5055
09:00~21:00
풍천장어구이 1인 35,000원, 산채비빔밥 12,000원, 돌솥비빔밥 12,000원, 파전 15,000원

058

지린성

매운맛을 좋아하는
여행자라면 꼭 들러야 할 곳

지린성은 군산에서 가장 '핫'한 중국집이다.
주말에는 긴 대기 시간이 필요할 정도다.
영업 종료 시간도 오후 4시로 이른 편이지만
이마저도 재료가 소진되면 조기 마감한다.
이런 이유 때문에 일부러 주중에 지린성을 찾았다.
군산까지 가서 허탕을 칠 수는 없는 일이었기 때문이다.
_ 박동식

매운맛은 호불호가 있다.
개인적인 판단이지만 지린성의
고추짜장과 고추짬뽕은 매운맛의
강도가 제법 높은 편이다. 매운 음식을
좋아하지 않는다면 일반 짜장과
짬뽕을 추천한다. 또 한 가지,
음식을 먹는 사이 누군가 명함을 주고
가는 일이 흔하다. 지린성에서 가까운
아이스크림 가게들이다. 화끈 달아오른
속을 시원한 아이스크림으로
달래는 것도 좋은 방법이다.
지린성 좌우 30m 내에 자리하고 있다.

군산에 도착한 시간은 오후 3시 무렵, 혹시 재료 소진
으로 영업이 종료되었으면 어쩌나 싶은 걱정이 앞섰다.
다행히 피크 시간이 지나 지린성의 문은 활짝 열려 있
었고 대기도 하지 않았다. 피크 시간이 지난 덕분이었
다. 고추짜장을 주문했다. 지린성의 메뉴는 매우 간단
하다. 짜장면과 짬뽕 두 가지인데 면/밥, 매운맛/일반
맛에 따라서 8가지로 나뉠 뿐이다. 짜장면은 간짜장처
럼 면과 양념을 별도의 그릇에 담아서 나온다. 채소와
해물이 곁들여진 양념의 재료가 매우 풍성했다. 이제부
터 도전의 시간이다. 양념을 붓고 비비는 순간부터 매콤
한 향이 코를 자극했다. 청양고추를 피해가며 먹는데도
매웠다. 대여섯 개 이상 들어간 듯했다. 결국 청양고추를
모두 덜어냈지만, 감칠맛 덕분에 한 그릇을 금방 비웠다.
물론 땀을 닦은 티슈도 덜어낸 청양고추만큼 쌓였다.

🏠 전북 군산시 미원로 87   📞 0507 1369 2905
🕐 월·수·목 10:00~16:00, 금 10:00~15:00, 토·일 09:30~16:00, 매주 화요일 휴무(재료 소진 시 영업 마감)
🍽 **고추짜장** 11,000원, **고추짬뽕** 11,000원, **짜장면** 8,000원, **짬뽕** 10,000원

경방루

남원의 명물 물짜장을 만드는 백년가게

남원 광한루원 뒤편 예촌길과 이어지는 곳에 백년가게 경방루가 있다. 1909년에 창업해 110년의 역사와 전통을 자랑하는 중국요리 전문점이다. 이곳의 으뜸 메뉴는 물짜장이다. 매콤하면서도 면이 아주 쫄깃해 독특한 맛을 자랑한다.

_ 유철상

광한루원 뒤편 남원예촌길로 건물을 새로 지어 이전해 실내도 호텔급으로 깨끗하고 직원들도 친절하다. 물짜장에 만두나 탕수육을 곁들여 먹으면 더 맛있다. 줄을 서는 점심시간을 피해 가는 것도 요령이다. 인근에 광한루가 있어 식사 전후로 들러 산책하기에도 좋다.

남원의 소문난 중국집은 단연 경방루다. 4대째 화교가 운영하는 식당인데, 실내도 깨끗하고 맛도 훌륭해 늘 줄 서서 먹는 맛집이다. 메인 메뉴는 탕수육과 물짜장이며, 탕수육은 전국에서 몇 손가락 안에 들 정도로 유명하다. 기본 메뉴인 짜장면도 맛있지만, 짬뽕의 빨간색과 짜장의 갈색 중간 느낌의 물짜장은 이곳만의 특별 메뉴다. 빨갛고 걸쭉한 양념이 얼핏 볶음짬뽕같지만 입으로 들어오는 순간, 짜장면의 부드럽고 매끈한 식감이 물짜장이란 이름을 이해하게 해준다. 쫄깃한 면, 불 향이 가득 밴 소스에 후추 향이 어우러져 감칠맛이 일품이다. 여느 중식점과 마찬가지로 일반 짜장면과 짬뽕 등의 식사 메뉴와 탕수육, 유산슬, 군만두 등 여러 요리를 판매한다. 〈백종원의 3대 천왕〉 등에 소개되면서 유명해졌지만, 남원 최고의 맛집으로 추천해도 손색이 없다.

전북 남원시 광한북로 29
11:00~21:00, 매월 1·3번째 월요일 휴무

063 631 2325
짜장면 7,000원, **물짜장** 10,000원, **탕수육** 20,000원

060

심원첫집

지리산이 빚어낸
건강한 나물 밥상

지리산에서 나는 제철 나물이 빚어내는
건강 밥상을 온전히 흡입할 수 있는 한정식집.
남원에서 가장 유명한 한정식을 맛볼 수 있고,
남원 시내 외곽에 자리해 한적하고 여유롭게 식사를
음미할 수 있는 맛집이다.
_ 유철상

남원 시내에서 주천면으로 가다 보면
남원대교 지나 펜션과 맛집이
줄지어 있다.
이곳은 남원 토박이들이 자주 찾는
유명한 음식점이 가득하다.
심원첫집에서 보약이 되는
건강한 나물 밥상을 먹고
주변 카페에서 여유를 즐기기 좋다.

남원 사람들이 데이트를 즐기는 모정길과 남원대교 주변에는 맛집과 카페가 즐비하다. 이 중에서도 한식당 심원첫집은 스무 가지 이상의 산나물이 나오는 산채정식으로 유명하다. 정식을 주문하면 갓 지은 따끈한 돌솥밥과 쫄깃한 식감의 도토리묵, 식당에서 직접 담근 된장을 사용한 청국장찌개까지 한 상 가득하게 차려진다. 제피, 엄나무, 신선초, 곤드레, 땅두릅, 우산나물, 방풍, 오가피, 당귀, 오미자 등 고혈압, 당뇨 등 현대인의 만성 질병을 예방하는 산나물들이 건강한 식사를 책임진다. 고추장을 넣지 않아도 참기름과 청국장과의 조화가 나물 고유의 맛을 더욱 끌어올려준다. 착하고 귀여운 진돗개 '두부'와 '만두'가 맞이하는 심원첫집은 몸과 마음의 보약이라 할 수 있다. 계절마다 나물과 반찬이 바뀌어 제철 음식을 맛볼 수 있는 것도 이 집의 장점이다.

🏠 전북 남원시 모정길 21-3　　　　　📞 063 632 5475
🕚 11:00~20:00(브레이크 타임 15:00~17:00), 매주 월요일 휴무
🍽 **산채정식** 20,000원, **산채비빔밥** 15,000원, **산채더덕구이정식** 25,000원

반디어촌

무주의 인심이 담긴
가성비 어죽 맛집

무주는 유해 시설이 없는 청정 지역으로 맑은 금강과
남대천이 가로질러 흐른다. 이런 청정 지역에서 잡히는
민물고기를 푹 고아서 쌀과 채소를 넣어 끓인 어죽은
허기진 배도 채우고 여행의 추억도 채워준다.
무주에 와서 어죽을 먹지 않고는 왔다고 말하면
안 된다는 말이 있을 정도로 어죽에 진심인 곳이 무주다.
_ 이진곤

반디어촌의 대표 음식은 어죽이지만
현지인이 즐겨 먹는 메뉴는
어탕국수와 수제비다.
어탕에 들어간 국수나 수제비를 먹고,
공깃밥을 시켜서 말아 먹으면
든든한 한 끼 식사가 된다.
없어서 못 파는 메뉴가 고동수제비다.
고동은 다슬기의 무주 방언으로
맑은 국물이 깔끔하고 시원하다.
맛은 기본이고 가성비까지 좋다.

무주 숨은 맛집을 소개해 준다는 현지인에게 이끌려 간
곳이다. 무주반딧불시장 안에 있어서 초행길에 찾기가
쉽지 않아 관광객을 찾아볼 수가 없다. 반디어촌의 어
죽은 민물고기로 만드는데 비린내가 전혀 없다. 금강에
서 잡힌 다양한 물고기들을 살이 으깨질 때까지 푹 끓
이고 각종 양념과 쌀이나 국수를 넣는다. 김이 모락모
락 올라오는 어죽 위에 부추를 얹고, 밑반찬도 여럿이
다. 주변 어죽집에 비해 가격이 싸다고 양이 적거나 맛
이 덜하지 않다. 도리뱅뱅이도 별미다. 작은 민물고기를
프라이팬에 동그랗게 돌려 구우며 매콤한 양념과 참깨
를 더한다. 한 마리 통째로 씹으면 바삭하고 매콤하면
서 고소하다. 사장님이 장에서 물고기를 팔았는데, 딸
의 권유로 평소 가족끼리 만들어 먹던 어죽을 팔게 된
것이다. 어죽 한 그릇에 몸도 마음도 따뜻해진다.

🏠 전북 무주군 무주읍 장터로 2
🕐 10:30~15:00

📞 063 324 1141
🍴 어죽 7,000원, **어탕국수제비** 7,000원, **도리뱅뱅이** 10,000원

062
행복정거장
모악산점

로컬푸드
___
농가 레스토랑

전북 완주군에 위치한 행복정거장 모악산점은
우리 지역에서 생산되는 농산물을 이용해 맛있는 밥상을
제공하는 농가 레스토랑이다.
제철에 나는 신선한 먹거리를 이용하여 약 30여 가지의
음식을 만들어 뷔페식으로 먹을 수 있게끔 내놓고 있어,
원하는 음식을 다양하게 즐길 수 있다.

_ 유철상

행복정거장 1층에는 농가에서
직접 가지고 와서 판매하는
로컬푸드 매장이 있다.
이곳에 장을 보고 2층으로 올라가면
전망 좋은 뷔페식당이다.
농가에서 직접 농사를 지은
로컬푸드로 음식을 만들어 신선하고
정갈한 맛이 난다.
음식이 모두 깔끔하고 맛있다.
점심시간에만 운영되니
미리 시간을 확인하고 가야 한다.

전북 완주는 로컬푸드의 효시이자 대표 주자다. 처음엔
용진면 농협에서 생산자 증명 로컬푸드로 시작해 전주
시민들이 싱싱한 유기농 농산물을 직거래 형태로 사고
팔면서 입소문을 탔다. 지금은 전국 농협, 마을조합들
이 로컬푸드를 판매하고 연결한다. 완주는 로컬푸드 대
표 주자답게 농가 레스토랑 '행복정거장'을 운영한다. 1
층은 농산물 판매를 하고 계단을 따라 올라가면 2층에
대형 로컬푸드 뷔페가 있다. 11시부터 2시까지, 1인당
12,000원이다. 처음엔 조금 비싸다고 생각했는데 직접
맛보면 의심이 달아난다. 나물 하나하나 맛있고, 수제
두부, 완주산 돼지고기, 콩탕수육, 버섯유산슬 등 완주
농산물로만 음식을 차린다. 엄마가 해준 밥처럼 정갈하
고 깔끔하다. 가족 여행으로도 추천한다. 바로 위에 전
북도립미술관이 있어 아이들과 같이 가면 더욱 좋다.

🏠 전북 완주군 구이면 모악산길 95
🕐 11:30~15:00(라스트 오더 14:00)
🌐 blog.naver.com/wjlocalfood

📞 063 905 5720
🍽 성인 15,000원, 초등학생 10,000원, 아동 7,000원

장수촌옻닭

토종닭과 한방 재료로 원기를
불어넣는 보양식 옻닭

기력이 약해진 몸에 영양소가 풍부한 음식이 필요하다.
그중 하나가 옻닭이다. 14년째 한결같은 맛과 서비스를
제공하고, 현지 맛집으로 소문난 익산 장수촌옻닭에서
토종옻닭을 맛볼 수 있다. 옻은 몸을 따뜻하게 하고
혈액순환을 도와 몸의 원기를 회복해 준다.
건강, 풍미, 맛 모두 잡은 토종옻닭으로 몸보신해 보자.
_ 이진곤

장수촌옻닭은 토종닭을 고집한다.
감칠맛을 내는 글루탐산이
일반 닭보다 높고 콜라겐 함유량이 많아
육질이 쫄깃하기 때문이다.
육수에는 단백질·지방·탄수화물 외
비타민과 미네랄 등 5대 영양소가
들어 있어 꾸준히 찾는
보양식으로 알려져 있다.
다만 옻 알레르기가 있다면
주의해야 한다.

중앙에 토종옻닭이 자리하고 10여 가지의 기본 반찬이
나온다. 토종옻닭은 옻뿐만 아니라 황기, 대추, 마늘, 녹
두, 인삼 등의 한방 재료로 끓인 육수에 토종닭을 푹 삶
아낸다. 진한 국물을 한 모금 먹자, 온몸이 따뜻해지며
깊은 맛이 난다. 토종닭의 단단한 육질을 씹으면 육즙
이 입안 가득 채워진다. 씹을수록 쫄깃한 살에 간이 알
맞게 배어 있다. 밑반찬으로 나온 김치, 백김치, 오이무
침, 도토리묵, 파나물, 미역, 홍어무침 등 기본 반찬이 눈
길을 사로잡는다. 기본에 충실한 손맛이 난다. 살짝 보
이는 주방도 청결한데, 요리보다 주방 청소에 물을 더
쓴다고 한다. 정품 재료로 정량을 제공하고, 신선한 재
료를 깨끗하게 손질하여 건강한 음식을 낸다는 운영철
학을 들으니 왜 현지인에게 인기가 있는지 실감할 수
있다.

🏠 전북 익산시 동서로49길 24　　　📞 063 853 6607
🕐 16:00~21:00, 매주 월요일 휴무
🍴 **토종옻닭** 60,000원, **토종한방백숙** 60,000원, **토종닭도리탕** 60,000원

064

다복정

사골 육수 베이스의 전라도식
복어 요리 전문점

전남 영광이 고향인 허경연 사장이 정읍에
복어 전문 식당을 연 것은 1993년의 일이다.
식당을 시작할 때 한식조리사 자격증이 있었지만,
해산물인 복어에 대해선 아무것도 몰랐다.
그러던 것이 한두 해 시간이 흐르는 동안 주방장이
하는 것을 어깨너머로 보고 배워 지금은 전문가가 되었다.
_ 이승태

재료의 신선함이 고스란히 느껴지는
아귀찜도 감칠맛이 압권이다.
달거나 매운 맛의 도드라짐 없이
균형을 맞춘 양념의 절묘함이
냄비 안에 가득 담겼다.
콩나물과 미나리 위에
살이 두툼하고 하얀 아귀를 올려
먹노라니 젓가락질을 멈출 수 없다.

한때 다복정의 단골 대부분이 공무원, 나이 든 남자들
이었으나 이제는 다양한 분야 종사자에, 남녀 구분도
없고, 젊은이도 적지 않다. 허 사장은 복어 요리가 대중
화되어 반가운 일이란다. 복어는 밀복, 참복, 황복 순으
로 값이 비싼데 그만큼 밀복의 공급량이 많고, 대중적
이다. 다복정도 밀복을 주재료로 쓴다. 모든 국물 요리
는 기본 육수가 중요한데, 복탕을 위해 복어머리와 다
시마, 한우 사골을 넣고 오랜 시간 푹 끓여서 육수를 낸
다. 담백함 때문에 가쓰오부시를 즐겨 쓰는 타지방과
달리 고소함을 위해 주로 사골 육수를 우려서 쓰는 전
라도식을 고집한다. 복탕이 끓기 시작하면 미나리를 올
렸다가 먼저 건져 먹은 후 살코기를 먹는 게 순서다. 보
통은 무를 갈아서 간장소스와 와사비를 섞은 후 찍어
먹지만, 허 사장은 초장에 먹는 게 더 맛있단다.

🏠 전북 정읍시 중앙2길 5-4　　📞 063 533 1977　　🕐 09:30~22:00

🍽 복찜(소) 50,000원, (중) 70,000원, (대) 90,000원, 아귀찜(중) 40,000원, (대) 50,000원, (특대) 60,000원,
복탕 17,000원, 아귀탕 10,000원

전
북

065

시골밥상

가성비와 맛까지 잡은
갈치 요리

호불호가 거의 없는 생선 중 하나가 갈치다.
바르기 쉬운 잔가시와 뼈를 제거하면 입안에서 살살 녹는
부드러운 살이 기다리고 있어서 조림, 찌개, 구이
어떤 형태로도 잘 어울린다. 정읍 시골밥상에서는 맛은 물
론 가성비까지 잡은 갈치 요리를 만날 수 있다. 직접 지은 농
산물까지, 간판 그대로 시골밥상이다.
_ 김수남

갈치찌개나 갈치조림이 주는 부드러움,
칼칼함은 다른 생선요리에선
찾아보기 힘들다.
생선이다 보니 먹고 나면 비린내가
나기도 해 후식으로 커피 한잔
찾는 경우가 있다. 하지만 이곳에선
커피 대신 쌍화차로 입가심해 보자.
인근에 유명한 쌍화차거리가 조성되어
있어서 다양한 업소의 건강한 맛을
골라 즐길 수 있다.

시골밥상의 메뉴는 2가지뿐이다. 메뉴판 상단에 큼지
막하게 자리 잡은 '갈치찌개'와 '갈치조림'에서 자신감
이 느껴진다. 주문하면 1인용 솥밥이 나온다. 공깃밥에
비해 정성은 물론 왠지 영양도 더 가득해 보인다. 7가지
내외의 밑반찬은 정갈하면서도 입에 맞아 남도의 손길
이 느껴진다. 직접 농사지은 농산물을 쓴다고 하니 더
건강해지는 것 같다. 여행길에서 가성비 좋다는 갈치
요리 전문점을 만나면 갈치가 작아서 먹을 게 없는 경
우가 종종 있는데 이곳은 보통 크기 이상은 되어 보인
다. 게다가 먹음직스러운 빨간 양념의 황금비율이 입을
계속 자극하여 연신 숟가락을 불러들인다. 갈치는 고단
백 저지방 식품이다. 비타민과 필수아미노산이 많아 맛
만큼 영양도 만점이다. 국산 갈치면 더 금상첨화겠지만
부담 없는 가격이라 지나친 욕심일 것이다.

전북 정읍시 중앙2길 5
063 535 2855
11:30~14:00, 17:30~19:30(브레이크 타임 14:00~17:30), 매주 일요일 휴무
갈치찌개 13,000원, **갈치조림**(2인 이상) 1인 14,000원

194

066
수문식당

조기탕이 맛있는 집

세월이 느껴지는 낮은 지붕의 가게와 낡은 간판.
과거 낙지 조업을 하던 부부가 차린 수문식당은
한눈에 봐도 내공이 느껴지는 '노포'다.
식당에서 내다보이는 포구의 풍경이 참 평화롭다.
현지인들 사이에서는 이미 소문난 곳인데,
<허영만의 백반 기행>에 소개된 후 외지인들도 많아졌다.
4계절 해물 요리 전문점이다.

_ 변영숙

조기는 한때 서해를 황금빛으로 물들이며
돈이 되는 물고기로 위세를 떨쳤다.
'제사상에 올라 절 받는 물고기'로 불렸고
임금부터 최하층 서민에 이르기까지
누구나 즐겨 먹던 국민 밥도둑이다.
그러나 해양 환경 변화로 이제는
귀한 몸이 되어버렸다. 조기는 주로
구이나 찜으로 많이 요리하지만 미나리,
쑥갓 등을 넣고 끓인 조기탕은
비린내도 없고 조기 살이 담백해 인기다.
맑은 장국처럼 끓이기도 하고 고춧가루를
풀어 얼큰한 매운탕으로도 즐긴다.

수문식당은 제철 생선회와 갈치조림, 생낙지로 만든 낙지탕탕비빔밥, 조기탕 등이 주메뉴다. 조기탕을 주문하니 10여 가지가 넘는 밑반찬이 한 상 가득 차려진다. 꼬막무침의 꼬막을 똑똑 떼어 먹는 재미도 쏠쏠하고, 맛깔나고 짭조름한 양념, 씹을수록 나는 단맛이 엄지 척이다. 간장 양념으로 조린 풀치조림 역시 별미다. 풀치는 초여름이 오기 전까지 잡히는 어린 갈치를 말하는데 반건조 갈치, 말린 갈치 모두 같은 말이다. 갈치조림보다 비린내도 적고 씹을수록 고소한 맛이 난다. 풀치조림은 전북 부안의 향토 음식으로 흔치 않으니 꼭 맛보도록 하자. 조기탕은 신선한 국내산 생조기와 무, 미나리 등을 넣고 끓인다. 걱정했던 비린내도 전혀 없고 살이 탱탱하고 부드럽다. 국물은 믿기지 않을 정도로 칼칼하고 시원한 맛이 일품이다.

🏠 전남 고흥군 남양면 망월로 674-24
📞 061 833 1828
🕐 전화 문의 후 방문, 매월 10·20·30일 휴무
🍴 **조기탕** 13,000원, **병어조림/갈치조림** 15,000원, **낙지탕탕비빔밥** 18,000원

195

나주곰탕 하얀집

나주곰탕에
4대째 진심인 집

전라도라는 지명이 전주와 나주의 초성으로
이름 지었다고 한다. 그만큼 나주가 역사적으로
유서 깊은 도시라고 할 수 있다. 나주는 배와 곰탕이
유명하다. 그 많은 곰탕집 중에 100년 하고도
10여 년을 4대째 곰탕에 진심인 곳이 있다.
나주의 역사만큼이나 깊은 맛으로 전국적인
사랑을 받고 있는 하얀집이다.

_ 윤용성

나주가 곰탕으로 명성을 얻는 데는
아픈 역사가 있다는 설이 있다.
일제시대에 일본이 나주에 통조림공장을
만들고 전쟁터에 전투 식량을 보급했다.
통조림 제조에 소고기가 쓰이고
그 부산물을 곰탕으로 만들어 판
곰탕집이 하나둘 늘어난 것이
지금의 나주곰탕이 명성을 얻게 된
연유가 된다는 이야기이다.

'한국은 국물의 나라'라는 말은 한식의 대표적인 특
징을 담고 있다. 당연히 그 맛의 격을 좌우하는 것은 육
수의 조리에 있다. 격이 다른 곰탕은 이른 새벽 주인장
이 고기를 삶는 손길로 시작된다. 소의 목심, 사태, 양지
세 가지를 쓴다. 솥에 사골을 깔고 고기를 얹고 물을 채
우고 소금을 넣고 끓이는데, 솥을 지키는 주인장의 수
고가 더해져 육수가 완성된다. 주문하면 뚝배기에 미리
솥에서 건져 썰어놓은 고기와 밥을 담고 국물로 토렴해
나온다. 그 위에 송송 썬 파와 가늘게 썬 달걀지단, 통깨
를 적당히 섞은 고춧가루를 얹어서 손님상에 낸다. 연
간 40만 명의 발걸음을 부르는 이 집 나주곰탕의 맛은
첫술부터 넉넉한 고기, 진한 육수를 머금은 밥알의 조
화가 먹는 내내 감동이다. 마지막 국물 한 모금을 넘기
면서 언제 또 오려나 기약 없는 속셈이 시작된다.

🏠 전남 나주시 금성관길 6-1
🕐 08:00~20:00, 매주 수요일 휴무

📞 061 333 4292
🍲 **곰탕** 11,000원, **수육곰탕** 13,000원, **수육** 38,000원

068

남경회관

놀라지 말랑께, 남도의 백반이 이 정돈 되야제!

목포 여행을 계획한다면 누구나 먹거리에 기대치가 높아진다. 그중에서도 갖가지 반찬이 밥상을 채색하듯 푸짐하게 나오는 백반 한 상은 가성비가 좋아 부담 없이 즐길 수 있다. 현지인들이 편안하게 지인을 대접할 자리로 꼽는 남경회관이다. 집밥이 부실한 요즘 이들에게 집밥의 진수를 보여준다.
_ 윤용성

주차장이 따로 없어 불편할 수 있다. 차량으로 접근 시 미리 주차공간을 확보하고 식당까지 도보로 이동하는 편이 좋다. 여행길에 들렀다면 식사 후엔 목포의 명소 '갓바위'를 들러보자. 갓바위까지 덱 길이 있어 잠시 걸으면 식후 소화에 좋다.

백반 전문 식당이라 주문이 간결하다. 그저 몇 명이 동석하는지가 파악되면 끝이다. 좌식에서 입식 식탁 세트로 바뀌었는데, 식당을 찾는 이들도 만족하고 식사를 차리는 직원들도 만족한다. 주문이 주방으로 전달되면 뚝배기된장찌개와 뚝배기달걀찜이 즉석 조리된다. 그 외 반찬들은 미리 맛깔나게 만들어져 즉석으로 조리된 된장찌개와 달걀찜과 함께 상 위에 차려진다. 육고기로 돼지고기제육볶음, 생선류는 고등어조림과 가자미 튀김, 양념게장에 김치와 여러 가지 나물 반찬이 더해져 15첩 반상이 차려진다. 입맛에 맞아 금세 바닥을 드러낸 찬그릇의 반찬이 아쉬우면 리필을 청하면 된다. 몇 가지를 제외하고 기꺼이 다시 채워준다. 요즘 집밥을 제대로 챙겨 먹는 가정이 예전만 못하다. 그래서 그리울 수 있는 집밥의 추억을 식사하는 내내 음미할 수 있다.

전남 목포시 하당로 68번길 24
09:30~20:30(브레이크 타임 16:00~17:00), 매월 2·4번째 수요일 휴무
061 283 8090
백반(2인 이상) 11,000원

청호식당

아인슈타인이 와도
원가 계산이 안 되는 식당

목포 청호수산시장 골목에 위치한 청호식당은
30년이 넘은 백반식당이다.
이웃 같은 고단한 시장 상인들에게
착한 가격에 푸짐한 집밥 한 상을 내어주는 곳이다.
밀려오는 방송 출연 요청은 모두 거절하고 있다.
딱 한 곳 〈허영만의 백반 기행〉에만 출연했다.
홍보하지 않아도 손님이 많아서 걱정이란다.

_ 변영숙

목포 원도심에는 청호식당과 같은
노포가 꽤 많다.
따뜻하고 푸짐한 한 끼 밥상으로
서민들의 노곤함을 덜어주던 밥집들이
도시 개발이나 낙후화로 급속하게
사라지고 있다. 골목길에서 어렵지 않게
볼 수 있었던 밥집들이 이제는 일부러
찾아가야 하는 '여행 코스'가 되었으니
조금은 서글프기도 하다.

백반정식은 2인 이상만 가능하다. 쟁반에 받쳐 나온 반찬이 9가지가 넘는다. 꼬막무침, 살짝 데친 생새우, 양념게장 등 해산물 5종류에, 파래나물, 무나물, 오이무침, 고구마순 등 나물만 4종류다. 쟁반이 모자라 따로 손에 반찬을 들고 나온다. 조기구이와 제육볶음과 양배추찜에 이어서 마지막으로 김치찌개가 더해진다. 국과 찌개는 그날그날 바뀐다. 꼬막무침은 양념 맛과 쫄깃한 식감이 최고다. 양념게장에도 살이 꽉 차 있고, 노릇노릇 구워진 생물 조기구이는 '겉바속촉'이다. 고소하면서도 단맛이 난다. 역시 목포 조기다. 맛의 비결은 손맛은 물론, 재료의 신선함에서 나온다. 새벽 시장에서 그날 잡아 올린 싱싱한 해산물과 제철 재료를 사용한다. 찐 양배추에 부드러운 제육볶음 한 점을 올려 싸 먹으니 포만감은 두 배가 된다. 가성비의 끝판이다.

🏠 전남 목포시 산정안로 13　　📞 061 274 6851
🕐 11:00~15:00(재료 소진 시 영업 마감)
🍴 **백반**(2인 이상) 1인 8,000원, **삼겹살/목살** 45,000원, **아구찜/갈치찜**(대) 50,000원

070

건봉국밥

진심으로 만드는
따뜻한 국밥

오랜 시간 곤 사골 국물에 말아 내는 국밥은 장터에서
서민들의 든든한 한 끼를 책임지는 한국의 대표 음식이다.
국밥 한 그릇에 담은 정성과 마음이 참 따뜻하고 깊다.
순천은 물론, 이웃한 지역의 주민들까지 추억을 공유하는
건봉국밥은 그들에게 '고향의 맛'과 같다.
＿ 이승태

배순화 대표만큼 '한결같다'는 말이
어울리는 이도 드물다.
여전히 5년쯤 간수를 뺀 신안천일염과
해남배추로 김장을 하고,
순천만에서 난 새우로 새우젓을
담그며 매일 온 정성으로 사골을 곤다.
그렇게 진심을 담아 국밥을 끓인
세월이 이제 37년.
순천 일대는 물론, 전국에서
건봉국밥을 찾는 이유다.

배순화 대표는 '찾아오는 손님들을 배불리, 맛있게 먹이
겠다'는 생각으로 1987년, 순천 아랫장에서 '건봉국밥'
을 시작했다. 처음부터 매일 100kg의 사골을 직접 고아
국밥의 베이스로 사용했는데, 저녁에 3시간쯤 우리고,
이튿날 새벽부터 종일 또 반복해야 하는 고된 작업이었
다. 그러나 가게 이름에 담아둔 창업 신념인 '건강하게
받든다'처럼 공가를 따지지 않고 좋은 식재료로 정성껏
차려냈다. 그리 마음을 다했던 시간의 보답일까, 지금
은 순천은 물론, 인근의 여수와 고흥, 구례, 벌교 사람들
도 건봉국밥에 얽힌 추억 한 자락쯤은 공유하고 산다.
아기 때부터 어른들 손에 이끌려 와서 국밥을 먹으며
자란 이들이 학업과 직장을 찾아 외지로 나갔어도 그들
에게 건봉국밥은 여전히 고향의 맛이다. 배 대표의 한결
같은 진심을 지금은 막내아들 김광산 씨가 잇고 있다.

🏠 전남 순천시 장평로 65
🕐 06:30~21:00(라스트 오더 20:30)
📷 @gunbong1987

📞 061 752 0900
🍲 **국밥류** 9,000~10,000원, **모둠수육**(소) 25,000원, **전통옛순대** 12,000원

조계산 보리밥집 원조집

조계산 터줏대감이자
가성비 최고의 보리밥집

조계산 보리밥집 원조집은 조계산을 넘는
등산객들에게는 없어서는 안 될 고마운 존재다.
'Since 1980년'이 말해주듯 40여 년을 한결같이 굴목재의
터줏대감을 자처하며 푸짐하고 맛깔난 보리밥상을
착한 가격에 내놓는다. 햇살 가득한 평상에 앉아 받는
푸짐한 보리밥 한 상은 힐링 그 자체다.
_변영숙

조계산 보리밥집은 계곡을 사이에 두고
2곳이 있다. '원조집'과 '아랫집'으로
구분한다. 아랫집이 후발주자다.
그만큼 보리밥집이 잘 된다는 얘기다.
원조집은 늘 사람들로 넘쳐난다.
원조집 사장님의 선친이 오랫동안
송광사에 숯을 공급했다.
그 인연으로 보리밥집을 하기 시작했다.
지금은 두 딸도 식당 일을 거들고 있다.
송광사와 보리밥집의 인연도
보통은 아니다.

조계산 보리밥집 원조집을 찾아가는 길이 녹록지 않다.
경사가 심하고 큰 돌들도 많아 가능하면 걸어 올라가는
것이 좋다. 돌과 흙으로 쌓은 담장과 벽에 매달아 놓은
메주들, 장작불 아궁이와 가마솥… 근 반세기를 사용한
살림살이들은 모두 정겨운 풍경이다. 보리밥을 주문하
니 된장국, 콩나물, 묵은지, 고추조림, 산나물, 무나물이
빈틈없이 쟁반을 채우고 있다. 도심에서는 보기 힘든
건강한 '시골밥상'이다. 들기름에 볶은 시래기나물은 구
수하고, 매콤하게 볶은 고추멸치볶음도 입맛이 돌게 한
다. 참기름과 고추장이 담긴 대접에 보리밥과 나물들을
한꺼번에 쏟아 넣고 슥슥 비비자 고소한 냄새가 진동한
다. 산골의 따스한 햇살 한 자락 넣어 담은 된장의 구수
한 맛에 마음은 푸근해지고 팔다리는 노곤해진다. 뜨끈
한 숭늉을 들이켜고 나니 세상 부러울 게 없다.

전남 순천시 송광면 굴목재길 247　　　　061 754 3756
10:00~16:30(라스트 오더 15:30), 매주 월·화요일 휴무
보리밥 9,000원, **야채파전** 10,000원, **도토리묵** 10,000원, **동동주** 7,000원

072
대복식당

엄마의 집밥 같은
백반정식

여행길에서 정성 가득 따뜻한 밥상을 받아본 사람은 안다.
그것은 단순히 밥이 아니라 마음이었다는 것을.
여기가 그런 곳이었다. 4월의 어느 날 향일암의 일출을 보고
내친김에 여수의 숨은 벚꽃 명소 승월마을까지 둘러보고
주린 배를 붙잡고 들어간 여수 돌산 대복식당.
영업시간 전인데도 단 한 사람을 위해 기꺼이 밥상을 차려준
주인 내외가 오래도록 기억에 남는다.

_ 변영숙

향일암 가는 길목에 위치한
대복식당은 현지인들 사이에서도
맛집으로 소문난 곳이다.
유명 관광지 인근 식당들과는
차원이 다른다.
혹시라도 돌산을 여행 중이라면
대복식당도 한번 들러 가시길.
혼자도 좋고 단체도 좋다.
갓 수확철이자 벚꽃의 계절인
4월 돌산읍은 그 어느 때보다 아름답다.

1인분도 주문할 수 있다는 말을 듣고 백반정식을 주문
한다. 파나물, 갓나물, 오징어채무침, 오이무침, 멸치볶
음, 감자볶음 등 반찬이 12가지다. 상차림도 정갈하고
양도 넉넉하다. 갓나물무침이 눈에 띈다. 여수에서는
갓으로 국도 끓여 먹고, 쌈도 싸 먹고, 나물도 무쳐 먹
고, 장아찌도 담그는데, 대복식당은 여름 별미로 갓비
빔냉면과 물냉면을 선보인다. 서대구이의 쫄깃쫄깃한
식감이 일품이다. 서대는 여수 10미 중의 하나다. 도라
지나물과 오징어채무침 등 모두 내공이 느껴지는 맛이
다. 잘 익은 김치를 넣고 끓인 김칫국은 입맛이 까끌까
끌한 아침용 국으로 최고다. 후루룩 마시니 속도 풀리
고 시장기도 싹 가신다. 다시 방문한다면 생선구이정
식, 돌게장정식도 꼭 한 번 맛보고 싶은 곳이다.

전남 여수시 돌산읍 돌산로 2415 　　061 642 4789
10:30~20:30(라스트 오더 19:00)
백반정식 9,000원, 생선구이정식(2인 이상) 1인 17,000원, 돌게장정식 15,000원

북경반점

현지인이 추천한 맛집

현지인들 사이에서 맛집으로 알려진 북경반점은 20년이 넘었다. 이순신광장, 벽화마을, 진남관 등 관광지가 많은 고소동, 여수 경찰서 옆. SNS상에 맛집으로 소개된 유명 중식당들보다 훨씬 맛있지만 지금도 손님이 많아서 걱정이라며 방송 출연을 거절하는 곳이다. SNS상에서 '찐' 맛집으로 인증된 곳이다.
_ 변영숙

전국의 맛집으로 소문난 곳을 찾아가면 의외로 실망스러운 집들이 많다. 종업원들도 불친절하고 밀려드는 손님들로 인한 번잡함과 비싼 가격 때문에 곤혹스러움을 느낄 때도 많다. 때문에 생각지도 않게 우연히 들어간 동네 허름한 골목에서 의외의 맛집을 발견했을 때의 기쁨과 반가움은 배가 되곤 한다. 여수 고소동 북경반점이 그런 곳 중의 한 곳이다. 배달을 전문으로 하는 듯, 홀은 다소 어수선하다.

주변의 맛집으로 소문난 중식당에 실망하고 찾아간 집이다. 아무런 기대 없이 '허기'를 달래기 위해서였다. 특별할 것 없는 동네 짜장면집으로 오래된 분위기가 편안한 곳이다. 짜장면과 탕수육을 주문한다. 기본 찬으로 깍두기와 단무지가 나온다. 1인 손님을 위한 미니탕수육 메뉴가 반갑다. 동글동글한 모양으로 통통하게 튀겨진 고기튀김과 케첩 소스를 곁들인 양배추 샐러드가 정겹다. 얇게 튀김옷을 입혀 두께도 적당하고 식감도 촉촉하고 부드럽다. 누린내도 전혀 없고, 달콤새콤한 소스와 잘 어울린다. 짜장면은 쫄깃하고 단맛도 적당하다. 배가 부른데도 남길 수 없을 정도로 입에 짝짝 달라붙는 맛이다. 소고기짬뽕이 유명하기에 국물만 조금 부탁해서 맛보았다. 시원하면서도 깊은 국물 맛으로 짐작건대 소고기짬뽕도 수준급임이 확실하다.

전남 여수시 동문로 38-1
061 662 5544~2536
11:00~20:30, 매주 월요일 휴무
짜장면 7,000원, 짬뽕/간짜장/울면 9,000원, 볶음밥 8,000원, 미니탕수육 14,000원

074

갈매기식당

보람차게 맛있는
굴비 한 상

채널을 돌리다 한 홈쇼핑 채널에서 손이 멈췄다.
딱히 먹고 싶은 것도 당기는 것도 없던 차에
굴비 속살에 순식간에 집중되었다.
이왕이면 다홍치마라고, 굴비로 유명한 고장에서 먹으면
맛도 배가 되겠지. 바다도 볼 겸, 가출한 입맛도 찾을 겸
그 길로 영광으로 향했다.

_ 신지영

식당 근처에는 주차할 곳이
마땅치 않지만 법성포 커뮤니티센터가
600m 거리에 있다.
그쪽에 주차 후 산책 겸 동네 구경할 겸
걸어서 식당으로 이동하면 된다.
재료 준비하는 중간 휴식시간이 있으니
방문 시 참고하자.

굴비는 '밥도둑'이라 불리며 사랑받아 온 음식 중 하나
다. 그중 영광 굴비가 가장 유명한데, 다른 지역과 염장
하는 법과 기후가 다른 탓이다. 갈매기식당은 법성포
굴비거리에 있는 현지인 맛집이다. 고추장굴비, 양념게
장, 홍어무침과 찜, 낙지호롱 등의 곁들임 메뉴까지 한
상 차려진다(계절과 상황에 따라 달라질 수 있으니 참
고하자). 주메뉴는 굴비구이, 보리굴비, 간장게장, 조기
매운탕. 공깃밥과 녹찻물까지 빈틈이 없다. 통통한 보
리굴비구이는 짭조름하면서 고소하다. 고추장굴비는
매콤하니 별미다. 게장은 또 어찌나 싱싱한지, 녹찻물에
밥을 말아 굴비며 반찬 등을 올려 먹으니 밥 한 그릇 뚝
딱이다. 이때쯤 매운탕이 보글보글 끓는다. 얼큰한 국물
은 비리지 않고 간도 알맞다. 통통 부른 배를 두드리며
가게를 나서는데, 진정 보람찬 한 상이다.

전남 영광군 법성면 진굴비길 46   0507 1409 7991
10:30~19:30(브레이크 타임 14:30~16:00, 라스트 오더 14:00, 19:00), 매주 화요일 휴무
한상차림 1인 20,000원

신들뫼바다

숟가락질이 멈추지 않는
여름 별미 된장물회

전남 장흥은 득량만을 품고 있다. 득량만의 갯벌과
바다에서 나는 싱싱한 해산물로 다양한 음식을
맛볼 수 있다. 특히 더위로 입맛이 떨어졌을 때
식욕을 돋워주는 음식으로 된장물회가 손꼽힌다.
얼음이 동동 떠 있는 시원한 된장 육수에
신선한 생선회가 들어간다. 새콤달콤한 맛으로
먹을수록 입맛을 당기는 여름철 별미다.

_ 이진곤

된장물회는 장흥군 회진면 해안마을에서
먹기 시작한 향토 음식이다.
특히 육질이 부드러운 생선을 사용한다.
신들뫼바다에서는 주로 농어를 넣고
때때로 돔 속살이나 잡어들을
넣기도 한다. 일품 메뉴라서 밥은
추가로 주문해야 한다.
된장물회만 먹어도 좋지만,
물회에 밥을 말아서 먹으면
간이 적당히 배어 구수한 맛에 든든한
한 끼 식사로 그만이다.

된장물회는 장흥에 오면 꼭 먹어봐야 할 별미 중 하나
다. 여름철 무더위로 손실된 기운을 보충해 주는 보양
식으로 장흥에서만 맛볼 수 있는 이색 메뉴. 된장물
회는 고기잡이를 나간 어부들이 익은 김치와 된장에 갓
잡은 생선을 섞어 먹은 데서 유래됐다. 신들뫼바다는
현지인에게 소문난 맛집이다. 된장물회를 주문하면 먼
저 한 상 가득한 12가지 밑반찬에 군침이 돈다. 풀치부
터 다양한 나물까지 어느 하나 손이 가지 않는 것이 없
다. 된장으로 간한 국물에 잘 익은 열무김치, 양파, 깨를
넣는다. 여기에 청양고추의 칼칼함이 더해 뒷맛이 깔끔
하다. 미리 삭힌 열무는 익을수록 새콤한 맛을 내고 아
삭아삭 씹히는 식감이 좋다. 쫀득해진 회에 열무를 곁
들여 먹으니 술술 넘어간다. 남도의 끝이지만 시원한 된
장물회를 먹는단 기대감에 더위도 잊고 달려본다.

📍 전남 장흥군 장흥읍 북부로 19
🕐 11:00~20:00
📞 061 864 5335
🍽 갈치조림(소) 30,000원, 된장물회(2인 기준) 30,000원, 낙지전골(소) 30,000원

궁전음식점

아는 사람만 안다는
귀한 뜸북이

식재료로 귀한 대접을 받는 해조류가 여럿이다.
김, 미역, 매생이… 그런데 '뜸북이'라고, 웬만한
마니아들 아니고선 잘 모르는 해초가 있다.
귀한 뜸북이로 뜸북국을 내놓는 진도 읍내 궁전음식점은
25년 업력을 자랑하는 원조 뜸북국집이다. 소갈비와
뜸북이를 함께 넣고 끓인 소갈비뜸북국이 대표 메뉴다.
_ 김수남

주메뉴는 소갈비뜸북국이지만
장어탕, 장어구이, 삼겹살 등도 취급한다.
다만 이들 음식은 미리 예약을 해야
준비가 될 정도로 소갈비뜸북국에
특화되었다.
진도 읍내에 뜸북국을 취급하는 집들이
덩달아 생겨나기도 했지만,
궁전음식점이 원조이자 정통이다.
2023년 진도군청에서 시행한
향토음식점에 선정되기도 했다.

뜸북이는 서남해안의 청정 해역 갯바위에서 소규모로
채취했었다. 지금은 진도군 조도면의 극히 일부 지역에
서만 소량 자란다고 한다. 양식도 안 되는 데다가 생산
량이 적다 보니 건조 뜸북이 1kg에 15~20만 원 정도 나
간다. 소갈비뜸북국에선 궁합을 함께 맞춰 나가는 소갈
비보다도 비싼 셈이다. 육지와 바다의 귀물을 함께 넣
었으니 얼마나 좋을까! 최초로 메뉴를 개발한 김정옥
대표는 소갈비뜸북국이 숙취 해소와 소화에 좋고 특히
출산한 임산부들에게는 미역국과는 비교할 수 없을 정
도로 좋다고 한다. 국물을 한 숟가락 마셔보니 생명을
키워낸 바다의 기운이 그대로 온몸에 퍼지는 듯 시원하
다. 뜸북이만으로는 다소 아쉬운 식감을 소갈비가 잡
아준다. 〈허영만의 백반 기행〉에도 출연했다고 하니 알
만한 사람은 이미 아는 모양이다.

전남 진도군 진도읍 옥주길 26
09:00~22:00, 가끔 일요일 휴무

061 544 1500
소갈비뜸북국 15,000원

정경복궁

**함평의 별미
육회비빔밥**

함평 한우는 고기의 육즙이 풍부하고 감칠맛이 좋다.
육질은 부드럽고 육향도 풍부해서 최고급으로 평가받는다.
그만큼 전국 육회비빔밥 중 단연 돋보인다.
그중 업주와 종업원의 복장과 몸가짐은 물론, 친절에서도
맛이 나온다는 식당이 있다. 함평천지한우비빔밥
테마거리에서도 손맛 좋기로 소문난 정경복궁이다.

_ 고상환

18세기부터 형성된 함평 오일장은
전국 5대 우시장으로 불릴 만큼
큰 규모를 자랑했다.
우시장의 거래가 활발하니
모인 사람들을 위해 육회비빔밥을
내게 되면서 함평의 대표 음식으로
자리 잡았다.
시장 옆 함평천지한우비빔밥 테마거리에
14개 식당이 모여 있다. 음식 가격은
모두 같고 한우 육회비빔밥의 맛도
상향 평준화된 느낌이다.

함평 육회비빔밥 맛의 핵심은 역시 신선한 생고기다.
정경복궁은 매일 그날 잡은 생고기만을 사용해 신선한
한우 본연의 맛을 느낄 수 있다. 육질은 쫀득하고 식감
은 부드러워 손님들은 고기 자체가 다르다며 칭찬을 아
끼지 않는다. 고민 끝에 돌솥비빔밥을 선택했다. 만드
는 걸 보니 우선 갓 지은 밥을 돌솥에 담고 양념장을 한
수저 넣는다. 콩나물과 시금치 등 채소를 더하고 푸짐
한 육회를 한 움큼 올린다. 우선 화려한 비주얼이 시선
을 압도하고 고소한 향이 식욕을 자극한다. 비빌 때 함
평 육회비빔밥의 시그니처인 돼지비계를 한 젓가락 넣
어야 한다. 삶아서 길쭉하게 잘라 따로 담아주는데 넣고
비비면 비로소 함평 육회비빔밥이 완성된다. 갈비탕 느
낌의 맑은 선짓국은 구수한 맛이 일품이다. 육회비빔밥
을 쓱쓱 비벼 함께 먹으면 환상의 궁합이다. 잘 먹었다.

🏠 전남 함평군 함평읍 시장길 78
🕐 10:30~20:00(브레이크 타임 15:00~17:00)
📞 061 322 7982
🍴 **육회비빔밥** 10,000원, (특) 15,000원, **돌솥비빔밥** 12,000원

(078)
성내식당

최고의 맛과
품질을 위한 고집

성내식당은 1984년, 해남군청 바로 뒤에서 문을 열었다.
현 최중석 대표의 장인·장모가 운영하던 것을
최 대표와 둘째 딸 강지숙 씨 부부가 물려받았고,
몇 해 전 군청이 신청사를 짓는다며 주변을 정리할 때
현재 위치로 이사를 왔다. 8년 전의 일이다.
_ 이승태

놀랍게도 육회용 고기는 소고기 중에서
가장 쓸데없는 것으로 한단다.
삶거나 구웠을 경우 질겨서 먹기 힘든
부위인 엉덩잇살과 홍두깨살이다.
지방이 거의 없는 게 특징.
육회는 포장을 해주지 않는다.
물이 생겨서 맛이 없어지기 때문이다.
최고의 맛을 위한 원칙과 고집이다.

샤부샤부로 나온 부챗살은 생으로 먹을 수 있을 만큼
신선하고 좋다. 보통 샤부샤부용 고기는 얼렸다가 해동
해 내놓는다. 최고급 한우만 취급하는 이곳은 맛과 품
질을 지키기 위해 얼리지 않는다. 육수는 배추와 새송
이버섯, 청경채를 넣고 된장을 풀어서 만든다. 샤부샤부
에 된장이라니, 낯설다. 사실 최 대표 부부는 건물을 지
을 때 옥상을 된장 항아리를 위한 공간으로 특별히 설
계했을 만큼 된장에 대해 자부심이 크다. 된장 전용 엘
리베이터도 만들었다. 육수는 말이 필요 없이 깊고 구
수하다. 비법 간장으로 절인 김장아찌와 파장을 얹어
먹으면 그야말로 미식의 세계. 성내식당에서 365일 나
오는 김국은 전국 최대 김 생산지인 해남의 토속 음식
으로, 끓이지 않는 냉국이다. 큰 그릇에 구운 김을 열 장
쯤 부숴 넣고, 통깨를 뿌리고 소금으로 간을 한다.

🏠 전남 해남군 해남읍 명문길 19-1 　　📞 061 533 4774
🕐 12:00~21:30
🍴 **샤부샤부** 1인 23,000원, **생고기/육회** 35,000원, **갈빗살구이** 27,000원, **미자탕** 25,000원

자연묵집

오색빛깔 소울 푸드

예로부터 영주 시민들이 즐겨 먹던 소울 푸드인 메밀묵.
배고팠던 시절을 함께해 온 정 덕분에 지금까지도
영주에는 수많은 묵 전문점이 즐비하다.
이 중에서도 감성적인 분위기에서 깔끔한 음식을
즐길 수 있는 자연묵집은 이미 전국에서 유명한
가성비 맛집이다.
_ 강한나

묵밥의 주재료인 메밀은 척박한
환경에서도 굳건히 잘 자란다는
특성이 있다. 한때 삶이 황폐했던
조선시대의 영주 순흥면의 백성들은
주식을 구하기 어려웠던 터라
특히 메밀에 의존했고,
이후 영주의 전 지역에서 메밀로 만든
메밀묵밥이 널리 퍼졌다.
영주식 묵밥은 밥 위에
메밀묵, 김치, 오이, 구운 김을 얹어
장국을 붓고, 양념장을 곁들여 먹는다.

40년 이상 한자리를 지키고 있는 영주의 명물, 어머니
께 배운 그대로 영주의 부석태로 두부와 장을 직접 만
들고 메밀묵 또한 가루 작업부터 묵을 쑤기까지 전 과
정을 사장님이 직접 관리한다. 이 집은 묵을 만들 때 가
마솥 뚜껑을 뒤집어 장작을 태운 숯을 올려 뜸을 들이
는데, 이렇게 만들면 쫄깃한 찰기는 남고 떫은맛이 없
다. 5시간 가열을 끝내면 오랜 시간 쏟아부은 정성 어린
손맛의 결정체가 탄생한다. 밑반찬도 직접 재배한 농산
물을 사용하고, 비지튀김 또한 이곳만의 별미다. 메밀묵
밥의 맑은 육수는 언뜻 냉면 육수 같지만 오히려 따뜻
하고 구수해서 흠칫 놀랄지도 모른다. 멸치, 다시마, 새
우, 버섯 등으로 오랜 시간 우려낸 육수 위에 고소한 김,
참기름에 버무린 참깻가루, 청양고추, 무생채 등의 오
색빛깔 고명을 올려 재료 고유의 맛이 조화롭다.

🏠 경북 영주시 안정면 회헌로 508   📞 054 637 2979
🕐 11:30~15:00, 매주 금요일 휴무
🍽 **메밀묵밥** 9,000원, **태평초** 12,000원, **두부전골** 9,000원, **비지튀김** 9,000원

죽령주막

조선 시대 주막터에서 맛보는
정갈한 약선요리

조선시대 옛 선비들이 과거 시험을 보러 한양으로
넘나드는 길목에 자리한 주막 하나. 장원 급제를 간절히
바라며 걷던 선비들과 이 길을 따라 걸어온 수많은
선조가 거쳐 갔던 쉼터다. 지금도 이곳에서 명인의
산채 약선요리를 직접 맛볼 수 있다니. 숨겨진 이야기부터
호기심을 자극하는 주막 안으로 서둘러 들어가 보자.
_ 강한나

죽령주막의 안정주 사장님은
한국문화예술명인회가 인정한
전통주 명인이다.
명인이 직접 개발한 인삼호박동동주는
달콤쌉싸름한 맛과 부드러운
목 넘김이 특징이다.
시원한 동동주에는 역시 고소한 파전과
녹두전, 숯불 향 가득한 더덕구이 한입이
제격이다. 특히 더덕구이는
두부를 함께 곁들여 먹으면
고소함이 두 배가 된다.

'영남의 관문' 죽령고개 정상의 주막터를 복원한 한식
당이다. 식당 입구부터 오손도손 모여 있는 항아리에선
장들이 깊게 익어가는 소리가 들리는 듯하다. 사장님은
2021년 '대한민국 장류 발효 대전'에서 된장 부문 명인
왕을 수상한 장인으로 20여 년째 소백산 산나물을 이용
한 토속 음식을 만들고 있다. 가마솥 뚜껑에 노릇노릇
덖은 산나물, 해발 700m에서 저온 숙성시킨 묵은지, 죽
령의 맑은 물로 빚어낸 된장 등 하나하나 정성이 느껴지
는 재료들이다. 소백산의 청정 재료로 빚어낸 주막정식
은 이 집의 대표 메뉴다. 깊고 구수한 엄마표 집맛의 된
장국, 여기에 손질부터 모든 과정을 직접 작업하는 더덕
구이와 도토리묵은 덤이다. 솥밥을 비우고 뜨거운 물을
부어 먹는 구수한 누룽지까지 완벽하다. 주막의 모든 음
식은 조미료 없이 천연 재료로 만들어 건강까지 챙겼다.

🏠 경북 영주시 풍기읍 죽령로 2136　　📞 054 638 6151
🕐 09:00~19:05(라스트 오더 18:05)
🍴 **주막정식** 17,000원, **인삼곤드레밥** 10,000원, **인삼호박동동주** 8,000원

081
풍기인삼갈비

부드러운 육질을
자랑하는 곳

피로 회복과 신진대사를 원활하게 도와주는 인삼은
우리에게 유독 '약'으로서의 이미지가 강하지만,
인삼의 고장인 영주의 풍기에서는 다르다.
소백산의 맑은 물과 깨끗한 공기에서 사육된 한우의
진한 육수에 달달한 풍기 인삼이 감초 역할을 제대로 한다.
_ 강한나

풍기 지역은 예로부터 대륙성
한랭 기후와 유기물이 풍부한
소백산 기슭의 자연환경, 배수가 잘되는
땅까지 인삼이 살기에 좋은 조건들을
가진 황금의 땅이었다.
이러한 천혜의 자연에서 자란
풍기 인삼은 타지방보다 육질이
단단하고 약효가 뛰어나기로
소문이 자자하다. 그리하여 영주에는
풍기인삼갈비탕 및 삼계탕을 비롯해
풍기인삼빵 등 인삼을 활용한
다양한 음식이 널리 퍼졌다.

20년 전통의 인삼갈비탕과 구이 갈비 노하우로 전국
각지에서 찾는 맛집이다. 소백산의 기운을 머금은 촉촉
한 한우, 전국에서 모르는 이 없을 정도로 품질 좋은 풍
기 인삼. 특히 이들 조합의 결정체인 풍기인삼갈비탕은
지역 최고의 별미다. 영주 한우와 10여 가지 재료를 넣
고 오랜 시간 고아 보약 같은 진국이 한 뚝배기에 담겨
나온다. 여기에 들어가는 풍기 인삼은 얇게 잘라 넣어
쓴맛보다는 단맛을 강조했다. 또 다른 별미, 인삼돼지
갈비에는 인삼을 포함한 13가지 한약재를 14시간 이상
달이는 정성을 들인다. 여기에 배, 생강, 양파, 대파를 6
시간 이상 달인 물에 고기를 재워서 잡내를 줄이고, 부
드러움은 살렸다. 화학조미료도 일체 쓰지 않는다. 빛
깔부터 다른 영주 한우의 육질과 인삼의 은은한 향이
어우러진 건강한 만찬을 즐겨보자.

경북 영주시 풍기읍 소백로 1933　　054 635 2382　　09:00~20:30
인삼갈비탕 15,000원, **한우불고기**(150g) 18,000원, **한우갈비살**(100g) 25,000원,
인삼튀김(한 접시) 20,000원, (반 접시) 10,000원

082

수양식당

남해안 최고의
회 백반

고성에서도 해안 길 드라이브 코스로 손꼽히는 동해면.
큰 해변도 아니고 유명한 관광지가 있는 것도 아닌데
유난히 북적이는 식당이 있다. 바로 백반 하나로 전국에
이름을 날린 수양식당이다. 푸짐하고 맛깔난 밥상을
저렴하게 내면서도 쌀과 김치는 물론, 참깨와 마늘까지
모두 국내산 재료만을 사용하는 착한 식당이다.

_ 고상환

인근 조선소가 호황일 때 마을의 인구도
꽤 많았다. 집 앞에 초등학교가
생기면서 선생님들 관사가 없어서
이곳에서 하숙을 했다.
그때부터 안주인이 밥을 지어 날랐는데
모두 맛있다며 좋아했다.
조선 산업 경기가 나빠지자 직원이 줄고,
아이들도 줄고, 하숙하는 선생님도
없어졌다. 무엇을 해야 하나
고민하던 차에 마을 사람들이 어차피
하던 밥이니 식당을 열라는 말에
사람 좋은 부부의 수양식당이 시작됐다.

생각보다 넓은 실내에 10여 개의 원형 테이블이 눈에
띈다. 단일 메뉴기 때문에 인원만 확인하고 바로 상을
차린다. 먼저 동그란 은쟁반에 꽉 차게 반찬이 나왔다.
숭어회, 양념게장, 달걀말이, 생선구이. 메인 음식이 될
법한 반찬만 4가지다. 나머지 반찬이 더해지니 10가지
가 넘는다. 갓 지어 나온 흰쌀밥 한 그릇이 부족할 수도
있겠다. '쏙'이라고도 부르는 갯가재로 끓인 된장국 맛
을 보고는 깜짝 놀랐다. 갯가재의 단맛과 된장의 구수
함이 기막히게 어우러진다. 새벽에 잡은 싱싱한 숭어회
맛도 일품인데 수북하게 담아주니, 인심도 참 좋다. 맛
이 좋아 허겁지겁 먹다 보니 반찬이 모자라 서로 눈치
만 보고 있는데, 안주인이 '왜 더 달라는 말을 안 했냐?'
면서 게장과 달걀말이를 수북하게 쌓아주고 간다. 담백
하고 차진 숭어회도 무한 제공이다.

🏠 경남 고성군 동해면 동해로 1590
🕐 11:30~18:30

📞 055 672 5485
🍴 정식 8,000원

쌍쌍식육식당

온천욕과
식육식당의 조합

경남 거창군의 가조온천은 온천 마니아들에겐
입소문 난 명소다. 가조온천이 자리한 가조면 소재지에는
식육식당들이 여럿 몰려 있고 그중에는 맛집도 많아
온천욕 후에 식사하기 좋다. 이곳은 1989년에 개업하여
정부의 '백년가게' 인증을 받았다. 대물림받은 아들은
최일선에서 직접 고기를 다루며 전통을 잇고 있다.
_ 김수남

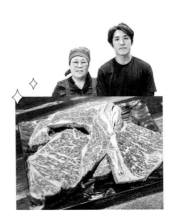

가조면은 고추장불고기로 유명하다.
돼지고기를 고추장 양념으로
매콤하게 구워내면 호불호가
없을 정도로 맛이 좋다.
쌍쌍식육식당은 물론
인근 여러 식육식당에서 취급한다.

쌍쌍식육식당은 싱싱한 한우 생고기와 돼지고기 요리
도 취급한다. 한우 생고기는 꾸준한 수요가 없으면 취
급하기가 어려운데, 지역 맛집으로 소문난데다가 면사
무소 바로 앞이라 항상 손님이 끊이질 않는다. 고기는
김해축산물공판장에서 국산만 가져온다. 한우 암소가
수소나 거세우에 비해 육질이 부드럽고 풍미가 깊다는
것은 이미 잘 알려진 사실이다. 쌍쌍식육식당에서는 암
소 중에서도 더 맛이 좋다는, 새끼를 낳아본 암소만 고
집하며 숙성시켜 내놓음으로써 최적의 맛을 서비스하
고 있다. 한우 생고기가 인기지만 다른 지역에서 볼 수
없는 이색적인 음식도 있다. 바로 한우찌개. 고추장 양
념으로 자박자박 끓여 맛을 냈는데 육수가 진해 깊은
맛이 돌고 부드러운 식감의 소고기도 예상외로 많이 들
어가 메뉴판의 가격을 다시 쳐다보게 만든다.

🏠 경남 거창군 가조면 가야로 1096   📞 055 943 2428
🕐 11:30~21:00(브레이크 타임 15:00~17:00), 매주 화요일 휴무
🍽 **한우찌개** 8,000원, **고추장불고기** 8,000원, **한우버섯전골** 20,000~40,000원, **한우육회** 30,000원~

084

동부식육식당

85년째 말갛게 끓여낸
돼지국밥

경남 밀양 동부식육식당은 1938년 조부가 양산식당으로 개업해 지금의 역사를 만들었다. 1대 양산식당, 2대 시장옥, 3대 3형제가 동부·무안·제일식육식당을 운영하는 돼지국밥 가문이다. 3형제의 식당이 모두 식육식당인데, 양산식당부터 식육점을 겸하는 전통 때문이다.

_ 길지혜

일제 강점기부터 3대째 돼지국밥을 끓이고 있지만, 시골 작은 면에서 형제들이 같은 일을 한다는 건 예사로운 일이 아니다. 동부·무안·제일식육식당의 명성은 전국에 알려져 방송 이력도 화려하다. 타 지역 사람도 많이 찾는데 현재는 4대째 가업을 이을 예정이란다.

"수백 하나 주세요." '수백'은 수육 백반의 줄임말. 구성은 돼지국밥 한 그릇과 수육 한 접시, 아삭한 깍두기, 고추, 마늘, 양파, 새우젓. 동부식육식당은 깔끔한 국물 맛을 자랑한다. 인생 첫 돼지국밥을 먹는다면 여기서 시작하길 권한다. 이곳은 소뼈를 우려 호불호가 적고 깔끔한 데다가, 잡내 제거는 기본 중의 기본이다. 보통의 돼지국밥과 달리 양념부추 대신 파와 통깨를 고명으로 올린다. 얼핏 보면 설렁탕 같기도 하다. 다진 양념과 새우젓은 취향껏 넣되, 첫입은 그대로 맛보는 것을 추천한다. 맑은 국물 맛이 진하게 느껴지는 이유는 사골과 잡뼈를 섞었기 때문. 최수곤 사장은 하루 평균 35kg의 수육을 삶아 일일이 칼로 썬다. 기계와 완전히 다른 맛이 난다는 자부심 넘치는 설명이다. 부드러운 살코기가 입안에서 살살 녹는다.

경남 밀양시 무안면 무안리 825-8
10:00~19:00(브레이크 타임 15:30~17:00), 매주 월요일 휴무
055 352 0023
돼지수육백반 12,000원, 돼지국밥 9,000원

085

함안갈비 & 곱창

함안 아지매가 차려내는
엄마의 밥상

맛과 정성에 인심까지 듬뿍 담긴 김순희 대표의 요리는
주변 회사원과 학생들에게 '엄마의 밥상'으로 소문나며
1976년부터 48년을 이어왔다. 지금도 변치 않은 맛을
더 많은 이들에게 제공하고자 아들 준필 씨는
온라인 상품을 준비 중이다.

_ 이승태

둘째 황희종 씨는 포장배달 전문인
2호점을 운영하고, 손자 태원 군은
한국조리과학고에 진학해 100년을
내다보는 가업을 이으려 한다.
준필 씨는 1인 가구·인공 지능 시대를
맞아 전국 어디서나 간편하게
함안갈비 & 곱창의 모든 메뉴를
먹을 수 있게 온라인 상품을 준비 중이다.
지금은 변화를 위한 준필 씨의 고민에
김 대표를 비롯한 온 가족이
화답하고 있다.

입에 착 달라붙는 맛의 곱창전골 때문에 숟가락질을 멈
출 수가 없다. 함안갈비 & 곱창의 김순희 대표에게 손맛
의 비결을 물으니 "손에서 무슨 맛이 나오겠습니꺼? 재
료를 좋은 거를 씁니더"라며 우문현답을 한다. 처음엔
기본 반찬이 14가지나 되었고, 정해진 메뉴 없이 손님
이 원하는 모든 음식을 뚝딱 만들어 내놨다. 뛰어난 요
리 실력을 갖췄기에 가능했을 터, 그때부터 음식은 모
두 직접 만들고, 밥은 아무리 추가해도 돈을 받지 않는
게 이 식당의 전통으로 자리잡았다. 맛과 정성, 인심이
가득 담긴 김 대표의 요리는 입소문이 났고, 점심시간이
면 테이블이 60개가 넘는데도 줄을 서야 했다. 2000년
초, 장남 황준필 씨는 지금처럼 메뉴를 축소·전문화했
고, 주변 상권을 분석해 30년간 장사한 양덕파출소 옆
을 떠나 현재 자리로 옮겨왔다.

🏠 경남 창원시 마산회원구 봉양로 15 2층　　📞 0504 0544 3642
🕐 11:00~23:00
🍴 **참숯돼지갈비**(200g) 12,000원, **백년전골** 1인 14,000원, 그 외 전골류 13,000원

086
가시아방국수

제주 고기국수의
끝판왕

제주에 오면 꼭 먹어봐야 할 음식 중의 하나가 고기국수다. 가시아방의 고기국수는 〈수요미식회〉에 나와서 유명해졌지만 오래전부터 현지인들에게 유명한 곳이다. 고기국수는 뭔가 기름지고 느끼할 것 같다는 선입견을 사라지게 해준다.

_ 김영미

매콤함을 즐기고 싶은 사람에게는 비빔국수를 추천한다. 돔베고기와 함께 콩나물의 아삭함과 매콤새콤한 양념이 어우러진 비빔국수는 고기국수와는 완연히 다른 맛이다. 2인 이상이라면 돔베고기와 고기국수, 비빔국수를 함께 맛볼 수 있는 커플세트가 제격이다. 캐치테이블에서 대기 등록을 하면 오래 기다리지 않고 원하는 시간에 식사를 할 수 있다.

고기국수를 주문하면 돔베고기도 함께 맛볼 수 있다. 뽀얀 고기국수 위에 고명으로 올라간 촉촉하고 부드러운 돔베고기가 눈도 즐겁고 입도 즐겁게 한다. 돔베고기는 그냥 먹어도 맛있지만 국수와 함께 먹으면 더욱 부드럽고 쫀득한 식감이 입안에 착착 감긴다. 하얗고 뽀얀 사골 육수는 느끼함이 전혀 없이 담백한 맛을 즐길 수 있다. 면은 노란 치자면이다. 치자면은 잘 붇지 않아아 식사하는 내내 쫄깃함을 즐길 수 있다. 무피클은 가시아방의 또 다른 매력. 반찬은 셀프 바에서 맘껏 먹을 수 있다. 가시아방은 장인어른을 뜻하는 제주도 말이다. 주인장이 사위를 맞이한 해에 식당을 열면서 가시아방이라는 식당 이름을 붙였다고 한다. 장인어른의 마음이 담겨 있어서인지 고기국수 양도 꽤나 많다.

📍 제주 서귀포시 성산읍 섭지코지로 10 📞 064 783 0987
🕐 매일 10:00~20:30(라스트 오더 19:50), 매주 수요일 휴무
🍽 **고기국수** 9,000원, **비빔국수** 9,000원, **돔베고기** 33,000원, **커플세트** 36,000원

만덕이네

제주식
보양 음식

제주에 겨울이 찾아오고 살을 에는 듯한 차가운
북풍이 불기 시작하면 뜨끈한 접짝뼛국이 생각난다.
혼례 주인공을 위해 따로 끓여 먹었던
고급 음식 접짝뼛국. 움츠러든 몸에 온기 가득 불어넣어 줄
제주 전통 보양식 접짝뼛국을 먹기 위해
만덕이네를 찾았다.
_ 허준성

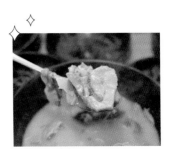

접짝뼈는 '접착뼈'라고도 하는데
정확하게 어느 부위를 이야기하는지
식당마다, 요리 연구가마다
조금씩 다르다.
공통적인 의견을 종합해 보면
돼지 앞다리와 갈비뼈 사이를
이어주는 부위와 그 부근으로 좁혀진다.
식당에 따라 국물과 함께
갈빗대가 나오기도 하고,
등뼈 부위가 나오는 곳도 있다.

원래 접짝뼛국은 혼례를 치르느라 고생한 신랑 신부를
위한 음식이었다. 접짝뼈를 따로 삶아내어 딱 주인공
만을 위해 만들었던 고급 음식이다. 접짝뼛국도 메밀가
루를 풀어 걸쭉하게 만들고 무나 배추를 썰어 함께 넣
고 끓인다. 돼지로 만든 일종의 제주도식 갈비탕이라고
할 수 있다. 곰탕처럼 우윳빛이 돌면서도 조금 더 탁하
고 걸쭉한 것이 특징이다. 만덕이네는 가장 전통에 가
깝게 접짝뼛국 맛을 보여준다. 넉넉하게 들어간 메밀
가루 덕분에 구수하고 진한 게, 제주 말로 '베지근'하면
서도 깊은 맛을 낸다. 감자탕이나 뼈해장국과도 비슷
한데, 맵지 않고 고소한 국물이 특징. 함께 곁들여지는
반찬의 수준도 상당히 높다. TV 요리 프로그램 우승
경력과 한식 부문 대한민국 명인으로 인정받은 실력이
반찬 하나하나 넉넉하게 담겨 있다.

🏠 제주 서귀포시 표선면 서성일로 16
🕐 08:00~21:00(하절기 기준, 라스트 오더 20:00)
📷 @jeju_manduk

📞 064 787 3827
🍽 **접짝뼛국** 11,000원, **몸국** 10,000원, **갈치조림정식** 23,000원

088

먹돌새기

아침 식사가 가능한
백반정식 전문점

제주에서 아침 식사가 가능한 식당을 찾는 이들에게
'먹돌새기'는 단비 같은 곳이다. 번잡한 관광지 맛집이 아닌
혼자서 편하게 식사할 소박한 밥집으로 추천한다.
60대 부부가 운영하는 식당으로 오전 8시부터
아침 식사가 가능하다. 발길 바쁜 여행객들에게는
최고의 선택이다. SNS에도 맛집 인증 글이 다수 올라와 있다.
_ 변영숙

제주 여행 중 편하게 혼자서도
식사를 할 수 있는 식당을 찾다
운 좋게 발견한 곳이다. '아침 식사, 혼밥,
가성비'라는 3대 덕목을 갖춘 식당이다.
2~3년 전만 해도 7~8천 원 하던
백반정식이 지금은 1만 원으로 훌쩍
올랐다. 예전에 비해 가성비는
떨어지지만 여전히 1만 원에 이 정도의
백반 정식을 먹을 수 있는 식당도
많지 않다. 시기마다 상차림의 변동이
있을 수 있다. 아침 식사가 가능한 것이
가장 큰 장점이다.

이른 아침, 식당은 벌써 식사를 하고 있는 사람들로 가
득하다. 현지인들이 주 고객이다. 고등어를 제외한 전
메뉴에 제주산 식재료를 사용한다고 안내되어 있다. 고
민할 것도 없이 백반정식을 주문한다. 1인분도 가능하
다. 눈앞에 놓인 상차림은 기대 이상이다. 생선구이와
수육, 가지나물, 멸치볶음, 묵은지 등이 반찬으로 나온
다. 노랗게 잘 익은 달걀부침에 어릴 적 추억이 떠올라
꼭 어머니가 차려주신 밥상 같다. 제주 음식은 간이 세
기로 유명한데, 반찬이 심심하고 자극적이지 않다. 노릇
노릇 잘 구워진 생선구이는 맨입에 먹어도 부담스럽지
않다. 부들부들하게 잘 삶아진 수육 한 점을 올리고 쌈
장을 곁들여 큼지막하게 쌈을 싸 입안에 넣는다. 수육
의 부드러운 식감과 아삭한 상추가 잘 어울린다. 구
수한 된장국을 곁들이니 든든한 한 끼 식사가 된다.

🏠 제주 서귀포시 솔동산로 31 황태촌
🕐 08:00~21:00

📞 064 732 9288
🍽 **백반정식** 10,000원, **삼겹살** 18,000원

범일분식

제주 전통 수애의 정석

제주에서는 순대를 '수애'라고 부른다.
제주식 수애는 쌀이 귀했던 만큼 당면과 같은 부재료보다
주로 선지가 들어가는 피순대에 가깝다.
여기에 찹쌀 대신 메밀가루를 섞어 선지의 비릿한 맛을
잡는다. 돼지 창자 중에서도 쫄깃함이 강점인 대창에
속 재료를 넣은 대창 순대는 제주가 아니면 맛보기 힘들다.
_ 허준성

제주 전통 순대는
몽골 지배를 받았던 고려시대 후기에
전해진 것으로 알려져 있다.
몽골군의 전투 식량이기도 했던
'게데스'의 영향을 받았는데,
게데스는 양의 내장에 피와
곡물을 넣어 만든 순대 형태의 음식이다.
양의 내장은 돼지 내장으로 대체되고,
제주에서 흔한 메밀가루가 들어가며
지금의 수애로 발전하게 되었다.

분식집이라는 이름이지만, 메뉴는 순댓국과 순대 한 접
시가 전부. 미디어에도 여러 번 소개된 곳으로 일반적인
순댓국과 제법 다르다. 들깻가루가 듬뿍 들어간 순댓국
은 추어탕 같으면서도 제주 고사리해장국처럼 걸쭉하
다. 독특한 국물 맛에 호불호가 갈리기도 하지만 먹을
수록 구수한 맛에 빠져들게 된다. 여기서는 순대 한 접
시를 꼭 시켜야 한다. 기름지고 쫀득쫀득한 대창에 찹
쌀과 채소, 선지가 어우러져 내는 맛이 일품이다. 게다
가 오소리감투, 염통 같은 돼지 부속이 함께 나와 맛과
영향의 균형을 잡아준다. 함께 나오는 깻잎장아찌에 순
대를 올려 먹으면 피순대 특유의 비릿함도 없고 간이
딱 맞는다. 가정집을 개조한 내부는 자리가 좁은 편이
라 점심 때쯤에는 대기가 길어진다. 재료 소진으로 일
찍 문을 닫는 날도 많아 꼭 전화를 해봐야 한다.

🏠 제주 서귀포시 남원읍 태위로 658
🕐 09:00~17:00, 매주 토요일 휴무

📞 064 764 5069
🍽 순대백반 9,000원, 순대 한 접시 11,000원

090
새서울두루치기

가성비 끝판왕
흑돼지두루치기

혼밥해도 전혀 어색함이 없는 수수한 식당이다. 요즘 물가로는 믿기 어려운 7천 원짜리 식사를 고집하고 있는 젊은 사장님은 동네 어르신들이 언제나 편안하게 와서 식사할 수 있도록 최대한 가격을 올리지 않고 있다.
- 김영미

식사를 반 정도 하고 나면
볶음밥 순서이다.
남은 재료를 잘게 자르고 참기름과
김을 뿌린 공깃밥을 넣고 볶아주니
맛이 없을 수가 없다.
두루치기 양념과 밥이 아주 잘
어우러진다. 두루치기보다
볶음밥이 더 맛있다는 손님들이 많다.

제주에서 7천 원짜리 식사? 그것도 제주 흑돼지두루치기를? 손님은 대부분 제주도민으로 보이는 나이 지긋한 분들이다. 바로 제주도민 맛집이다. 기본 찬과 함께 나오는 무채, 콩나물, 파채의 푸짐한 양에 다시 한번 놀란다. 벽에는 두루치기 맛있게 먹는 방법이 써 있다. 많이 바쁘지 않으면 젊은 사장님이 직접 아주 맛나게 볶아주신다. 불판 위의 고기가 잘 익으면 무채, 콩나물, 파채를 모두 넣어서 볶는다. 이곳의 특징은 바로 무채를 넣어주는 것이다. 채소 숨이 살짝 죽을 때까지 기다렸다가 먹기 시작한다. 콩불과 비슷해 보이지만 맛은 완전 다르다. 아삭한 무채가 고기와 만나 아주 깔끔한 맛이다. 지금까지 먹어본 두루치기와 완전히 다른 맛과 가성비에 자연스럽게 단골이 된다. 3인분 이상이면 낙지와 흑돼지를 섞어서 주문할 수 있다.

🏠 제주 서귀포시 태평로 406 새서울두루치기　　　📞 064 732 4211
🕐 08:30~22:00(라스트 오더 21:30), 매달 1·3번째 화요일 휴무
🍴 **흑돼지두루치기**(150g) 7,000원, **낙지두루치기**(120g) 7,000원, **낙지파전** 13,000원

신도리어촌계

제주도민 찐 맛집

돌고래를 보기 위해 제주의 노을해안로에 갔다면
꼭 들러서 한 끼 식사를 해야 하는 식당이다.
저녁 시간에 방문하면 노을이 예쁘게 지는 것도 볼 수 있다.
어촌계라는 이름으론 식당 규모가 작을 것 같은데
생각보다 크다. 손님들 대부분이 지역 주민들이고
간혹 관광객이 자리한다.
_ 김영미

신도리어촌계의 백반은 계절별로
제철 재료를 사용해서 자주 가도
새로운 반찬을 만나는 즐거움이 있다.
한여름에 먹었던
냉노각된장국을 잊지 못한다.
노각과 미역을 넣은 냉된장국인데
날씨가 더운 날엔 완전 별미다.
다른 반찬이 없어도
밥 한 그릇 뚝딱할 정도이다.
다음 방문 시엔 어떤 새로운 반찬을
맛보게 될지 기대 가득하다.

한정식 식당에 가면 반찬은 화려하지만 손이 가는 것
은 몇 가지 없는데, 신도리어촌계의 반찬은 엄마가 해
준 것같이 모두 맛있다. 그 매력은 제주도에서 수확한
신선한 해산물과 나물을 사용하기 때문이다. 제주돼지
머릿고기를 시작으로 고등어구이, 꼬막, 양배추쌈, 자리
돔젓갈, 된장, 쌈 채소, 고사리볶음, 노각무침, 꽈리고추
멸치볶음, 가지무침 등등 다 열거하기조차 힘들다. 마치
전라도 백반 같다. 제주돼지머릿고기는 자리돔젓갈을
듬뿍 찍어 먹어야 제맛이다. 칼칼한 자리돔젓갈의 뒷맛
이 정말 깔끔하다. 요즘은 쉽게 만나기 힘든 가지무침
도 있다. 10가지가 훌쩍 넘는 반찬은 뭐부터 먹어야 할
지 행복한 고민에 빠지게 한다. 화려한 반찬에 고등어
구이에도 한참 만에 손이 간다. 현지인들이 왜 단골로
다니는지 절로 이해가 간다.

🏠 제주 서귀포시 대정읍 노을해안로 724
🕚 11:00~19:00(여름 10:00~21:00)
📞 064 773 0010
🍴 정식 11,000원

092

각지불

고소함과 매콤함을
동시에 즐기는
들깨 육수로 끓이는 아귀탕

들깨로 끓이는 아귀탕을 먹어본 적이 있는가?
단어조차 낯선 들깨아귀탕은 단순한 음식이 아니라
보양식이다. 제주 여행 중에 뭔가 새롭고
푸짐한 음식을 먹고 싶을 때, 왠지 기운이 없고 피곤할 때,
몸에 도움이 될 음식이 필요할 때 찾게 되는 음식이다.
_ 김영미

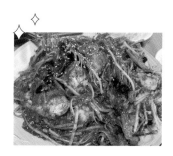

들깨로 끓인 아귀찜 뿐 아니라
해물찜도 현지인들이 즐겨 찾는 메뉴이다.
매콤한 해물찜에는 홍합, 꽃게, 전복,
딱새우, 낙지, 오징어 등 해산물이
가득해서 골라 먹는 재미가 있다.
매운맛의 단계도 선택할 수 있다.

가족이 운영하는 각지불은 현지인들에게는 이미 친숙한 식당이다. 어떤 음식을 주문해도 가득 들어 있는 생선에 놀라게 된다. 그중에서도 들깨아귀탕은 현지인들이 유독 많이 주문한다. 걸쭉한 들깨 육수에 아귀와 내장, 미더덕 등이 가득 담겨 있다. 아귀탕의 재료가 모두 싱싱해서 탱글탱글하다. 냄비가 넘칠 정도로 푸짐한 아귀탕은 처음이다. 게다가 들깨의 고소함에 칼칼한 매콤함이 더해진 육수는 계속해서 먹게 되는 중독성이 있다. '국물이 끝내줘요'라는 말이 아깝지 않다. 아귀살 자체도 입에서 살살 녹을 정도로 정말 부드럽다. 아귀랑 곤이를 함께 와사비 간장에 찍으면 더욱 맛이 있다. 콩나물, 멸치조림, 두부, 땅콩, 김치까지 반찬도 하나하나 다 맛있다. 직접 담근 식혜는 달지 않아서 깔끔하게 식사를 마무리해 준다.

제주 제주시 조천읍 남조로 1751
064 784 0809
11:30~20:30(라스트 오더 19:30), 매주 화요일 휴무
해물탕 / 해물찜(대) 55,000원, **아구탕 / 아귀찜**(대) 55,000원, **낙지볶음**(대) 50,000원

낭푼밥상

제주 음식 명인의 손맛

제주 향토 요리 명인이 제주 전통 방식으로
토속 음식을 만드는 낭푼밥상에서 특히나 제대로 된
전통 '몸국'을 맛볼 수 있다. 고기로 육수를 내고
제주산 '참몸'을 사용해서 전통의 맛을 그대로 살리고 있다.
지금은 쉽게 한 그릇 하기 쉬운 음식이지만, 예전에는
동네잔치가 있어야 맛볼 수 있었던 귀한 음식이었다.
_ 허준성

모자반은 톳과 비슷한 식용 갈조류로
제주도와 남해 일대에서 자란다.
모자반은 해녀들이 잠수해서 캐는데
제주에서는 '몸'이라고 부른다.
모자반도 여러 가지 종류가 있어
식용으로는 물론이고 예전에는 밭의
거름으로도 쓰였다.
몸국에는 모자반 중에서도
참몸, 참모자반만 사용한다.
섬유질이 풍부하고 칼로리가 낮아
혈당 조절은 물론이고
다이어트 효과도 뛰어나다.

제주에서는 명절이나 집안 잔치를 앞두고 돼지를 잡았
다. 돼지고기, 내장, 순대를 삶은 육수에 모자반을 넣고
푹 끓여낸 게 바로 몸국이다. 메밀가루를 푼 국물을 걸
쭉하게 끓여 발라낸 고기와 함께 담아내는 제주식 보양
음식이다. 제주에는 '베지근하다'라는 말이 있다. 고깃
국물이 묵직하면서도 진하게 맛있을 때 쓰는 표현이다.
잘 끓인 몸국에서 베지근함을 느낄 수 있다. 섬유질이
풍부한 모자반이 돼지기름을 흡수해서 독특한 맛을 낸
다. 거친 잡곡밥도 베지근한 몸국과 함께면 술술 넘어
갔으리라. 먹을수록 중독되는 맛이다. 몸국과 더불어 괴
기반, 잡채, 회무침이 함께 나오는 '가문잔치' 한 상도 선
택할 수 있다. 가문잔치는 예전 혼례를 치르기 위해 친
인척이 모여 같이 잔치를 준비하고 손님을 맞이하기 전
날 친척끼리 밥을 먹는 데서 붙여진 이름이다.

🏠 제주 제주시 제주 수덕5길 23　　📞 064 799 0005　　🕐 10:00~21:00(라스트 오더 20:00), 매주 수요일 휴무
🍲 몸국 10,000원, 제주(고사리)육개장 10,000원, 접짝뼛국 10,000원
📷 @nangpoonbabsang

094

코코분식

가격도 맛도 착한
도민 맛집

'배 뽕그래이 먹읍서'. 코코분식 간판에 붙어 있는 글귀이다. 배가 빵빵해지도록 먹으라는 뜻으로 흔한 분식집이 아니다. 칼국수와 제주식육개장, 비빔밥이 주메뉴로 저렴하고 양도 푸짐해 도민들이 애정하는 곳이다. 그중에서도 한라산과 봄의 합작품, 제주식 고사리육개장은 꼭 먹어봐야 하는 향토 음식이다.

_ 허준성

전국에서도 제주 고사리는 맛이 좋기로 유명하다. 봄기운을 가득 담고 힘차게 솟아나는 고사리는 9번을 꺾어도 다시 자란다고 하는데, '산에서 나는 소고기'라 불리기도 하며 약용으로도 쓰였다. 물 빠짐이 좋고 한라산의 정기와 해풍을 받아서 향도 맛도 뛰어나다. 고사리는 독성이 있는데 여릴 때는 약하다가 해를 받아 고사리 잎이 피기 시작하면 독성이 강해진다.

바닷가와 한라산의 중간 어디쯤, 제주 중산간에서는 구하기 쉬운 고사리를 넣은 육개장을 만들어 잔칫상에 올렸다. 보통 육지에서 육개장이라 하면 소고기와 대파, 고사리 그리고 고춧가루로 맛을 낸다. 그러나 제주에서는 돼지고기 육수에 고사리와 고기, 메밀가루를 넣어 걸쭉하게 끓이는 것이 특징이다. 긴 시간 끓이기 때문에 식감이 아주 부드러워진다. 진득한 국물에 밥 한 공기 말아 먹으면 독특한 식감과 맛에 감탄사가 절로 나온다. 봄철 기운 없을 때 고사리육개장 한 그릇이면 다른 보약이 필요 없을 정도로 든든하다. 또 다른 추천 메뉴는 칼국수. 면발이 어찌나 굵은지 마치 수제비를 줄줄이 이어 먹는 듯한데, 속까지 간이 잘 뱄다. 전체적으로 간이 좀 세지만 배 터지도록 먹을 수 있는 넉넉한 인심에 자주 찾게 된다. 가끔 평일에도 휴무니 꼭 전화해 보자.

🏠 제주 제주시 신성로 104
🕚 11:00~20:00, 매주 수·토·일요일 휴무
📷 @coco_bunsik

📞 064 751 1118
🍴 **고사리육개장** 7,000원, **칼국수** 7,000원, **비빔밥** 7,000원

돌하르방식당

하르방의 무심한 손맛

아흔을 바라보는 노익장의 손맛이 듬뿍 깃들여진
각재기국은 그 시원함에 꾸준히 찾게 된다.
매일매일 직접 고른 각재기와 신선한 배추가 만드는
하모니에, 여름에는 짭조름하게, 겨울에는 슴슴하게
계절에 따라 맛도 달리할 정도로 세심한 주인장의
노하우가 어우러진다. 맛이 없을 수가 없다.

_ 허준성

부산에서는 '메가리',
포항 쪽에서는 '아지'라고도 불리는
전갱이는 육지에서는
구이나 조림으로 먹는 것에 반해
제주에서는 오래전부터
국으로 끓여 먹었다.
영양가가 높은 등 푸른 생선인 전갱이.
기름기가 오른 계절에는 고등어보다
훨씬 감칠맛이 난다.

육류보다는 생선이 구하기 쉬웠던 제주는 국도 생선으
로 만든 종류
들이 발달했다. 각재기는 제주에서 전갱이를 부르는 말
로, 각재기국도 육지에서는 거의 볼 수 없는 메뉴지만
제주도민들의 속을 뜨겁게 달궈주던 향토 음식이다. 음
식에 필요한 재료들이 넉넉하지 않았던 제주에서는 음
식에 많은 양념을 하지 않는다. 된장을 풀고 한소끔, 각
재기와 배추를 넣고 또 한소끔. 더도 말고 덜도 말고 딱
이 정도면 완성이다. 어쩌면 신선한 재료이기에 이렇게
해도 비리지 않고 감칠맛이 나는 것이 아닐까. 전날 술
이라도 거하게 마셨다면 각재기국 한 그릇이 더없이 고
마울지도 모르겠다. 어떤 국물 요리를 생각해 봐도 이
보다 더 시원한 음식이 딱히 떠오르지 않는다. 같이 내
놓는 고등어조림과 멜젓이 입맛을 돋운다.

🏠 제주 제주시 신산로11길 53
🕐 10:00~15:00, 매주 일요일 휴무

📞 064 752 7580
🍲 **각재기국** 10,000원, **해물뚝배기** 10,000원

096
선흘곶

제주산 재료로 차린
건강한 쌈밥정식

전라도 정식만큼이나 반찬 가짓수가 많다.
반찬 하나하나 모두 맛있고 정갈한 식당이다.
눈이 아닌 입이 즐거워진다.
나이 드신 부모님과 제주 여행을 계획한다면 강추한다.
단 영업시간이 오후 6시까지여서 저녁보다는
점심시간에 방문하는 것이 좋다.
_ 김영미

아무리 자주 가도 집밥처럼
질리지 않는 쌈밥정식이다.
식사 후에는 근처에 있는 동백동산을
가볍게 산책하면 좋다.
선흘리 동쪽에 있는 상록활엽수
천연림으로, 20여 년생 동백나무
10여만 그루가 숲을 이루고 있다.
입장료는 무료다.

쌈밥정식 단일 메뉴지만 손님이 끊임없이 이어진다. 제주 현지인들의 맛집으로 밖에서 보면 간판 외엔 식당 내부가 보이지 않는다. 원산지는 대부분 제주산, 다양한 쌈 채소는 주인장의 밭에서 직접 길러서 사용한다. 식사가 정갈하고 정성이 가득해서 마치 제주 할망이 차려준 식탁 같다. 제주 돔베고기, 고등어, 각종 나물 반찬, 장아찌까지 무엇 하나 나무랄 데가 없다. 돔베고기는 새우젓을 살짝 얹어 먹으면 더욱 깊은 맛을 느낄 수 있다. 된장 베이스로 만든 미역국도 별미다. 돔베고기와 고등어를 제외하고 전부 리필이 된다. 식사하는 내내 건강해지는 느낌이 가득하다. 특히 전형적인 관광지 음식에 질린 사람들의 만족도가 무척 높다. 식당 밖에는 놀이터도 있고 공터가 넓어서 주차도 편하다. 날씨가 좋을 때는 잠시 산책을 해도 좋다.

제주 제주시 조천읍 동백로 102 　　　　　 064 783 5753
10:00~18:00(라스트오더 16:00), 매주 화요일 휴무
쌈밥정식 17,000원, **돼지고기 추가** 10,000원, **고등어 추가** 8,000원

신제주
보말칼국수

전복 못지않은
영양 덩어리

육지에서도 맛볼 수 있는 전복 요리 말고 뭔가 특별한 제주만의 뜨끈하고 든든한 한 끼가 그리울 때, 보말국 하나면 여행의 허기짐을 채우기 적당하다. 시원하면서도 쌉싸름한 향이 입맛을 자극하고 구수한 국물이 혀끝에 오래 남는다. 언젠가 제주 여행을 회상하다 보면 여기서 먹은 보말국이 계속 떠오르게 될지 모른다.

_ 허준성

바다에서 조개나 문어 등을 잡는 것을 육지에서는 '해루질'이라고도 하는데, 제주에서는 '바릇잡이'라고 부른다. 예전 도민들은 물때에 맞춰 보말, 깅이(작은 게)를 잡아 반찬으로 삼았다. 조석의 차이를 알려주는 물때표를 보며 바닷물이 빠져나가 돌들이 얼굴을 내밀 때쯤, 보말 바릇잡이에 도전해 보는 것은 어떨까?

'보말도 괴기다'. 제주 도민들에게 전해 내려오는 이야기다. 보말이 고기만큼이나 몸에 좋다는 뜻이다. 단백질 함량이 많아 훌륭한 식재료였다. 가장 흔하면서 거무튀튀한 먹보말, 매콤한 맛의 메옹이 등 모양도 맛도 다르다. 그중에서도 이곳의 주재료인 삼각형 모양의 수두리 보말은 보말의 여왕이라 불리며 쫄깃하면서도 깊은 맛이 난다. 보말 내장으로 맛을 낸 국물은 멸치 육수와는 또 다른 시원한 맛을 선사한다. 자연산 보말을 일일이 까는 수고 덕분에 가격이 비싼 편이다. 각 메뉴의 '특' 사이즈를 시키면 보말이 한가득 올라간다(음식 곱빼기가 아니다). 보말칼국수는 미역과 파래를 넣고 직접 반죽한 면으로 차별화한 게 마음에 든다. 여행 중간에 술독과 여독이 쌓여갈 즈음 한번 들러보자.

🏠 제주 제주시 선덕로5길 19 신제주 보말칼국수   📞 064 711 1470
🕐 08:00~15:00(라스트 오더 14:30), 매주 일요일 휴무
🍽 **보말칼국수** 11,000원, **보말국** 11,000원, **흑돼지손만두**(고기) 8,000원

098

옥란면옥

황해도식
메밀냉면 전문점

돌이 반, 흙이 나머지인 제주 땅. 논농사는 고사하고 일반적인 밭작물 어느 하나도 쉽게 키워내지 못하는 척박한 환경에서 그나마 메밀은 넉넉한 수확을 안겨주는 작물이다. 생장 기간이 짧아 1년에 이모작까지 가능하다. 제주에서는 거의 대부분의 음식에 메밀이 들어갈 정도로 떼려야 뗄 수 없는 중요한 식재료다.

_ 허준성

6월과 10월을 전후해서 제주 곳곳에는 마치 소복하게 눈이 내린 듯한 메밀꽃이 피어난다.
검은 돌담과 하얀 메밀꽃의 대비가 색다른 사진 배경이 되어준다.
새하얀 꽃에 어울릴 만한 화려한 옷을 준비해서 메밀꽃밭을 배경으로 사진을 찍어봐도 좋겠다.

'메밀' 하면 대부분 강원도 봉평을 떠올린다. 봉평이 있는 평창이 좋은 품질의 메밀을 생산하는 곳은 맞지만, 국내 최대 메밀 산지는 바로 제주도다. 제주에서 시원한 냉면이 당길 때 메밀냉면을 만드는 옥란면옥을 자주 찾는다. '냉면' 하면 함흥냉면과 평양냉면을 떠올릴 텐데, 여기서는 황해도식 냉면을 내놓는다. 사골로 육수를 내고 면은 제주산 메밀로 만든다. 백령도산 까나리액젓을 살짝 넣어 감칠맛을 살리는 것이 가장 큰 특징이다. 물과 비빔 사이에서 고민이라면 중간 단계인 '반냉면'을 주문하면 된다. 과일을 갈아 만든 양념장과 사골 육수 그리고 제주 무로 담근 동치미가 더해져 시원하면서도 깊은 맛이다. 곁들임 메뉴로 녹두빈대떡에 제주 막걸리도 추천한다. 바삭함과 고소함이 일품인 빈대떡과 제주 도민의 소울 주류인 제주 막걸리의 궁합이 환상이다.

🏠 제주 제주시 조천읍 신북로 163
🕐 11:00~20:00(브레이크 타임 15:00~17:00), 매주 일요일 휴무
📷 @okranok_jeju

📞 064 783 1505
🍽 **반냉면** 10,500원, **녹두빈대떡** 9,000원

크라운돼지
제주점

특허받은 '난축맛돈'
판매전문점

테이블마다 직접 고기를 구워주며 제주토종돼지
'난축맛돈'을 설명해 주는 송훈 셰프의 모습에서
제주토종돼지를 향한 그의 사랑을 느낄 수 있다.
난축맛돈은 멸종된 옛 제주 똥돼지의 유전자 복원사업을
10년간 거쳐 현재 2,500마리밖에 없는 제주토종돼지로
한정수량만 도축되는 맛있고 건강한 우리 돼지이다.
_ 김영미

크라운돼지와 제주빵집이 함께 있는
송훈파크는 무려 그 크기가
3천 평에 달한다.
운동장 같은 잔디마당이 있고
말먹이 체험장도 있어서 아이들이
뛰어놀기에는 그지없이 좋다.
식사와 디저트, 산책을 한 공간에서
해결할 수 있으니 반나절 가족 나들이
코스로도 손색이 없다.

크라운돼지는 기본적으로 초벌이 되어 나온다. 테이블
에 올리는 순간 은은한 숯 향이 퍼진다. 직원이 부위별
로 설명하면서 본격적으로 고기를 굽는다. 윤기가 자르
르 흐르고 노릇노릇 익어가는 고기는 먹기 좋게 부위별
로 정돈해 준다. 고추냉이, 히말라야 소금, 된장, 멜젓,
폰즈소스 등 다양한 소스가 제공되어 취향에 따라 골라
먹는 재미도 있지만 역시 본연의 맛을 느끼기엔 소금
이 최고다. 입안 가득 퍼지는 육즙과 소금의 짭짤함이
환상의 콜라보를 이룬다. 식감도 고소함도 만족스럽다.
역시 특허받은 난축맛돈이다. 부드러운 식감과 담백함
은 돼지고기가 맞나 싶을 정도다. 부위별로 다양한 맛
을 보고 싶으면 송훈 셰프의 선택 A나 B를 선택하면 좋
다. 제주 식당답게 파무침에는 고사리가 들어가 있다.
갈치속젓이 베이스인 크라운볶음밥도 별미다.

🏠 제주 제주시 애월읍 상가목장길 84　　📞 070 4036 5090　　🕐 12:00~21:00
🍽 셰프의선택 A~B 67,000원, 쫄데기살(170g) 19,000원, 돈마호크(270g) 34,000원
📷 @song_hoon_park

100

한림바다
생태체험마을

극강의 우럭조림 맛을
선사하는 곳

제주에 가면 우럭조림을 반드시 먹어봐야 한다.
한림항 비양도 도항선 대합실 옆에 위치해
현지인들 맛집으로 농림축산식품부에서 인증한
안심식당이라 더 믿음이 간다.
음식 맛과 푸짐한 양을 고려하면 가격 대비 만족도가 높다.
문재인 전 대통령이 2번이나 방문해서 더 유명해졌다.
_ 변영숙

우럭의 정식 명칭은 조피볼락이다.
넙치와 함께 우리나라 해산어 양식량의
90%를 차지하는 우럭은
육질이 단단하고 식감이 좋아 우리나라
사람들이 선호하는 '국민 생선'이다.
주로 생선회나 매운탕, 찜 요리로 즐긴다.
조림 요리는 한 번 맛보면 자꾸만
생각나는 별미다.
2023년 9월 전남 신안군 압해도에서
제1회 우럭 축제가 열렸다.

한림바다생태체험마을은 평일 낮인데도 제법 손님들
이 많다. 대규모 홀과 소규모 방이 두루 갖추어져 있다.
단품만 먹기 아쉽다면 우럭조림세트를 주문하자. 우럭
조림, 회, 전복, 문어나 소라 초밥, 새우튀김으로 구성된
다. 상차림도 예쁘고 음식들이 하나같이 정갈하고 신선
한데, 해산물을 골고루 맛볼 수 있어 만족스럽다. 우럭
조림은 시커먼 등살과 아가리를 크게 벌린 우럭이 다소
위압적으로 보이지만 큼직하게 무와 감자를 썰어 넣고
양파와 대파 및 갖은양념을 넣고 조린 살을 맛보는 순
간 더 이상 말이 필요 없다. 조갯살처럼 쫄깃쫄깃한데
특히 뽈살 부위가 맛나다. 생선이 큰 만큼 살도 엄청 많
다. 남은 국물에 공깃밥을 넣고 슥슥 비벼 먹으면 색다
른 맛을 즐길 수 있다. 우럭조림세트와 고등어회세트가
인기 메뉴다.

🏠 제주 제주시 한림읍 한림해안로 200   📞 064 796 1817
⏰ 11:00~21:00(브레이크 타임 16:00~17:00), 매주 수요일 휴무
🍽 우럭조림/매운탕(소, 2~3인 기준) 34,000원, 고등어구이정식 13,000원

Part 3

향긋한 맛
카페 메뉴

누데이크
하우스 도산

MZ 세대의 명소,
압구정 힙한 카페

압구정동 하우스 도산 지하 1층에 있는
플래그십 스토어 카페이자 케이크의 성지인 누데이크,
K-POP 그룹인 뉴진스와 콜라보를 진행하면서 더 유명해졌다.
해외에서도 일부러 찾아올 만큼 핫하며 한국인이나
외국인 모두 음식을 앞에 두고 사진을 찍는 모습이 흔하다.
피크케이크와 피크음료는 MZ 세대가 꼭 먹어봐야 하는
핫 아이템으로 꼽힌다.

_ 황정희

지하 1층의 누데이크,
시기별로 다른 전시물을 구성하여
포토존 역할을 하는 1층의 라운지,
2-3층 젠틀몬스터 매장,
4층 탬버린즈가 있는 하우스 도산은
아이웨어 브랜드인 젠틀몬스터가 운영한다.
누데이크에서 디저트를 맛본 후
1-4층까지 순회하듯 매장을 둘러보면
MZ 세대의 감성을 느낄 수 있다.

콘크리트 구조의 4층의 하우스 도산 건물, 유독 이 주변이 북적인다. 입구부터 사진을 남기려는 세계 각국의 젊은이를 만날 수 있다. 카페에 들어서면 주문을 위해 줄을 서 있는 사람들이 보인다. 중앙을 가로지르는 테이블 위에 디저트 샘플과 그 너머에 미디어 아트 작품이 전시되어 분위기 자체가 힙하다. '피크(PEAK) 케이크'는 없어서 못 팔 정도로 인기다. 금방이라도 화산이 폭발할 것 같은 검은색 산봉우리 여러 개 안에 연한 녹색의 말차크림이 담겨 있다. 오징어 먹물을 넣어 구운 페이스트리를 뜯어내면 말차크림이 줄줄 흐른다. 용암이 흘러내리는 듯한 독특한 비주얼에, 의외로 건강한 단맛이다. 여기에 스페셜라떼를 곁들여 맛의 조화를 꾀하거나 녹차 크림을 듬뿍 올린 피크그린티라떼로 달콤하고 진한 맛의 특별함을 통일시켜도 좋다.

🏠 서울 강남구 압구정로46길 50 하우스 도산 B1   📞 070 4128 2125   🕐 11:00~21:00(라스트 오더 20:45)
🍰 PEAK(피크) 42,000원, COLD BLACK(콜드 블랙) 8,000원, PEAK GREEN TEA LATTE 8,000원
🌐 www.nudake.com   📷 @nu_dake

002

채그로

아름다운 한강이 한눈에

흔히 일출은 동해, 일몰은 서해를 떠올린다.
하지만 서울만큼 일출과 일몰이 아름다운 도시도 드물다.
특히 한강 인근에서 맞이하는 일몰은 그야말로 장관이다.
보랏빛으로 물드는 서쪽 하늘과 이를 반영하는 푸른 물결.
그리고 빌딩의 화려한 조명이 더해져 황홀경을 연출한다.
이토록 아름다운 일몰을 차 한 잔 마시며 감상할 수 있는
카페가 있다.

_ 박동식

채그로가 들어선 건물 5층에는
'빠네돌체'라는 레스토랑이 입점해 있다.
'전일 브런치'라는 안내판이 입구에
붙어 있을 정도로 비교적 가벼운 식사를
즐길 수 있는 곳이다.
이탈리아 정통 스타일의
화덕피자를 비롯해 오픈샌드위치와
샐러드 등이 주메뉴다.
주말에 채그로에 자리가 없을 때는
'빠네돌체'에서 가벼운 식사를
즐기는 것도 방법이다.

마포대교 북단 동쪽에 있어 역대급 한강 뷰를 자랑한
다. 통유리 너머로 한강과 마포대교, 강 건너 여의도까
지 한눈에 보여 사람이 가장 붐비는 시간은 일몰 직전.
채그로는 단순히 음료만 판매하는 곳이 아니라 서점을
겸한 북카페. 카페 곳곳에 전시된 책을 누구든 편하
게 읽을 수 있다. 8층과 9층 일부는 도서관에 가깝다.
노트북으로 개인 작업을 하는 손님도 많다. 전시된 도
서들은 판매도 한다. 음료 주문은 6층과 8층에서 가능
하다. 최고 인기 메뉴는 히비스커스천혜향에이드와 한
라봉홍차케이크다. 히비스커스천혜향에이드는 붉은색
과 주황색이 어우러진 음료다. 음료 위쪽에는 붉은색
히비스커스, 하단에는 주황색 천혜향이 깔려 있으며 상
큼하고 달콤하다. 한라봉홍차케이크는 홍차 향 가득한
크림과 한라봉퓌레가 어우러진 케이크다.

🏠 서울 마포구 마포대로4다길 31 📞 0507 1341 0325 🕘 09:30~21:30
🍽 아메리카노 6,000원, 허니아메리카노 6,500원, 히비스커스천혜향에이드 8,000원, 허니자몽블랙티 8,000원,
케이크 9,000원 🌐 blog.naver.com/checkngrow 📷 @check_grow

커피볶는집 시다모

특별해 보이지 않는데
특별한 커피 맛

다양한 콘셉트로 운영하는 카페가 참 많다.
시쳇말로 '뷰 맛집'이라 불리는 집,
SNS에 소개하기 딱 좋은 집, 사진 찍기 좋은 집 등등.
이곳은 그냥 커피가 맛난 집이다. 직접 로스팅한
시다모 커피를 핸드 드립이나 아메리카노로 마시기 좋다.
매장에서 책을 구매할 수도 있다.
책과 커피가 참 잘 어울리는 집이다.

_여미현

에티오피아 시다모 지역에서 생산되는
시다모 커피는 볶는 정도에 따라
과일 향과 산미가 달라진다.
카페 건물에는 한국 출판 협동 조합
사무실과 크고 작은 출판사들이
입주해 있어, 출판사 직원들의 회의실이나
출판 관계자들의 만남의 장소로도
이용된다. 햇볕이 따뜻한 날에는
입구 앞쪽에 마련된 야외 테이블에 앉아 느
긋하게 커피 맛을 즐겨보자.

그다지 특별해 보이지 않는 카페. 크지 않은 매장에
아기자기한 커피 소품과 회의실이 있고, 곳곳에 책이
꽂혀 있는 정도다. 커피 메뉴도, 찻잔도 평범하다. 음료
도 다양해서 이곳이 커피 전문점인지 의심스럽다. 복작
거리는 점심시간에도 커피 맛은 변하지 않고 일정하다.
혼자서 커피 한잔하며 책 읽기 더없이 좋다. 시다모 하
우스 블렌딩은 에티오피아 모카시다모, 인도네시아 만
델링, 브라질 산토스 커피를 섞어 만드는데, 묵직하고
진한 산미 커피를 선호하는 사람에게는 딱이다. 3분을
기다려 핸드 드립을 즐겨도 좋고, 30초 만에 뽑아내는
에스프레소 커피를 마셔도 실망하지 않을 것이다. 홈페
이지에서 용도별(에스프레소, 드립 커피, 분쇄 커피, 유
기농, 디카페인 등)로 판매하는 원두커피는 가성비가
좋은 편이다.

🏠 서울 마포구 토정로 222 한국출판협동조합 1층　　📞 0507 1407 1226　　🕐 08:00~23:00
🍽 아메리카노 3,500원, 히비스커스자몽티 4,500원, 불고기버섯빠니니세트 9,000원
🌐 www.coffeegu.com

어썸마운틴

24만 유튜버·인플루언서
'주호다'의 홍대 디저트 카페

인스타 감성의 분위기 있는 카페를 찾는다면 홍대입구에서 연희동으로 가는 길에 어썸마운틴을 '픽'해보자.
24만 유튜버이자 인플루언서인 '주호다'가 운영하여 유명하기도 하지만 산을 모티브로 한 깔끔한 인테리어와 커피, 브라우니와 에이드 등 메뉴 하나하나가 인기 있다.
_ 황정희

주호다가 운영하는 카페지만
항상 상주하지는 않는다.
카페에 온다 해도 대부분
제빵실에 있어서 얼굴 보기가 쉽지 않다.
손님의 대부분이 여성이며 흑백의
산 사진이 있는 테이블은 가장 인기다.
가끔 유명 유튜버인 '레오제이',
'헤어몬' 등을 마주칠 수도 있다.

어썸마운틴의 특별함은 매장에 들어서면서부터 시작된다. 1층 입구 왼쪽에 개방형 주방과 주문을 받는 곳이 보인다. 시선을 집중시키는 힘과 통일된 이미지가 전달하는 간결함이 공간을 지배한다. 산을 모티브로 한 수묵화 느낌의 그림들과 무심히 놓여 있는 현무암, 입구의 돌 그림조차 범상치 않다. 흑백 사진이 걸린 벽면은 새벽안개가 짙은 산에서의 휴식을 콘셉트로 하는 어썸마운틴의 정체성이 드러나는 곳으로 인기 포토존이다. 시그니처 메뉴인 어썸케이크는 작은 포트에 크림을 담아 함께 내어준다. 산 모양의 케이크 위에 하얀 크림을 부어 즐긴다. 파운드케이크의 식감이 유난히 찰지다. 아이스크림을 추가한 브라우니도 많이 찾는다. 어썸커피는 흔들지 않고 커피 위에 올라간 크림을 먹다가 커피가 드러나면 그때 섞어서 마시길 추천한다.

🏠 서울 마포구 연희로 17 1층
🕐 11:00~22:00
📷 @asomemountain

📞 070 8250 1895
🍽 **어썸커피(아이스)** 6,000원, **파운드케이크(말차/얼그레이)** 6,500원,
오리지널치즈케이크 6,500원, **어썸박스(어썸케이크 4EA)** 25,000원

적당

힙지로 이색 한과
디저트 카페

도심 빌딩 숲속에서 진짜배기 쉼을 추구하는 공간이다.
더존 빌딩 1층의 현대적 분위기는 카페 문을 열고
들어가는 순간 미니멀하고 여백의 미가 있는 정원으로
빨려 들어가는 것처럼 일시에 달라진다.
어느 곳에 카메라를 대도 감각적인 사진을 찍을 수 있어
인스타그램에 자주 등장하는 힙지로 카페다.

_ 황정희

대형 빌딩인 더존 빌딩 내 오른쪽에 책장을 형상화한 벽면에 입구가 보인다. 내부는 아치형 기둥으로 각 공간의 개별성을 강조하고, 테이블과 푸른 잎의 대나무가 있는 작은 정원이 조화를 이루는 감각적인 인테리어가 돋보인다. 오픈형 주방 및 주문대 앞에 직사각형의 넓은 테이블, 그 위의 모래와 물이 상상력을 자극한다. 회색의 빌딩 숲 가운데서 대숲 사이에 청량한 바람이 부는 것 같다. 적당(赤糖)이라는 이름에 맞게 붉은 당류인 팥양갱이 시그니처 메뉴다. 밤양갱에는 삶은 밤이 통째로 들어가 있고 팥양갱은 많이 달지 않고 팥 고유의 맛이 묵직하다. 특히 수제 양갱이 맛있고 모나카, 팥라떼 등 착한 가격의 퓨전 메뉴가 정겹다. 주문한 음료와 양갱은 나무로 된 찻상에 올려 나온다. 마치 양반집 사랑방에 앉아 차와 다식을 대접받는 느낌이다.

힙지로는 힙(hip)의
'최신 유행에 밝고 신선하다'는 의미와
올드타운의 복고풍 이미지를 연상하게 하는
'을지로'가 결합된 신조어다.
적당은 좁은 골목길,
빌딩 숲 사이의 회사원들에게 알려지다가
젊은이들의 인스타그램에 자주 등장하면서 힙해졌다.
적당은 오래 머물러도 편안하며 비 오는 날 찾아도 좋다.

🏠 서울 중구 을지로 29, 더존을지타워 1층　　📞 070 7543 8928
🕐 10:00~21:30(라스트 오더 21:00)　　🍴 **아메리카노** 4,500원, **팥라떼** 6,500원, **밤양갱** 2,800원, **모나카** 3,500원
📷 @jeokdang_

006

레인리포트
(호우주의보)

커피 한잔의 여유를
가질 수 있는 도심 속 오아시스

카페 호우주의보는 1년 내내 비가 내리는 카페이다.
날씨를 테마로 하는 커피와 디저트를 맛볼 수 있다.
기호에 맞는 커피를 주문하고 안락한 소파에 앉아
비가 내리는 창밖을 바라보다 보면 나도 모르게 멍해지고
마음이 편해진다. 아무것도 하지 않아도 좋은
도심 속 오아시스다.

_ 이진곤

커피를 조금 더 다양하게
체험하고 싶다면 오마카세 메뉴가 있다.
커피와 디저트를 함께 즐기는 메뉴다.
터키쉬 커피, 니트로 콜드브루,
스모키 온더락 3종류의 커피와 함께
각각 어울리는 디저트를 맛보고
마지막으로 원하는 만큼
핸드 드립 커피를 마실 수 있다.
1시간 30분 동안 2층에 있는
별도의 공간에서
호우주의보 커피 세계를 만날 수 있다.

"비 오는 날 커피가 더 맛있는 이유가 뭘까?"라는 질문
에서 시작된 카페다. 입구 양쪽으로 늘어선 대나무 숲
에 눈이 시원하다. 하늘은 파랗고 맑은 대낮인데 사계
절 비 내리는 공간에서 드립 커피와 에스프레소, 기분
좋은 디저트를 맛볼 수 있다. 다양한 변수, 특히 날씨에
따라 커피의 향과 맛이 달라지는 것에 영감을 받아 비
오는 공간을 조성했다. 직접 로스팅해 신선한 커피를
제공한다. 대표 메뉴 드립 커피도 날씨로 이름 붙인 5가
지를 선보인다. 에스프레소 위에 흑임자크림을 올려서
고소하면서 진한 커피의 맛이 조화로운 세서미클라우
드, 후추의 향과 함께 고소한 크림을 얹은 에스프레소
의 맛이 이색적인 페퍼클라우드, 직접 만든 레몬소르베
와 에스프레소를 섞은 에스프레소로마노 등 색다른 시
그니처 커피를 즐길 수 있다.

🏠 서울 용산구 소원로 40길 85 1-2층 　　📞 0507 1360 4302 　　🕐 11:00~21:30
🍽 **세서미클라우드(흑임자라떼)** 7,800원, **페퍼클라우드(후추라떼)** 7,800원, **에스프레소로마노** 7,200원,
　 호우주의보 오마카세 38,000원

007
조양방직

미술관 속
제과 명장의 선물

조양방직은 1933년 강화도 최초의 근대식 방직 공장으로
운영을 시작했다. 일제 강점기부터 광복 이후까지
여러 공장으로 활용되었고 시간이 지나 버려진 공간으로
남아 있었지만, 최근에 이르러 새 주인을 만나
현재의 강화를 대표하는 미술관 겸 베이커리 카페로
재탄생하게 되었다.
_ 강한나

강화도의 명물로 소문이 자자해
평일에 방문 시에도 인산인해를 이룬다.
주차장 만차 시 조양방직 주차장에서
30m 전방에서 우회전 후 2개의
공영 주차장을 이용하면 된다.
음료 제조 시간이 다소 걸리기 때문에
음료를 먼저 주문 한 뒤
베이커리를 둘러보면 시간을
더 합리적으로 사용할 수 있다.

2천여 평이나 되는 거대한 규모에 입이 떡 벌어진다. 어
찌나 넓은지 일정 거리를 벗어나면 진동벨이 울리지 않
을 정도다. 90여 년 전, 일제 강점기부터 운영해 온 기
존의 방직 공장의 원형을 최대한 살렸다. 빈티지한 미술
관에서 커피와 베이커리를 즐기며 타임머신 여행하는
분위기를 느낄 수 있다. 특히 이곳은 대한민국 제10호
제과 명장인 송영광 명장의 베이커리로 유명하다. 프랑
스에서 제빵 학교를 졸업하고 현지에서 일한 노하우를
활용해 유럽 정통 스타일로 만든다. 딸기생크림몽블랑,
바삭앙버터 등 디저트도 다양하다. 시그니처 메뉴 중
단연 인기 있는 건 소금빵. 프리미엄 버터로 만든 반죽
을 돌돌 말아 굽는데, 바닥은 바삭하고 속은 부드럽고
촉촉해 커피와 곁들여 먹기에 제격이다. 커피는 산미가
적고 고소한 맛으로 호불호가 없는 편이다.

🏠 인천 강화군 강화읍 향나무길5번길 12   📞 032 933 2192
🕐 11:00~20:00(라스트 오더 19:20)
🍽 **아메리카노** 7,000원, **자색고구마라떼** 8,000원, **소금빵** 3,000원, **메론빵** 4,000원

토크라피

토크와
힐링이 있는 카페

카페 토크라피는 강화 동막 해변에 자리한 뷰 맛집이다.
바닷가에 접한 야외 정원과 지중해식 하얀 건물이 멋스럽다.
바다 위로 붉은 노을이 번지기 시작할 즈음
토크라피의 매력이 정점을 찍는다.
연인, 지인들, 부모님 누구와 가도 좋은 곳이다.
SNS에서 강화 '핫플'로 이름난 곳이다.
_ 변영숙

좁은 시골길을 달리면 동막 해변이 보이는 언덕 위에 유럽풍의 하얀색 건물이 나타난다. 큼직큼직한 창문들과 아치형 대문이 방문객의 눈길을 사로잡는다. 1층 라운지에는 카운터와 작은 카페 공간이 있다. 라운지를 통과해 메인홀로 나가면 통창으로 잔잔한 바다와 그림처럼 떠 있는 섬들이 보여 힐링이 된다. 앤티크 가구와 조명, 초록 식물들, 자잘한 소품들을 적절하게 배치해 개성 만점의 공간들을 연출했다. 생각보다 훨씬 공간이 넓으니 다리품을 팔면 훨씬 안락하고 쾌적한 공간을 차지할 수 있다. '토크라피(Talkraphy)'는 대화와 관계의 목적을 탐구하며 향유하는 장소를 표방한다. 이를 더 풍성하게 해줄 음료와 베이커리, 브런치 메뉴 모두 평균 이상이다. 햄과 치즈를 듬뿍 넣은 프랑스식 수제 식빵 크로크무슈는 누적 판매 1만 개를 달성했다.

방문객들이 많아 좋은 자리를 차지하기란
하늘에서 별 따기만큼 어렵다.
느긋하게 바다 풍경과 함께 힐링과
휴식을 취하고 싶다면 주중에
방문하는 것을 추천한다.
물때 검색도 필수다.
잘못하면 시커먼 갯벌만 보다 올 수도 있다.

🏠 인천 강화군 화도면 해안남로1691번길 43-12   📞 0507 1325 1691
🕐 목~화 10:00~21:00, 수 10:00~19:00   💲 에스프레소 6,500원, **아메리카노** 7,000원, **바닐라라떼** 8,000원,
📷 @talkraphy_   **플랫화이트** 7,500원, **크로크무슈** 14,000원

009

계란집딸들

인천 청라호수공원 옆
브런치 베이커리 카페

아파트로 가득한 도심 속에서 호수공원과 함께 자리한 베이커리 카페 계란집딸들은 여심을 저격하는 카페다. 카페는 마치 영국이나 홍콩 같은 분위기를 연출하며 고객들에게 휴식을 제공하고, 카페 밖은 뉴욕 센트럴파크처럼 힐링의 시간을 즐길 수 있는 도심의 정원과도 같은 곳이다.

_ 에이든 성

커피의 원두는 강원도 커피 축제에서
수상 경력이 있는 로스팅 업체의
원두를 공급받는다.
풀씨티보다 약간 낮은 단계의 로스팅으로
전체적인 커피의 밸런스가 좋다.
시그니처 메뉴는
곰돌이커피와 눈꽃빵이다.
카페는 오전 9시에 열지만,
빵이 나오는 시간은 9시 30분부터다.

인기 있는 음료는 딸기라떼, 로얄밀크티, 아인슈페너 등과 곰돌이 얼음을 띄워주는 아이스아메리카노가 있다. 직접 생산하는 수제 베이커리는 방부제가 들어가지 않고 당일 생산, 당일 폐기를 원칙으로 하며 부드러운 크림이 가득한 눈꽃빵이 인기다. 브런치는 '브랙퍼스트브런치세트(브로콜리+방울토마토+소시지+크로아상+바나나+양상추+리코타치즈)', '쉬림프아보카도오픈크로플(크로플+루꼴라+아보카도+새우)' 등이 있다. 공간의 답답함을 해소한 입구의 폴딩 도어, 17세기 영국 빅토리아 시대에 쓰였던 웨인스코팅 몰딩의 벽면들, 고급스러운 샹들리에와 수많은 작은 소품들은 오밀조밀 귀엽게 생긴 빵과 쿠키들과 함께 방문객들을 유혹한다. 여성 대표님이 모든 것을 직접 관리하시는 이곳은 눈과 입으로 아름다움을 느낄 수 있는 곳이다.

🏠 인천 서구 크리스탈로100 청라호수공원프라자
🕐 09:00~22:00
📷 @egghouse_daughter_

📞 070 4320 9004
🍽 곰돌이커피 4,500원, 눈꽃빵 4,500원

010

뻘다방

이국적인

바다가 그리울 때

뻘다방의 규모는 꽤 큰 편이다. 카페 맞은편에 별도의
넓은 주차장이 마련되어 있을 정도다.
주차 후에는 차도를 건너야 하며 곡선 구간이라 주의가
필요하다. 뻘다방 입구에는 대형 서핑 보드가 세워져 있다.
마치 마을 입구를 지키는 수호신 같은 느낌이다.

_ 박동식

뻘다방의 모체는 '바다향기'라는
카페와 펜션이다. 앞을 보지 못하는
아버지의 이야기를 담은 포토 에세이집
『아버지의 바다』(2003)를 펴낸
김연용 작가는 고향으로 내려와
아버지와 함께 살면서
카페와 펜션을 운영했다.
책은 많은 이에게 감동을 주었고,
다큐멘터리로 제작되면서 더 유명해졌다.
20년의 세월이 흐른 후 '바다향기'는
크게 번창하여 '뻘다방'이 되었다.

뻘다방은 단순히 차를 마시는 공간이 아니라 이국적 감
성을 만끽할 수 있는 곳이다. 쿠바나 남미, 아프리카의
감성에 가깝다. 바닷가 언덕 입구부터 아기자기한 공간
들이 펼쳐진다. 스몰 웨딩 장소로도 손색이 없다. 백사
장으로 계단으로 연결되어 있는데, 밀물 때는 바닷물이
계단 가까운 백사장까지 들어오지만 썰물 때는 멀리까
지 밀려난다. 이때 뻘이 드러나 뻘다방이다. 실내 공간
도 매우 넓지만 한여름에도 야외 테이블부터 손님이 차
기 시작한다. 시그니처 메뉴는 레알망고와 모히또다. 레
알망고는 이름에서도 짐작할 수 있듯이 망고를 통째로
갈아 넣어 걸쭉하다. 모히또는 애플민트 향과 청량감이
일품이다. 특히 알코올모히또에는 쿠바산 럼이 들어가
맛이 매우 깊다. 바닐라아이스크림을 올린 크로플은 촉
촉하고 고소하며 브런치로도 좋다.

🏠 인천 옹진군 영흥면 선재로 55
📞 0507 1319 8300
🕐 10:00~20:30, 매주 화요일 휴무
📷 @ppeoldabang

🍴 **크로플** 7,000원, **레알망고** 6,500원, **버진모히또**(논알코올) 8,000원,
모히또(알코올) 9,000원, **에스프레소** 5,000원, **아메리카노** 6,000원

빌리앤오티스

'빌리앤오티스'는 선릉역에서 영업을 하다
인천 영종도 내륙에 2023년에 오픈한 베이커리 카페이다.
영종역 인근에 있는 대형 카페이자 넓은 주차장과
현대적인 건물, 아이들이나 반려동물과 함께할 수 있는
시설들은 가족이나 연인들이 방문하기에 좋은 곳이다.
_ 에이든 성

영종도의
대형 베이커리 카페

영종역에서 약 1km 떨어진 빌리앤오티스는 노출 콘크리트와 최소한의 자재를 이용한 현대식 건물이라는 인상이 강하게 다가온다. 카운터에서 선택한 빵과 음료를 주문하고 기다리는 동안 앉을 자리를 알아보는 게 좋다. 야외와 실내 모두 넓다. 야외는 애완동물과 함께하기에 좋고, 캠핑장 같은 그늘막과 테이블이 파쇄석 바닥 위에 준비되어 있다. 계절마다 다른 분위기를 연출한다. 2층 역시도 실내와 실외로 구분되는데 2층 실내는 어린이 제한 구역이고 2층 실외는 전망대 역할을 하고 사진찍기에 좋다. 빌리앤오티스의 최고 인기 메뉴는 '쪽파베이글'이다. 이 외에도 화려한 빵들이 너무나도 많이 진열되어 있으니, 취향대로 즐기면 되겠다. 시그니처 커피인 오티스커피는 여행의 피로를 달달하게 녹여줄 것이다.

빵과 커피에 매혹되어 건물이 가지고 있는
건축적인 즐거움을 놓치지 말자.
정면에서 보이는 계단을 오르면 카페 뒤쪽의
2층과 연결되고, 계단의 아랫부분의 활용법과
건물의 전체 동선을 따라 걸어가는 재미도 즐겁다.
파주 헤이리 예술 마을에 온 듯한 즐거움이 있다.

🏠 인천 중구 백운로 333　　　📞 070 8808 8308
🕙 10:00~21:00　　　🍞 쪽파베이글 7,800원, 오티스커피 7,000원
📷 @billyandotis

비비하우스

CF 속 핑크 카페

최근 고양시의 한 대형 카페가 SNS상에서 화제가 되고 있다. 주로 유명 아이돌 스타를 주인공으로 한 탄산음료와 치킨 등의 TV 광고의 배경이 된 곳인데,
온통 밝은 핑크빛 인테리어와 알록달록한 큰 창에 파스텔 톤 컬러가 어우러져 더욱 블링블링하다는 찬사를 받는 베이커리 & 브런치 카페 비비하우스다.

_ 고상환

1층 '비비 메인 플로어'의 웅장한 스테인드글라스는 비비하우스의 시그니처다.
2층 '비비드 아치 플로어'는 선명한 컬러와 아치들의 조화가 어우러진 곳으로 카페 전경을 감상하기 좋다.
3층 '그리너스 가든 & 테라스'는 커다란 아치 창문과 빛이 조화로운 공간이다. 카페 곳곳에 걸린 미술 작품을 감상하는 재미도 쏠쏠하다.

비비하우스에 들어서면 높은 층고에 확 트인 개방감이 좋다. 자연스럽게 이곳의 핵심인 대형 스테인드글라스에 시선이 끌린다. 창을 통해 들어온 빛이 반대편 핑크색 아치 위로 물드는 풍경이 몽환적이다. 분위기가 빛에 따라 사뭇 달라 햇빛이 강한 맑은 날에 방문하면 더욱 좋고 흐린 날이어도 충분히 감성적이다. 스테인드글라스 창가 소파 테이블은 가장 인기 좋은 공간이다. 베이커리 메뉴는 아기자기하고 예쁘다. 제철 과일을 활용한 메뉴가 많고 소금빵 종류도 다양하다. 특히 페이스트리 위에 다크초콜릿을 입히고 딸기를 올린 초콜릿크림큐브데니시가 베스트다. 속에 부드러운 초콜릿크림이 가득해 달콤한 즐거움을 준다. 음료 중에서는 알록달록한 마카롱이 꽂혀 있는 마카롱라떼와 꽃을 올린 오로라라벤더에이드가 가장 사랑받는다.

🏠 경기 고양시 일산동구 백마로 508 1-2층　　　📞 0507 1301 4328
🕐 10:00~21:30(브레이크 타임 15:00~16:00)　　　🍽 오로라라벤더에이드 7,000원, 초콜릿크림큐브데니시 7,500원
📷 @cafe_bbhaus

013

웰스커피

나랑 별 보러 가지 않을래

대야미 반월호수공원 인근에 위치한 웰스커피는 어둠이 내리는 밤이 되면 더욱 밝게 빛난다. 루프톱에 설치된 돔 이글루가 이곳의 키포인트. 한여름을 제외한 봄, 가을은 물론 추운 겨울에 난로를 피우고 돔 안에서 조명을 밝히면 캠핑이 따로 필요 없는 낭만적인 분위기를 연출한다. 돔 좌석 덕분에 오픈하자마자 SNS에서 핫플레이스 카페로 떠올랐다.

_ 길지혜

1957년에 준공되어 긴 세월 대야동의 맨 안쪽 부분에 아늑하게 자리한 반월호수. 의왕의 백운호수가 훤하게 드러난 지형이라면 반월호수는 수줍은 새색시처럼 안쪽으로 돌아앉았다. 호수 건너편 산등성이가 물그림자를 만들고 해 질 녘이면 낙조가 붉게 번지는 곳이라 둘레길 산책도 추천한다.

아버지에게 물려받은 고향집 터에 새로운 공간을 만들었다. "잘 대접받고 갑니다"라는 말을 듣는 것이 이곳의 철학인 만큼, 주인과 직원 모두 친절하고 친근하다. 공간은 아늑한 1층 실내 공간과 2층 루프톱으로 나뉜다. 4개의 이글루 형태의 돔이 위용을 뽐낸다. 루프톱은 반려동물도 동반 가능하다. 입구의 로스팅 기계에서 직접 로스팅한다. 아메리카노 웰스는 산미가 적당한 맛. 시그니처 메뉴는 크로플이다. 최근에는 딸기파이, 사과파이로 만든 침대에 올라간 잠자는곰케이크도 인기다. 여름 계절 메뉴인 팥빙수는 우유 100%의 우유 얼음을 사용한다. 도보 1분 거리인 갈치구이정식으로 유명한 도마교리시골집에서 식사하면 음료 값의 10%가 할인되니 식사 코스로 염두에 두어도 좋겠다. 첫 포인트 적립 시 원두 티백도 증정해 준다.

🏠 경기 군포시 둔대로15번길 19 웰스커피　　📞 0507 1458 1493　　🕐 11:00~20:00
🍽 쑥인절미크로플 7,500원, 아메리카노 웰스 4,800원, 아포가토 6,500원
🌐 www.wells-coffee.com　　📷 @wells.coffee

새소리물소리

15대째 내려오는
백년 고택의 한옥 카페

100년 세월을 간직한 전통 고택 툇마루에 앉아,
느긋한 한나절을 보낼 전통찻집이 도심 한가운데에 있다.
400년 된 터에 유서 깊은 한옥의 풍경은 들어서자마자
탄성을 자아낸다. 한옥 카페인 새소리물소리는
보호수로 지정된 300년 된 느티나무, 연못, 앵두나무 등
오야동의 고요한 정취를 온몸으로 느끼게 해준다.
서원이나 선비가 은거했던 별서 같은 분위기다.
_ 길지혜

이곳은 15대째 내려오는 경주 이 씨 가문의 백 년 고택이다. 고향 생각에 찾아온 손님들에게 대접한 차 레시피대로 찻집을 연 것. SNS에서 널리 알려져 젊은 연인의 데이트 장소로 인기다. 본채는 카페, 별채는 세미나룸으로 대관도 가능하다. 본채 한가운데 작은 연못이 눈길을 사로잡는다. 사계절 어느 때고 운치 있지만, 여름에 울창한 나무가 선사하는 그늘 밑에 앉아 여유를 느끼기 좋다. 시그니처 메뉴는 쌍화차와 대추차다. 새소리물소리에서만 맛볼 수 있는 대표 메뉴로, 경북 경산에서 직접 공수한 최상급 별초 대추로, 6시간 동안 끓이고, 속을 으깨서 정성스럽게 달였다. 단팥죽은 경남 함양에서 직접 공수한 최상급 적두를 4시간 동안 직접 삶고, 국내산 쌀가루를 넣어 만든 대표 별식이다. 차를 주문하면 인원수대로 나오는 고소한 경단도 별미다.

성남시 오야동은 와실(瓦室)·왜실·오야소라고도 하는데
과거 기와를 구워 와실이라 부르던 것이 오야리로 변했다는 설과
오동나무 열매가 많아 오야실(梧野實)이라 칭하던 것이
오야리로 변했다는 두가지 설이 있다.
인조 때 호조 참의를 지낸 분이 낙향해 살면서
경주 이 씨가 대를 이어왔다. 새소리물소리는 영국 BBC가 선정한
대한민국 대표 찻집으로 선정되기도 했다.

🏠 경기 성남시 수정구 오야남로38번길 10
🕐 11:00~22:00(라스트 오더 21:10)
🌐 www.solicafe.site123.me

📞 0507 1340 7541
🍵 쌍대차 14,000원, 대추차 13,000원, 단팥죽 15,000원
📷 @saesoli_mulsoli

포러데이 팔당

한밤에도 디저트가
생각나는 그대에게

남양주에 심야 데이트를 즐길 수 있는 카페가 있다. 새벽 4시까지 운영하니 마음만 통한다면 언제라도 갈 수 있다. 복잡한 퇴근 시간이 지난 한적한 도로를 달리는 맛도 좋다. 게다가 무려 한강의 화려하면서도 감성적인 밤 풍경을 오롯이 즐길 수 있으니, 조금 쌀쌀한 밤에도 야외 테이블을 포기할 수 없는 곳. 포러데이 팔당이다.

_고상환

카페 왼쪽 건물은 별관이다.
실내가 꽤 넓고 마치 숲에 캠핑을
온 것 같은 인테리어도 인상적이다.
상대적으로 이용객이 적으니
호젓한 분위기를 원하는 사람에게
알맞은 곳이다.
흔들 그네 의자에 앉아
소곤소곤 이야기를 나누어도 좋고
안쪽 창가 자리에서 한강변 야경을
감상해도 좋다.

포러데이에 도착하면 늦은 시간에도 방문객에 많은 것에 한 번, 굵은 나무 사이로 반짝이는 화려한 조명에 또 한 번 놀라게 된다. 어두운 강줄기 너머 하남시의 반짝이는 야경은 예상치 못한 보너스처럼 반갑다. 이런 풍경 속에서 이야기를 나누면 누구라도 속마음을 모두 털어 놓고 말겠다는 생각이 들 정도다. 카페 안 분위기도 좋다. 1층은 다양한 형태의 테이블과 소파가 있고 2층은 앤티크 가구와 소품이 가득해 마치 오래된 통나무 펜션같이 아늑하고 따뜻한 느낌이다. 포러데이 팔당의 시그니처 음료는 유기농 우유를 활용한 '상하목장라떼'와 '상하목장우유 딸기보틀'이다. 디저트는 군고구마에 아이스크림을 더한 '군고구마+상하목장'과 계절 과일을 푸짐하게 올린 '홍콩와플'이 가장 인기 좋다. 남양주 최고의 데이트 명소로 소문이 자자하다.

🏠 경기 남양주시 와부읍 경강로926번길 8-7
🕐 10:30~ 04:00

📞 0507 1300 6625
🍴 딸기보틀 8,000원, 군고구마+상하목장 7,300원

016

세라비 한옥카페

장독대 뷰에서 느끼는
연천의 맛

세라비 한옥카페는 연천군 군남면과 중면 경계에 있는
서울 근교 최대 규모의 한옥 카페다. 무려 1천 8백 개의
거대한 장독대 입구를 지나 긴 계단을 오르면 멋진
솟을대문 뒤로 고풍스러운 한옥으로 들어선다.
조용하고 고즈넉한 정취에 한옥의 멋스러움까지 가득
담겨 있는 한옥 방 안에서 음료와 디저트를 즐길 수 있다.
연천에서만 만나볼 수 있는 이색 메뉴가 가득하다.

_ 강한나

한국의 율무 재배 면적의 약 80% 이상을
차지하는 연천은 휴전선 인접 지역으로
자연환경이 잘 보전된 청정 지역의
산간 고랭지에서 자연 그대로의
율무를 재배한다.
연천 율무는 주야 간 온도 차가 커
육질이 단단하고 속 알맹이도 알차다.
또한 연천에서 생산되는 귀리는
겉귀리가 아닌 쌀귀리로 식감이 부드럽고
일교차에 의해 남부 지방보다 더욱
알이 탄탄하고 고소한 맛이 풍부하다.

1천 8백 개의 장독대가 놓인 연천 대표 명소이자 전통
음료를 취급하는 베이커리 카페다. 무료로 족욕을 하는
공간이 있어 이색 데이트 코스로도 손색이 없다. 시그니
처 음료들의 특징은 연천 특산물인 율무와 귀리를 포함
하고 있다는 것. 특히 직접 담근 연천율무식혜와 연천
귀리라떼는 100% 연천 율무와 연천 청토 귀리를 사용
해 인위적인 단맛이 없고 담백고소한 맛을 잘 살렸다.
풍부한 견과류와 달콤한 팥아이스크림이 조화로운 '콩
파티팥빙수', 국산 100% 팥으로 끓인 달콤한 '연천통팥
죽' 등 다양한 계절 메뉴도 있다. 베이커리에서는 평일 1
회(10시), 주말 및 공휴일 3회(10시, 14시, 16시) 빵을 구
워 판매한다. 모든 빵은 프랑스산 브리도사의 생지를
사용한다. 버터소금빵, 콘치즈크로와상 등 커피와 어울
리는 디저트도 맛볼 수 있다.

🏠 경기 연천군 군남면 군중로 132　　📞 0507 1348 0646
🕐 월~금 10:00~19:00, 토·일 10:00~20:00　💰 **아메리카노** 6,000원, **연천율무식혜** 7,000원, **콩파티팥빙수** 20,000원
🌐 www.연천미라클타운.com/index.php?t=resort&s=cafe02

아나키아

휴식 & 문화가 어우러진
품격이 다른 문화 공간

베이커리와 음식, 문화가 공존하는 복합 문화 공간.
총 2천여 평으로 의정부 최대 규모를 자랑한다.
건물 자체로 2023년 레드닷 디자인 어워드에서
브랜드 & 커뮤니케이션 부문의 본상인 '레드닷'을 수상한
예술 작품이다. 개인의 프라이버시와 안락함이 보장된
자연 속 휴식과 함께 오감을 만족시키는 문화 공간이
어우러진 최고의 품격 있는 공간이다.

_ 변영숙

베이커리 진열대와 주문 및 대기 공간으로 꾸며진 1층은 화이트 톤의 인테리어가 현대적 감각과 깔끔함을 선사한다. 베이커리와 음료는 무엇을 고르더라도 실패할 확률이 없지만 굳이 꼽자면 월넛찰브레드를 권한다. 은은한 홍차 향과 월넛의 풍미가 조화롭다. 2층에 오르면 전혀 다른 공간 구성에 눈이 휘둥그레진다. 풍성한 플랜테리어 인테리어가 마치 휴양지를 연상시킨다. 벽면의 베드형 소파와 테이블마다 구비된 콘센트 덕분에 작업 공간으로도 손색이 없다. 3면의 뻥 뚫린 통창을 통해 주변의 녹음 공간과 동화될 수 있다. 2층과 3층 사이에는 다양한 문화 행사를 즐길 수 있는 복층형 공연장이 조성되어 있다. 창가에 놓인 그랜드 피아노가 공간에 우아함과 품격을 더한다. 톤 다운된 가구와 두툼한 카펫으로 꾸며진 3층은 중후하고 차분하다. 밝고 경쾌한 느낌의 4층에서는 캐주얼 양식을 즐길 수 있어 모임 장소로 좋다.

아나키아는 1-3층은 카페, 4-5층은 레스토랑으로 꾸며져 있다.
지하 주차장에서 계단과 엘리베이터를 이용해
1층 카페에 다다르게 되는데
들어서는 순간부터 매 순간 감탄사가 터져 나온다.
입구 정면의 대형 통창으로 한국의 전통 정원을 연상시키는
작은 연못과 배롱나무 한 그루가 시야 가득 들어온다.
여름에는 푸른 녹음과 시원한 수공간,
겨울에는 흰 눈이 소복하게 쌓인 숲속 풍경을 감상할 수 있다.
크리스마스 시즌에는 대형 트리와 선물 꾸러미들이
방문객들의 마음을 설레게 한다.

🏠 경기 의정부시 잔돌길 22　　　　　　　　　　　　　　　📞 031 856 5169
🕐 카페(1~3층) 10:00~22:00, 레스토랑(4~5층) 10:00~22:00(라스트 오더 21:30)
🍽 **아메리카노** 7,500원, **카페라떼** 8,000원, **아몬드크림라떼** 9,500원, **월넛찰브레드** 7,000원　🌐 @anarkh.official

류온

버드나무 아래
편안한 휴식

버들 '유', 편안할 '온'을 합쳐, 버드나무 아래서 온전한 휴식을 즐긴다는 뜻의 카페. 류온의 시그니처 디저트인 개성주악은 SNS에서 그야말로 핫하다. 찹쌀가루에 막걸리를 넣고 반죽해 기름에 지진 떡에 즙청을 입혀 만든 귀한 간식이었다. 귀엽게 장식된 토핑 덕분에 종류별로 모두 주문하고 싶은 유혹에 빠진다.

_ 길지혜

1층은 카페, 2층은 노 키즈 존,
3층은 루프톱으로 운영된다.
루프톱에서 내려다본 한여름의
버드나무는 환상 그 자체다.
창포물에 머리 감은 새색시가 바람에
머리를 흩날리는 모습 같고,
수원천과 어우러져 청량한 바람을
몰고 온다. 류온에서 쉬다가
화성 건축의 백미 '방화수류정'을
함께 둘러보길 추천한다.

전통 다향에 들어온 듯 다기와 여러 찻잎이 눈길을 끈다. 같은 찻잎이라도 물과 다기의 온도, 우려내는 방법 등이 다르면 또 다른 맛을 내는 마법과 같은 음료다. 추천을 받거나 찻잎 앞에 쓰인 자세한 설명을 신중하게 읽고 고르는 재미도 있다. 싱글 오리진 티는 7종류인데, 비 온 뒤 숲을 거니는 듯한 우디함과 묵직한 맛을 자랑하는 이무보이숙차와 달달한 토마토 향에 고소함이 가득한 하동잭살차를 맛보자. 뜨겁게 우려내거나 시원하게도 마실 수 있다. 잎이 참새의 혀를 닮아서 이름 붙여졌는데, '우리 아이 배 아플 때 잭살 먹여 병 고치고'라는 지역 민요가 있을 만큼 다양하게 즐긴 차다. 마른 찻잎에서 피어나는 향과 뜨거운 물을 만났을 때 뿜어져 나오는 수색도 홍차를 마시는 이유다. 가마솥 덖음 방식으로 만들어졌는데 선홍빛 수색과 풍미도 좋다.

📍 경기 수원시 팔달구 창룡대로7번길 16
🕐 일~목 12:00~21:00, 금·토 12:00~22:00
📷 @ryuon_official

📞 070 8691 4498
🍽 **개성주악** 2,500원, **이무보이숙차** 8,500원, **유자셔벗토닉** 7,000원

019
이리부농

호매실 감성 카페

아파트 숲으로 변한 호매실. 개발 열풍을 피해 간 다소 산만하고 좁은 길, 한증막 앞에 카페 이리부농이 자리한다. 감성적인 분위기에 수준 높은 음료와 디저트를 선보이며 문을 열자마자 수원 최고의 인기 카페로 떠올랐다. 예전 풍경을 간직한 이 외진 곳에 왜 사람들이 찾아오는지 알게 됐다.

_ 고상환

감성적인 공간 연출에 친절한 업주와 그의 가족인 종업원들까지 뭐 하나 흠잡을 곳이 없다. 얼마 전 선배 작가들과의 술자리에서 이런 이야기가 나왔다. 우리가 살면서 가끔 만나는 교양 있고 잘생겼는데 돈도 많고 착한, 이른바 '사기 캐릭터'들. 이리부농에서 여유로운 오후를 즐기는 동안, 내내 그 이야기 생각이 났다.

원목 가구와 흰 벽의 대비가 단순하면서도 고급스럽다. 전체적으로 깔끔하면서도 진한 감성이 녹아 있다. 이리부농은 가족이 운영하는 카페다. 어떻게 보면 프랑스어 같은 특이한 상호는 부모님이 살았고 남매가 태어난 곳인 이리(현재 익산)의 부농길에서 따왔다. 이리부농의 시그니처는 이리부농크림이다. 진한 아메리카노에 직접 만든 특제 크림을 올리는데, 견과류를 사용해서 고소하면서도 부드러운 맛이 일품이다. 커피와 섞는 것보다는 스푼으로 크림을 먼저 먹고, 크림이 자연스럽게 녹아든 커피를 즐기는 것이 좋다. 허니브레드는 살짝 구운 도톰한 빵 위에 달콤한 바닐라아이스크림을 한 스쿱 올리고 바나나, 라즈베리, 블루베리를 더했다. 향긋한 바닐라에 새콤한 베리의 콜라보레이션이 신선하다. 이리부농은 맛은 물론 비주얼까지 잡았다.

🏠 경기 수원시 권선구 매곡로 6-8
🕙 10:00~22:00, 매주 월요일 휴무
📷 @iribunong

📞 031 293 8626
🍴 **이리부농크림** 6,000원, **말차라떼** 5,500원, **허니브레드** 8,000원

발리다

발리보다 더
발리 같은 곳

SNS에서 '발리를 가장 빠르고 저렴하게 갈 수 있는 방법'으로
알려진 곳이다. 이 때문에 촬영한 사진을 SNS에 올리며
농담처럼 발리라고 말해도 깜박 속아 넘어갈 정도이다.
실제 카페에 머무는 동안은 발리가 부럽지 않을 정도로
이국적인 정취를 맘껏 느낄 수 있다.

- 박동식

발리다가 위치한 곳은 대부도의 구봉도 앞이다. 몇 대의 주차 공간이 있는 카페 앞은 평범한데, 내부로 들어서는 순간 다른 세상이 펼쳐진다. 넓은 실내는 라탄 조명과 라탄 가구로 장식되어 있다. 바다와 연결된 정원으로 나가면 그야말로 발리나 다름없다. 커다란 야자나무들은 인조긴 하지만 진짜와 구분되지 않을 정도로 정교하다. 발리다의 시그니처 메뉴는 '핑크온더비치'로, 발리의 노을 같은 붉은색의 무알코올 탄산 에이드다. 쿠바산 민트시럽이 달콤함을 더하고 말린 용과 장식이 올라간다. '오렌지선라이즈'는 일출을 닮은 주황색에 상큼한 오렌지주스와 석류 향이 조화를 이룬다. 커피를 선호한다면 '더스트 브라운'을 추천한다. 진한 카페모카와 부드러운 시그니처 크림이 어우러져 쌉쌀하면서도 달콤하다.

발리다의 2층은 노 키즈 존이다.
테라스의 난간이 강화 유리로
되어 있기 때문에 안전을 위한 조치다.
1층 야외 정원의 인기에 비하면
다소 외면받는 느낌이 들기도 하지만
드넓은 바다를 감상하기에는
오히려 2층이 좋다.
또한 카페 전체가 노 펫 존이다.

🏠 경기 안산시 단원구 구봉타운길 57
🕐 월~금 11:00~19:30, 토·일 10:00~19:30
📷 @cafe_baliida

📞 0507 1435 5909
☕ **발리선셋** 8,300원, **핑크온더비치** 8,300원, **더스트브라운** 7,300원,
뱅쇼 8,800원, **라임모히또** 8,300원

021

제로니모
커피하우스

천국의 계단에 올라 맛보는
명장의 작품

수십 가지에 달하는 명장의 빵, 고품질의 원두를
엄선하여 직접 로스팅한 원두커피 등
제품 하나하나에 갖은 정성이 녹아 있다.
수백 평의 전경이 시원하게 내다보이는 전망 테이블부터
아이들과 머물기 좋은 마룻바닥까지, 전 세대를 배려한
인테리어로 만인의 사랑을 받고 있다.
_ 강한나

무려 700석의 좌석, 230대의 차량을 수용하는 어마어마한 규모. MBC 〈놀면 뭐하니〉에 등장했던 포토존 '천국의 계단'으로도 유명한 대형 베이커리 카페다. 고전적이면서 화려한 인테리어가 특징이며, 중앙의 '천국의 계단' 사이사이 좌식 자리를 배치하여 공간 활용도를 높였다. 모든 빵은 당일에 원료 공수부터 제조, 판매까지 하는 것이 원칙이다. 80여 가지의 빵이 있지만 인기 메뉴는 금방 품절되니 이른 시간에 방문하자. 아메리카노에는 치즈수플레를 추천한다. 오븐에 굽는 대신 40분 동안 쪄서 푸딩같이 퐁당퐁당하고 치즈 맛이 풍부하다. 고소한 뉴질랜드 통버터에 짭짤한 소금을 뿌려 만든 시그니처 소금빵도 인기 메뉴다. 바닥은 버터누룽지처럼 바삭하고, 속은 부드럽고 촉촉하다. 명장이 반죽한 생지를 24시간 저온 숙성해 더욱 쫄깃하다.

런치에는 오믈렛, 팬케이크 등 가벼운 브런치부터
등심돈가스까지 준비되어 있어
카페 내부에서 식사까지 해결할 수 있다.
주문은 11시부터 가능.
부드러운 라떼에 꾸덕꾸덕한 크림,
달콤하고 고소한 맛이 조화로운
'옥수수크림라떼' 등 이달의 커피도 꼭 챙겨 맛보자.
직접 로스팅한 신선한 원두 자체도 구매할 수 있다.

🏠 경기 양주시 화합로1597번길 3   📞 031 858 3434
🕐 10:00~24:00   🍽 **이달의커피** 8,000원, **치즈수플레** 8,000원, **소금빵** 2,800원
📷 @geronimo_coffeehouse

022

말똥도넛
디저트타운

동심 속 인테리어가 돋보이는
지상 최대의 디저트 카페

어른, 아이 할 것 없이 놀이동산에 온 듯하다.
화려한 조명에 알록달록한 실내 장식이
마음을 들뜨게 한다. 국내 최대 디저트타운이라는
이름만 들어도 기분이 좋아진다. 사진에 재주가 없어도
바로 인생 사진을 찍을 수 있고 여기에 알록달록하고
달콤한 디저트로 기분을 내보자.
_ 이진곤

말똥도넛은 안에 커스터드크림이
가득하고 겉에는 부드러운
버터크림을 얹었다. 처음 가격을 보면
'이게 맞나' 싶지만 먹어보면
수긍이 간다.
따로 주문하지 않고 도넛이 함께 나오는
스무디와 밀크쉐이크를
주문하면 말똥도넛을 즐길 수 있다.
다만 놀이동산에서 사진도 찍고
맛난 도넛도 즐기려면 대기는 기본이고
지갑 열 준비는 해야 한다.

말똥도넛 디저트타운은 이름에서 알 수 있듯이 말똥 모
양에 크림이 올라간 도넛을 대표 메뉴로 다양한 디저
트를 만날 수 있다. 오픈 전부터 매장 인테리어로 기대
를 한 몸에 받았던 만큼 어디에서 찍진 멋진 인생 사진
을 담을 수 있다. 내부는 마치 동화 같은 화려한 조명
과 익살스러운 벽화, 대형 도넛 설치물, 천장의 네온사
인 때문에 마치 놀이동산에 입장한 듯 들뜬다. 말똥도
넛 디저트타운에서는 20여 종의 알록달록한 도넛을 골
라 먹는 재미가 있다. 달달한 도넛과 함께 시원한 음료
를 마시면 스트레스도 살살 녹는다. 도넛뿐만 아니라
젤라또, 케이크, 쿠키 등 다양한 디저트가 있다. 온 가족
이 마음 놓고 이야기도 나누고, 다양한 디저트를 먹으
며 즐겁게 시간을 보낼 수 있다. 마치 놀이동산 테마파
크에 놀러 온 듯한 기분으로 아이들과 함께 가기 좋다.

🏠 경기 파주시 지목로 137　　　　🕐 08:30~22:00
🍩 말똥도넛 4,300원, 말똥오리지날밀크쉐이크 8,000원, 아메리카노 4,000원, 카페라떼 4,500원
📷 @malddongdonut_official

023

뮌스터담

걸어서 유럽 속으로

입이 떡 벌어지도록 넓은 건물 안에 재현한 실제
유럽의 풍경, 천장 아래로 내리쬐는 따스한 자연광까지.
마치 유럽의 어떤 거리로 걸어 들어온 것만 같다.
복잡한 도심을 벗어나 시원하게 확 트인 공간에서
고품격 음악 공연과 식사, 음료, 맥주를 동시에 즐겨보자.
_ 강한나

평일 12시, 3시, 7시, 주말 12시, 3시,
6시에는 디저트에 달콤함을 더해줄
감미로운 클래식 및 재즈 공연이
펼쳐지는데, 연중무휴로 공연의 주제가
바뀌기 때문에 지루할 틈이 없다.
만약 날씨가 좋다면 아름다운 연못이
어우러진 야외 캠크닉 존에서
뮌스터담의 시그니처 음식들을 즐겨보자.
텐트 이용료는 소형 텐트 1만 원,
대형 텐트 2만 원, 캠핑카 3만 원이다.

SNS 사진 명소로도 유명한 뮌스터담은 이색적인 음료
와 디저트를 맛볼 수 있는 유럽 감성 카페다. 실내에 들
어서면 체코 프라하의 구시가 광장을 그대로 옮겨다 둔
듯한 천문 시계탑이 시선을 사로잡는다. 약 1만 3천여
평의 너른 카페 부지에서는 60여 년 된 동백나무 45그
루가 빨간 꽃을 만개한다. 이 동백을 모티브로 탄생한
동백꽃차, 문경오미자차 등 이름부터 싱그러운 다양한
음료도 있다. 특히 '동백꽃빵'은 꼭 먹어봐야 할 시그니
처 디저트. 홍국 쌀가루로 빚은 오묘한 붉은색 동백 꽃
잎에 찹쌀로 쫀득한 식감을 살렸고, 크림치즈와 롤치즈
를 섞어 하얀 수술대를 표현했다. 밤에는 자유롭게 수
제 맥주를 즐길 수 있는 유럽의 밤거리로 변신한다. 독
일 길거리 음식인 커리부어스트, 겉은 바삭하고 속은
촉촉한 독일식 족발 슈바인학센도 맛볼 수 있다.

🏠 경기 파주시 상지석동 488-1　　📞 031 949 6020　　🌐 09:00~22:00(음식 라스트 오더 20:30)
🍽 **동백꽃빵** 5,700원, **슈바인학센** 42,000원, **커리부어스트** 21,000원, **아메리카노** 7,000원, **파울라너비어** 9,500원
📷 @munsterdam

메인스트리트

평택의 브로드웨이,
뉴욕 42번가 재현한 곳

당일치기 해외 여행이다. 총면적 3천 5백 평에 달하는
압도적인 규모로, 평택의 새로운 관광 명소가 됐다.
그저 크기만 한 것도 아니다. 뉴욕 맨해튼과 42번가를
연상시키는 디자인에 입을 다물지 못한다.
영화 촬영 세트장 같다. 특히 루프톱의 서해대교를
배경으로 사진을 찍을 수 있는 옥상 포토존을 놓치지 말자.
_ 길지혜

지하철 문처럼 생긴 출입문이 열리며 뉴욕 타임스퀘어가 펼쳐진다. 1층은 베이커리와 밀크쉐이크 존, 웬만한 키즈 카페보다 큰 규모의 키즈 플레이 그라운드가 있다. 계단형 테이블의 공간감과 개방감이 시선을 압도한다. 1960~1970년대 뉴욕 분위기의 2층에서는 버거를, 3층은 식사 메뉴와 와인을 주문받는다. 음식은 전 층에서 먹을 수 있다. 세상에 없던 카페를 만들겠다는 창업자의 의지가 고스란히 녹아 있다. 뉴욕 맨해튼의 핵심 도로 '메인스트리트'에 착안해 카페 이름을 지었다. 카페 구상부터 건축까지 3년이 걸렸단다. 외관을 구성하는 회색빛 벽돌도 외국에서 직접 공수해 왔다. 롱아일랜드빵, 화이트롤, 크루아상 등 빵도 다양하다. 크림을 속과 겉에 넘치도록 흘러내리게 바른 후 카스테라 가루를 한가득 묻힌 롱아일랜드빵을 꼭 맛보길 권한다.

꼭 시간을 넉넉하게 잡고 와야 한다.
볼 곳도 사진 찍을 것도 너무 많기 때문.
SNS에 사진을 올리면
"뉴욕이야?"라는 댓글이 분명 달릴 터.
스크린에는 실제 뉴욕 지하철 영상과
이곳에서 촬영한 스타들의
영상이 나온다.

🏠 경기 평택시 포승읍 포승산단로13번길 37-21
🕙 10:00~21:00
📷 @mainstreet_kr

📞 031 684 2223
🍽 **브루클린버거** 13,000원, **맨하탄바베큐** 34,000원, **소금빵** 3,500원,
아메리카노 5,800원

025

포비 임진각
평화누리점

특별한 DMZ 커피와
베이글

포비(4B)는 임진각평화누리공원 바람의 언덕에 있는
베이글 카페다. 이름의 4B는 Basic, Best, Bright,
Brilliant를 뜻한다. 기본을 지키다 보면 결국
최고의 위치에서 빛날 수 있다고 믿는 신념을 엿볼 수 있다.
호수 위에 자리 잡은 아담한 철제 건물이 이국적이라
특별한 기념사진을 남기기 좋다.
_ 고상환

경기 관광 공사가 운영하는
평화누리공원과 임진각관광지에서
다양한 체험이 가능하다.
특히 독개다리는 통일에 대한 염원과
미래지향적 의미를 담아 만든 곳으로
별도 출입 허가 절차 없이 민통선
내 풍광을 자유로이 즐길 수 있다.
평화누리모험놀이 시설은 '평화누리성'을
비롯해 외줄타기와 물총놀이 등
다양한 즐거움 가득해 가족 단위
관광객에게 알맞은 곳이다.

흰색 벽과 나무 테이블의 단순하면서도 깔끔한 첫인상
이 좋다. 커피 원두는 자체 블랜딩한 SMOKER와 DMZ
를 사용한다. 특히 DMZ는 임진각평화누리의 지역 특성
처럼 중립과 융합의 의미를 담았다. 과일의 산미, 아로
마 시럽의 질감, 꿀의 단맛 등 밸런스가 좋은 커피로 여
기서만 맛볼 수 있다. 베이글도 훌륭하다. 허니밀크, 블
랙세서미 등 고소하고 찰진 베이글의 맛은 그냥 지나
치기 어려운 강한 유혹이다. 베이글은 모두 10분 거리
의 자체 공장에서 직접 생산한다. 베이글샌드위치가 별
미다. 국내산 돼지고기로 만든 잠봉과 풍미 진한 버터
의 '잠봉뵈르', 구운 보스턴벗에 무화과 스프레드를 더
한 '볼케이노피그', 모두 맛있고 식사로 충분할 만큼 든
든하다. 새 단장을 마친 평화누리캠핑장이 바로 옆이니
함께 이용하면 더욱 완벽한 하루가 될 것이다.

📍 경기 파주시 임진각로 148-40 　📞 031 953 3861
🕐 월~금 09:00~18:00, 토·일 09:00~19:00
🍽 잠봉뵈르 8,500원(커피 세트 12,000원), **플랫화이트** 5,000원, **롱블랙(아메리카노)** 4,500원

026

갤러리밥스

달콤 쌉쌀한

커피가 그리울 때

강릉은 커피의 도시다. 우리나라는 노지에서 커피 재배가 불가능한 기후임에도 몇몇 커피 명인들이 강릉에 터를 잡고 구심점 역할을 하면서 이후 유명한 카페들이 속속 들어섰다. 이처럼 내로라하는 커피 명인과 카페가 넘쳐나는 강릉에서 갤러리 밥스는 매우 이색적인 커피로 손님의 발길을 끌어모은다.

_ 박동식

강원도를 대표하는 작물인 감자를 활용해서 만든 '강릉스마일감자샌드'는 약간의 요기를 할 수 있는 디저트다. 감자앙금, 초당옥수수, 팥앙금 등 맛은 다섯 가지다.
매일 한정 수량으로 생산하기 때문에 조기 품절되는 경우가 많다.
또한 초당옥수수커피와 초당아메리카노 등은 전국 세븐일레븐 편의점에서 컵 커피 버전으로 출시되고 있다.

갤러리밥스의 시그니처 메뉴는 '초옥이커피'다. 초옥이 커피는 '초당 옥수수 커피'의 준말이다. 커피를 만드는 과정은 간단하다. 유리잔에 차가운 우유를 따른 후 걸쭉한 초당옥수수크림을 올린다. 이후 진한 에스프레소를 곁들이면 갤러리밥스의 초옥이커피가 탄생한다. 맛있게 마시기 위해서는 커피를 섞거나 빨대를 사용하지 않는 것이 좋다. 위에서부터 조금씩 마시다 보면 쌉쌀한 에스프레소와 달콤한 초당옥수수크림의 절묘한 조화를 음미할 수 있다. 우유가 몸에 맞지 않는 사람은 약간의 추가 요금을 내고 우유 대신 오트밀로 변경할 수 있다. '초옥이커피아이스크림' 역시 갤러리밥스의 시그니처 메뉴다. 초옥이커피에 유기농 제품으로 유명한 상하목장의 유제품을 곁들여서 만든 아이스크림이다. 부드럽고 풍성한 풍미가 느껴진다.

🏠 강원 강릉시 난설헌로 144 82-7 📞 0507 1365 1211 🕐 11:30~19:00(브레이크 타임 15:30~16:20), 매주 목요일 휴무
🍴 **초옥이커피** 5,500원, **초옥이커피아이스크림** 4,500원, **에스프레소** 4,000원, **아메리카노** 4,000원,
강릉스마일감자샌드(1개) 3,800원 ⚪ @g_gallerybobs

027

엔드 투 앤드

'모든 끝은 새로운 시작'
소나무 연못이 일품인 곳

엔드 투 앤드는 SNS에서 유명한 강릉의 카페다.
넓은 공간을 세심하게 분리해, 공간마다 개성을 살렸다.
들어갈 때부터 나오는 순간까지 감탄사가 이어진다.
소나무 가운데 자리한 연못은 엔드 투 앤드에서
가장 인상적인 스폿이다.

_ 채지형

'Every end is a new beginning(모든 끝은 새로운 시작이다)'. '엔드 투 앤드(end to and)'라는 이름은 희망의 다른 표현이었다. 친절한 문구에 괜히 기분이 좋아졌다. 엔드 투 앤드는 주문하는 곳과 밝고 자유로운 분위기를 가진 프롤로그, 차분하고 평안한 분위기의 에필로그 3가지 공간으로 이루어져 있다. 프롤로그는 어린이와 반려견과 함께 즐길 수 있는 반면, 에필로그는 성인만 입장 가능하다. 에필로그의 포인트는 소나무 연못이다. 소나무를 가운데 두고 자갈을 깔아놓았다. 주변에 의자가 있어 독특한 풍경을 감상할 수 있다. 갈대밭과 파라솔 등 예쁜 스폿이 많아, 사진 찍다 보면 시간 가는 줄 모른다. 시그니처 메뉴는 'and 라떼'와 'end 라떼'로, 크림이 들어가 부드럽다. 디저트로는 수십 종의 빵이 있는데, 인기 메뉴는 크로플바다. 아이스크림처럼 막대에 꽂아주는데, 토핑에 따라 무화과, 블루베리, 청포도, 바나나 등 다양하다.

일몰 즈음 하늘이 분홍색으로 변하면,
낭만적인 분위기로 변한다.
근처에 소나무 숲이 있고,
소나무 숲 앞에 강문 해변이 있다.
세인트존스 호텔에서도 가깝다.
주차장도 넓게 마련되어 있다.
넓은 카페지만 주말에는 자리가 부족할 정도로 꽉 찬다.
가능하면 주중에 방문하는 게 좋다.

🏠 강원 강릉시 창해로 245　　　　　　　　　　　📞 0507 1491 7724
🕐 월~금 11:00~22:00, 토·일 10:00~22:00
🍽 and라떼(코코넛라떼) 7,000원, 아메리카노 5,500원, 크로플바 5,500원　　　📷 @end_toand

028

현상소

유럽풍 정원이 멋진

바닷가 카페

바닷가 근처에 있지만, 바다는 보이지 않는다.
오히려 더 매력 있다. 의외의 공간을 발견하는 기쁨을 준
다고나 할까. 아기자기하게 꾸며진 유럽풍 정원을
거닐다 보면 마음이 편안해진다.
빈티지한 인테리어 덕분에 커피도 더 향긋하게 느껴진다.
동해까지 와서 현상소를 찾는 이유다.

_ 채지형

꽃을 가꾸며 동화를 그리던 작가 타샤 튜더. 현상소 입구에서 그녀가 떠올랐다. 카페 현상소는 사계절 아름다운 꽃이 여행자를 기다리는 카페다. 근사한 정원에는 잘 관리된 잔디와 자연스럽게 자란 꽃, 풀이 어우러져 있다. 잔디 사이에 난 길을 따라 들어가면, 아담한 집으로 이어진다. 벽돌색 건물 주변에는 소나무가 울창해, 마치 유럽의 어느 주택에 놀러 온 기분이 든다. 안에 들어가면 고풍스러운 인테리어에 눈이 똥그래진다. 잔잔한 음악이 흐르는데다 간접 조명을 이용해서 무척 아늑하다. 테이블마다 다르게 세팅되어 있어 다양한 사진을 연출할 수 있다. 공간을 즐기는 것만으로도 만족스럽지만, 커피 맛도 실망시키지 않는다. 디저트류도 다양한데, 달지 않은 당근케이크와 쫀득한 호박파이가 시그니처 메뉴다.

현상소는 2021년 9월 동해에 문을 열었다.
전에는 서울 만리동에서 힙하기로 손꼽히는 카페였다.
만리동 시절 사진을 현상하던 장소를
리모델링해 '현상소'라고 작명했다.
간판이 따로 없어, '간판 없는 카페'로도 유명했다.
현재 위치는 노봉 해수욕장 근처로,
바다까지 걸어서 5분도 안 걸린다.

🏠 강원 동해시 노봉안길 20 현상소   📞 010 8610 4456   🕐 월~금 10:00~21:00, 토·일 09:00~21:00
🍽 **아메리카노** 5,500원, **라떼** 6,000원, **당근케이크** 7,500원, **단호박파이** 6,500원
📷 @hyunsangso

029

중부내륙

커피에 진심을 담다

우리나라는 한 해 1인당 커피 소비량이 367잔으로
세계 2위다. 두뇌를 활성화하는 연료(?) 목적 외에도
소위 '커피를 안다'는 사람이 늘었다.
괜찮은 커피 경험을 찾는 카페 유목민이라면 주목하자.
여기, 커피에 진심인 바리스타가 있다.
우리나라 중부 내륙 영월에 있는 카페 '중부내륙'이다.

_ 송윤경

영월 서부시장과 면한 영월맨션
1층에 있다. 선술집 자리를 구해
커피를 내릴 공간을 제외하고
손님이 앉을 몇 자리를 마련했다.
인더스트리얼 인테리어는
그래픽 디자이너 출신 감각을 제대로
살렸다. 간혹 바리스타가 실험 중인
커피가 있다며 시음을 권하면
적극적으로 달라고 하자.
개인적으로 '럼 배럴 원두 게이샤'로
커피 신세계를 만나 개안했다.

테이크아웃 컵에 검은 매직으로 무심히 '커피'라고 쓴
간판을 보니 고개가 가우뚱. 선택과 집중을 잘했거나,
커피에도 무관심하거나 둘 중 하나다. 입구 유리문을
밀고 들어서자 달고 고소한 원두 향이 콧속으로 들어온
다. 이 집, 진짜다. 민방위 모자를 눌러쓴 주인장은 자신
을 커피 기능공이라 소개했다. 직접 로스팅한 원두로 내
린 드립 커피만 하다가 에스프레소의 재미에 빠졌다고
한다. 8평 남짓 개인 실험 공간에서 커피를 내리는 기술
을 연마하며 지금에 이르렀다고. 가만 보니 비커와 드리
퍼, 온도계와 다양한 칵테일 셰이커까지 과학실이 따로
없다. 주인장은 몇 해 전부터 카페라떼를 시작해서 커피
에 우유를 섞고 1그램씩 양을 줄여 비율을 완성했다고
말을 덧붙인다. 디저트로 판매하고 있는 코리안크런치
초콜릿은 직접 개발한 메뉴로 누룽지를 사용한다.

🏠 강원 영월군 영월읍 하송안길 89
🕐 12:00~17:00, 매주 화요일 휴무
☕ 드립 커피 7,000원, 아인슈페너 7,000원, 코리안크런치초콜릿 3,000원

030

닌나난나

카페도 디저트도
예쁜 카페

때로는 커피값보다 비싼 유류비를 지불하면서까지
찾아가고 싶은 카페가 있다. 나들이를 떠나듯 가고 싶은
카페. 인테리어는 물론이고 메뉴까지 예쁜 카페다.
카페에서는 창밖으로 숲이 아니라 들녘이 보인다.
곡식이 자라고 익어가는 모습을 보는 것은 색다른 묘미다.
_ 박동식

'닌나난나'는 카페를 운영하는
두 사람의 닉네임이기도 하지만,
이탈리아어로 자장가란 뜻도 있다.
커피 잔을 유심히 보면
강아지가 커피 잔에 턱을 괴고
자고 있는 로고가 새겨져 있다.
카페를 찾은 손님이 잠이 들 만큼 편안한
공간을 추구한다는 의미를 담고 있다.
로고의 모델이 된 강아지는 실제
두 사람이 키우는 반려견이기도 하다.

닌나난나는 여행작가 '닌나'와 '난나'가 운영하는 카페
로, 이국적인 분위기가 물씬 풍긴다. 바닥에는 빛바랜
듯한 스페인 타일이 깔려 있고, 유럽 빈티지 소품들로
장식되어 있다. 창밖으로 펼쳐지는 '논 뷰'와 잔잔히 흐
르는 클래식 음악이 더해져 여유를 만끽하기 좋다. 친
절한 서비스는 덤이다. 시그니처 메뉴는 곰도리크로플.
유럽 인증 AOP 버터로 만든 크로플 위에 잠자는 곰 모
양의 아이스크림이 올라가 있는데 사진을 찍지 않고는
못 배길 만큼 깜찍하다. 사계절 내내 지역 특산물인 제
철 과일을 이용한 메뉴도 만날 수 있다. 특히 눈꽃 얼음
위에 저민 복숭아를 두르고 수제 복숭아아이스크림과
셔벗으로 장식한 빙수는 오픈 런을 감수할 만큼 인기
메뉴다. 바닐라빈이 통째로 들어간 판나코타 역시 조기
품절되는 메뉴다.

🏠 강원 원주시 판부면 도매촌길 46 1층
⊙ 12:00~18:00, 매주 월·화요일 휴무
📷 @ninnananna_cafe

📞 033 761 1054
🍽 곰도리크로플 9,500원, 판나코타 7,000원, 치복빙수 19,000원,
무화과얼그레이밀크티 6,500원, 무화과흑임자 파이 4,000원

031

몽토랑
산양목장

몽글몽글 구름 아래,
토실토실 산양과 함께 팜크닉

강원도 태백은 낯선 도시다. 골 깊은 협곡과
언덕배기를 에둘러 가는 고된 길이다. 다르게 말하면
발길이 드물어 자연 그대로를 간직한 해발 800m
고산 마을이다. 별칭도 '산소 도시'다.
447만여 평의 완만한 구릉지에 몽토랑 산양목장이 있다.
태백산맥 굽이진 품을 누비는 산양을 따라 뛰놀다 보면
어느새 짙은 풀냄새가 가슴 깊이 배인다.

_ 송윤경

자연에서의 휴식과 경험이 삶의 상위 가치가 된 지는 오래. 이곳은 농장을 뜻하는 팜(Farm)과 피크닉(Picnic)을 합친 팜크닉 장소. 농장에는 산양유를 얻을 수 있는 외래종 염소, 유산양 (Dairy Goat)이 자란다. 성질이 온순하고 친화력이 좋아 사람을 쉽게 따른다. 입장료를 내고 방목 초지로 들어가 유산양에게 먹이(별도 구매)를 주거나 함께 뛰어놀 수 있다. 여유롭게 소풍을 즐기고 싶다면 목장에서 운영하는 '피크닉 세트'를 이용해 보자. 캠핑 테이블과 파라솔, 캠핑 의자를 대여해 목장 내 덱에서 쉴 수 있다. 대형 비눗방울과 소품도 함께 제공한다. 목가적인 풍광을 조망하며 온전히 즐기기 좋다. 1박 2일 동안 차박 장소를 빌려주는 '목장 체험 차박' 프로그램도 있다. 전화 또는 인스타그램 메시지(DM)를 통해 예약해야 한다. 어른에겐 동심을, 아이에겐 건강한 동물 교감을 선물해 줄 수 있는 목장에서의 경험을 권한다.

목장에서 유산양과 시간을 즐겁게 보낸 뒤,
카페에서 산양유도 맛보자.
매일 짠 신선한 산양유를 저온 살균해 요거트와
아이스크림, 크림빵 등으로 가공, 판매하고 있다.
사람의 모유와 가장 비슷한 단백질 성분으로
소화가 잘되고 몸에 좋다고 한다.
태백 시내가 한눈에 보이는 카페에서
인증 사진도 놓치지 말자.

🏠 강원 태백시 효자1길 27-2　　　📞 033 553 0102　　　🕐 09:30~18:00
💰 **입장료** 5,000원(36개월 미만 무료), **양먹이주기 체험** 5,000원
📷 @mongtorang_goatfarm

032

감자밭

감자가 그대로
감자빵이 되다

구황 작물이 이렇게 매력적이었나.
2020년에 만들어진 '감자빵' 인기가 갓 쪄낸 감자처럼
식을 줄 모른다. 겉모습이 방금 밭에서 막 캐낸 듯
크기나 색상도 똑 닮아서 어느 게 감자인지 감자빵인지
구분도 어렵다. 감자에 묻은 흙을 툭툭 털어내자
손바닥에 검은깨와 콩가루가 묻어났다.
_ 송윤경

카페는 농사짓는 주인장이 일군
밭에 있던 건물이다.
원래 감자를 심고 키웠지만 수급을
감당할 수 없어 감자밭은 따로 있다.
대신 '꽃따밭 프로젝트'가 열리는
정원으로 바뀌었다.
여름이면 고흐 해바라기와
테디베어 해바라기 등 생소한 품종의
꽃으로 가득 찬다.
가을이면 맨드라미가 핀다.

90%가 임야인 강원도에서는 어디서든 잘 자라는 구황
작물로 곯은 배를 채웠는데 그중 감자를 쌀 대신 즐겨
먹었다. 감자밭에서는 국내 개발된 토종 특수 감자의
맥을 지켜낸 주인장 아버지 영향으로 감자빵을 만들었
다. 단맛이 특히 강하고 부드러운 로즈(홍감자)와 고소
한 설봉 감자를 통째로 으깨 소를 만든다. 이름에 걸맞
게 원재료 그대로가 들어가며, 겉피는 쌀가루로 만들어
떡처럼 쫄깃하다. '안포겉쫄'이다. 원조를 따라 전국에
우후죽순 늘어났지만, 오리지널을 따라갈 수 없다. 이곳
에는 감자빵 캐러 온 사람들로 북새통을 이룬다. 주말
에는 문을 열기도 전에 줄을 선다. 시그니처 음료, 감자
라떼도 맛보아야 한다. 수분이 많고 전분 함량이 낮아
깔끔한 맛의 청강 감자를 사용해 만든다. 에스프레소와
으깬 감자의 부드럽고 고소한 맛이 매력적이다.

🏠 강원 춘천시 신북읍 신샘밭로 674
🕙 10:00~20:00(라스트 오더 19:00)
📷 @gamzabatt

📞 033 253 1889
🍞 **감자빵** 3,300원, **감자라떼** 6,000원

033

카페산

압도적인 전망을 볼 수 있는
하늘과 맞닿은 첫 카페

하늘과 맞닿은 카페산은 충북 단양군 가곡면
사평리 소백산 자락에 있다. 파도처럼 밀려올 듯한
푸른 산과 남한강을 보며 즐기는 여유와 커피 맛은
특별한 추억을 더해준다. 풍경이 다했다는 이에게
말해주고 싶다. 카페산의 커피와 빵이 지금을 더
기억나게 해줄 것이라고 말이다.

_ 이진곤

아몬드슈페너는 생크림 대신에
고소한 아몬드크림을 올린 커피다.
마부들이 피로를 풀기 위해서
커피에 설탕이나 생크림을
얹어 마신 것에서 유래되었다.
아몬드슈페너를
즐기는 방법은
마실 때 생크림과
커피를 반반 마실 수 있게
입을 대고 마시면 된다.

카페산은 소백산 자락의 탁 트인 전망을 볼 수 있는 곳
으로 유명하다. 패러글라이딩 체험 회사로 설립되어
2016년 3월부터 카페를 운영했다. 끝이 보이지 않는 산
과 남한강이 내다보이며, 형형색색 패러글라이딩이 수
놓은 하늘은 한시도 눈을 떼기 어렵다. 이곳의 콜드브
루블랙과 아몬드슈페너가 인기 많다. 아몬드슈페너는
커피에 부드러운 아몬드크림을 올려 고소한 아몬드와
블랙커피 맛을 동시에 즐길 수 있다. 콜드브루블랙은
신선도를 위해 캔에 담긴 채 컵과 함께 나온다. 콜드브
루는 가볍고 산뜻하면서 산미가 있다. 2층에는 우유크
림팥빵, 치즈모찌빵 등 다양한 빵을 판매하고 있다. 구
워 나오자마자 금세 팔린다. 해발 600m에 위치한 카
페산, 노을이 질 때면 단양의 참모습을 볼 수 있고, 그
풍경 속의 나를 발견하는 희열을 경험할 수 있다.

충북 단양군 가곡면 두산길 196-86   1644 4674   09:30~19:00(라스트 오더 18:30)
아메리카노 6,500원, 카페산콜드브루 6,500원, 아몬드슈페너 7,800원, 필터커피 6,000원
www.sann.co.kr   @cafe_sann

034

뭐하농하우스

건강한 제철 재료로 만든
농부 감성 가득한 밭 뷰 카페

평범한 농촌 마을인 괴산 감물면이 주말마다 북적인다.
농장 카페 뭐하농하우스가 있기 때문이다.
'채소는 원래 달콤하다'라는 슬로건으로 만든
건강한 음료와 디저트를 맛볼 수 있다.
청년 농부 6명이 모여 설립된 복합 문화 공간으로
농촌에서의 즐겁고 주체적인 삶을 체험할 수 있다.
_ 이진곤

복잡한 도심에서 느낄 수 없는 여유로움, 풀냄새와 바람이 마음을 다독거린다. 괴산의 농부들이 정성껏 길러낸 제철 채소와 과일로 음료와 디저트를 만들어 모든 메뉴에 인공 색소, 인공 감미료, 방부제 등을 사용하지 않는다. 대표 메뉴로 농부라떼(비트라떼), 딸기민트코디얼이 있고 커피는 직접 로스팅한다. 농부라떼는 자연 농법으로 키운 비트를 이용해 달콤하면서 상큼하다. 오히려 채소를 싫어하는 아이들에게 더 인기가 많다. 딸기민트코디얼은 직접 재배한 민트와 괴산 딸기로 만든 달콤한 딸기청이 잘 어우러진 여름 한정 음료다. 오일에 절인 쫄깃한 표고버섯과 부드러운 크림치즈로 만든 표고오픈샌드위치를 비롯하여 건강한 맛이 담긴 디저트가 있다. 농촌의 사계절처럼 계절마다 다른 맛을 선보이는 뭐하농하우스의 다른 계절이 기다려진다.

뭐하농하우스에는 카페 이상의 농촌 라이프를 경험할 수 있는 공간이 있다. 공유 주방에서 요리하거나, BOOK SPACE에서 직접 선택한 책들을 보고 구입할 수 있다. 뭐하농하우스의 철학이 담긴 다양한 굿즈를 전시·판매하는 공간에서 보내는 시간이 즐겁다. 또한 홈페이지를 통해서 다양한 농촌의 문화를 체험할 수 있는 프로그램을 신청한 후 참여할 수 있다.

🏠 충북 괴산군 감물면 충민로 694-5　　📞 043 760 7121　　🕐 월~금 11:00~18:00 토·일 11:00~19:00, 매주 월요일 휴무
🍴 농부라떼(비트라떼) 6,800원, 민트커피 7,300원, 아메리카노 6,000원
🌐 www.mohanong.co.kr　　📷 @mohanong_official

035

인문아카이브 양림
& 카페 후마니타스

인문학을 담은 공간

청주에 이색적인 공간이 생겼다.
지난 2022년 청주시 아름다운 건축물 최우수상을 수상한
인문아카이브 양림이다. 건축주는 오래전부터 수집해 온
인문학 도서와 기증 자료를 사람들에게 나누고자
이 공간을 만들었다. 다양한 전문 서적과 기록물은
보통의 북카페와는 다른 도서관 느낌이 물씬 풍긴다.
_ 신지영

인문아카이브 양림은
사색하기에도 좋은 공간이었다.
눈이 오는 겨울이나 단풍 지는 가을,
비가 오는 날에도 분위기 있다.
양림의 책을 읽거나,
내가 좋아하는 책을 챙겨가도 좋다.
여럿이 함께하는 것도 좋지만,
아무 때고 편하게 방문하여 혼자만의
시간을 갖기도 좋다. 소란스러운 일상을
뒤로하고 싶을 때, 이곳을 추천한다.
단, 주말은 피하는 걸로.

양림 아카이브는 전통 양식과 콘크리트가 어우러져 입
구부터 독특하다. 출입은 지하 1층으로만 가능하다. 들
어서기 전까지 사람이 이렇게 많을 줄은 몰랐다. 높게
솟은 노출 콘크리트 벽이 주변의 소란스러움을 차단해
서인 듯하다. 1층은 서가와 옥외 공간, 2층은 서가와 소
모임 공간이 있고, 3층은 시청각, 세미나, 전시 등으로
활용할 수 있다. 서가 사이와 창가 쪽에 배치된 좌석은
주변 풍광을 즐길 수 있다. 1층의 옥외 공간에서는 연꽃
연못을 배경으로 사진을 찍거나 간단히 산책할 수 있
다. 이곳의 대표 음료는 연잎슈페너다. 제주산 말차 가
루와 국내산 연잎 분말 100%. 연잎크림 위에 말차초콜
릿이 살포시 올려져 있다. 다른 말차라떼보다 조금 더
진하고 부드럽다. 조용하고 서정적인 분위기를 누려보
고 싶다면 평일 방문하는 것도 좋겠다.

충북 청주시 흥덕구 주봉로15번길 25
10:30~21:00, 매주 월요일 휴무
@yangleem.humanitas_official

0507 1382 2527
커피/음료 6,000원~8,000원, 연잎슈페너 8,500원

036

카페용담

한적한 시골 한가운데
연기 뿜뿜 신선로빙수

'용담리' 이름 그대로 카페 이름을 지었다.
본채와 별채로 나뉘어 카페 공간은 넉넉한데,
조용한 마을에 만석인 주차장이 신기해서 한 번 더
들여다보게 된다. 통창으로 뒤뜰의 과실수와
모래놀이터 야외 원두막이 한눈에 들어온다.
바 테이블이 길게 놓여 있어 창문 밖 예쁜 풍경을
바라보는 맛이 있다.

_ 길지혜

500평 규모의 대지에 드넓은 잔디와
식물원 카페가 함께 있다.
반려동물을 동반하여 입장할 수 있는
공간이 따로 있어서 눈치 보지 않고
편안히 카페를 즐길 수 있다.
용담을 지키는 마스코트 '꼬기'와
'라라'가 꼬리를 흔들며
마중 나올지도 모른다.
월요일, 목요일, 금요일 사장님과
함께 출근한다.

주문은 '용담(龍潭)' 표지판이 적힌 본건물의 키오스크
에서 하면 된다. SNS에 자주 등장하는 이유는 신선로
에 담겨 나오는 색다른 빙수 때문. 드라이아이스를 픽
업 직전에 넣어줘서 먹는 내내 시원함을 유지한다. 신선
로전통빙수는 눈꽃우유빙수 위에 통단팥, 인절미, 찹쌀
떡, 콩가루, 계절 과일이 올려진 전통 빙수다. 연유와 단
팥은 따로 제공된다. 망고빙수는 절임망고슬라이스와
망고소스를 올린 빙수로 테이블마다 하나씩 놓여 있다.
윤기가 좌르르 흐르는 망고슬라이스 비주얼만으로도
군침이 돈다. 여기에 용담찰떡이 잘 어울리는데, 찰떡은
제주 전통 명절 음식으로, 쫀득쫀득한 식감이 주전부리
로 알맞다. 한라봉청과 당고소스에 찍어 먹으면 별미다.
수제우유푸딩은 우유 맛이 진한데 달지 않아 남녀노소
선물용이나 포장용으로 인기가 많다.

🏠 세종 금남면 안금로 257　　　📞 0507 1382 0104　　　🕐 11:00~20:00(라스트 오더 19:30)
🍧 **신선로망고빙수** 16,000원, **용담찰떡세트** 4,000원, **용담밀크티** 7,500원
🌐 blog.naver.com/jsm89771　　　📷 @cafeyongdam

037

에브리선데이

커피? 티? 쿠키?
일요일엔 포토 먼저!

창고형 카페로 꾸며 놓은 봉암점은 카누 광고 촬영 장소로
유명하고, 고복저수지 코앞에 있는 본점에는
아기자기한 소품과 다양한 형태의 좌석이 비치되어 있다.
이번 일요일에는 맛난 커피와 촉촉한 쿠키로
충전과 힐링의 시간을 가져볼까?
_ 여미현

에브리선데이는 연서면 본점과 봉암점 두 곳이 있다. 우리는 본점을 먼저 찾았다. 수다가 고프고, 고복저수지를 바라보며 멍 때리는 시간이 필요한 일요일이었으니. 혹시 오해할까 봐 덧붙이면, 에브리선데이는 직접 커피를 볶아 판매하고 있는 커피 전문점이다. 풍경으로만 승부 보는 여타 대형 카페와 다르다는 점! 문을 열고 들어서면 눈으로는 쿠키를 먹고 코로는 커피를 느끼며 입으로는 수다를 떨고 손을 움직여 사진을 마구마구 찍어야 할 것 같은 느낌이다. 커피를 선택할 때의 옵션이 다양한 점도 눈길을 끈다. 캐러멜커피는 당도 선택이, 에스프레소커피는 원두 (선데이다크, 선데이플라워, 디카페인) 조절이, 라떼는 시나몬 파우더 조절이 가능하다. 콜드브루(페루 게이샤, 브라질, 에티오피아 등) 종류도 취향에 따라 선택 가능하다. 가성비 좋은 쿠키도 꼭 맛보기를!

계단을 올라 2층에 오르면 고복저수지를
정면에서 바라보는 테이블 좌석이 있는데,
이곳이 포토존이다.
실내와 실외에 다양한 형태의
좌석이 마련되어 있지만, 주말에는 많은 사람이
방문하기 때문에 빈자리를 찾기 어렵다.
본점과 봉암점은 자동차로 20분 거리에 있다.
고복저수지 둘레를 드라이브하는 코스는
데이트 장소로도 인기 만점이다.

🏠 세종 연서면 안산길 76 에브리선데이 본점 📞 044 868 2511 🕐 10:00~22:00 ☕ **밀크캐러멜커피** 6,500원,
바닐라빈캐러멜커피 6,500원, **얼그레이캐러멜커피** 6,500원, **쿠키(무화과크림치즈/말차크림치즈/콘크런치크림치즈)**
4,000원, **마카다미아쿠키** 4,500원 🌐 www.everysundaycoffee.com 📷 @everysunday_coffee_official

038

목수정(木秀庭)

치즈 한 모

치즈케이크는 사람들에게 가장 대중적으로
사랑받는 디저트다. 부드럽고 촉촉한 식감과
적당히 달콤한 맛에 단 것을 그다지 좋아하지 않는 사람들도
많이 찾는다. 한국에서는 뉴욕 치즈케이크나
바스크 치즈케이크가 가장 유명한데, 새로운 맛과 모양의
치즈케이크가 있다 하여 대전의 한 카페를 찾았다.

_ 신지영

목수정 서쪽이 새롭게 문을 열었다.
좀 더 넓고 카페 같은 분위기를 바란다면
목수정 서쪽으로, 그렇지 않고
소소하게 분위기를 즐기고 싶다면
공방 느낌이 조금 더 강한 오류동의
목수정을 추천한다.
치즈 한 모 외에도 뷔렐레는
크렘브륄레의 정석적인 맛으로
진한 아메리카노와 정말 잘 어울린다.
주차장이 별도로 없으니 참고하자.

목수정은 서대전역 근처 작은 빌딩 3층에 자리 잡고 있
다. 계단을 통해 죽 올라가 왼쪽 출입문을 여니 작업실
같은 공간이 나온다. 카페 내부는 목재 작품들이 감각
적으로 배치되어 있어 갤러리나 전시장을 떠올리게 한
다. 실제 목수정은 카빙 작업실로 시작되었고, 현재도
카빙 클래스를 진행하고 있다. 테이블은 그다지 많지
않다. 목수정의 대표 메뉴 '치즈 한 모'는 두부를 만드시
는 할머니를 보고 영감을 얻어 만들었다는데, 면포에
싸인 케이크가 정말 두부를 떠올리게 했다. 만드는 방
식도 두부와 비슷하다고. 두부를 먹듯 스푼으로 푹 떠
보니, 리코타치즈와 그릭요거트 같은 꾸덕꾸덕한 질감
이다. 먹어보니 단맛이 거의 없고 적당히 꾸덕꾸덕하다.
치즈를 들춰보면 밑에 그래놀라가 깔려 있다. 심심하게
느껴진다면 그래놀라와 함께 먹으면 된다.

🏠 대전 중구 계룡로874번길 47 3층
🕐 12:00~22:00
📷 @oo.mogsujeong.oo

📞 042 522 5512
🍽 **치즈 한 모** 7,000원, **뷔렐레** 5,000원, **크림카페라떼** 5,000원

039

해어름

바다, 꽃, 나무,
그리고 카페

서울에서 멀지 않은 곳에 도심 외곽의 느낌을
즐길 수 있는 공간이 있다.
서해대교와 서해가 연한 초록빛의 잔디와 함께
한눈에 보이는 곳. 서해안 특유의 고즈넉함이
편안하게 다가오는 카페 해어름을 소개한다.

_ 신지영

해어름은 해 어스름 녘의
충청도 방언이다.
이름에서도 알 수 있듯이 해 질 녘,
일몰 시각에는 서해 특유의
서정적인 풍경을 감상할 수 있다.
오후에 방문하여 일몰을 보며
식사를 즐기는 것도 좋다.

해어름은 배 모양으로 만들어진 카페다. 외관이 자연
친화적인 모양은 아니지만, 카페를 지나 정원으로 나
가면 분위기가 확 달라진다. 해어름은 공간이 나누어져
있는데 식사 공간은 레스토랑과 카페를 결합한 분위기
고, 베이커리 매장은 카페 분위기다. 양쪽 다 커피를 마
시는 것은 가능하다. 전면은 유리로 되어 있어, 서해대
교와 서해가 한눈에 보인다. 건물 입구는 회색빛인데,
내부는 한적한 전원의 풍경이다. 정원에 테이블은 없지
만 그래서 더욱 깔끔하게 유지되는 듯하다. 정원에는
바다를 향해 있는 그네에 가만히 손잡고 앉은 연인도
있고, 건물을 배경으로 사진을 찍는 사람도 있다. 어머
니의 손을 잡고 산책하는 이도 있다. 맛은 나쁘지 않으
나 비싸다는 평이 지배적인데, 다시 방문하는 이들이 꽤
된다. 아무래도 한적함을 즐길 수 있어서가 아닐까.

🏠 충남 당진시 신평면 매산해변길 144　　📞 041 362 1955　　🕙 10:00~21:30(식사 11:30~20:20)
🍽 **커피** 8,000~11,000원, **샴페인/와인** 4,700~145,000원, **빵** 4,500~8,500원
🌐 www.haearumcafe.com　　📷 @haearumcafe

뚜쥬루
빵돌가마마을

빵 굽는 마을

천안의 뚜쥬루는 빵지순례에 빠지지 않는 곳이다.
'느리게 더 느리게'를 슬로건으로 천안 지역 농산물을
사용하고, 20년 팥 장인이 매일 국내산 팥을 삶아
빵을 만든다. 천안 이외에는 지점을 내지 않는다고 하여
지역 명소로 더욱 사랑받는 곳이기도 하다.
빵을 좋아하는 사람들의 빵지순례지 뚜쥬루를 소개한다.

_ 신지영

천연 효모를 사용하여 14시간 동안
숙성시켜 돌가마에 구워내는 거북이빵은
살짝 데워 먹으면 더 있다.
돌가마만주는 국산 팥을 직접 끓여
만들어서인지 텁텁하지 않고 달지 않다.
카페에는 피자나 치아바타 등
베이커리에 없는 메뉴가 있으니
두 곳 다 들러 취향에 맞는 빵을
구매하면 된다.

뚜쥬루는 1992년, 서울 성동구 용답동의 과자점으로
시작했으나, 2009년 철수하면서 현재는 천안에서만
만날 수 있다. 1998년 본점 격인 성정점을 시작으로 네
지점이 있다. 돌가점은 작은 마을을 연상케 한다. 베이
커리와 카페가 나뉘어 있고 카페 옆에는 쌀케이크집이
있다. 맞은편에는 빵에 사용되는 허브를 직접 재배하는
허브하우스와 체험관, 팥을 삶는 곳, 쌀 제분소, 직원들
의 휴게 건물이 들어서 있다. 건물들은 아기자기한 동
화 속 마을 같다. 베이커리와 카페 두 곳 다 돌가마가 있
는데, 빵 종류는 조금 다르다. 돌가마만주와 뚜쥬르의
대표 메뉴인 거북이빵은 베이커리에서만 판매한다. 구
매하여 카페에서 먹어도 된다. 카페는 실내가 무척 넓고
외부 풍경이 훤히 보인다. 항상 사람은 많지만 탁 트인
공간에서 맛있는 빵과 함께 맛있는 시간을 즐겨보자.

충남 천안시 동남구 풍세로 706
08:00~22:00(카페 10:00~20:00)
www.toujours.co.kr

041 578 0036
거북이빵 2,500원, 돌가마만주 2,300원, 돌가마브레드 9,800원
@toujours_village

041

나문재 카페

섬 안의 섬에서 발견한
환상의 정원 뷰

나문재 카페는 태안 '쇠섬'에 위치한다.
쇠섬은 간척지로 개발되어 육지와 연결되어 있어
자동차로 갈 수 있다. 안면도 북동쪽 7만 6000㎡ 쇠섬
전체가 유럽풍 펜션과 정원, 카페로 조성됐는데,
쇠섬 전체를 일명 나문재라 일컫는다.
_ 길지혜

펜션 예약은 2개월 전
홈페이지에 오픈된다.
섬이기 때문에 펜션을 나오면
바로 앞으로 바다가 펼쳐지고,
테라스에서 서해 바다 조망이
가능하다는 것도 큰 재미다.
서해안 드라이브 목적으로
삼아도 좋을 코스다.
카페와 펜션 이용객만 섬 안으로
출입 가능하다.

특별한 섬 안의 섬, 나문재는 천혜의 자연환경을 자랑
한다. 입간판을 따라 올라가는 길에 멋진 소나무와 서
해가 펼쳐진다. 카페 내부는 온통 싱그러운 초록이다.
자리를 식물로 구분할 정도다. 초록이 눈을 정화하는
느낌. 식물원에 온 듯한 정원을 거닐며 현대적인 감각
이 돋보이는 외관과 고급스러운 분위기를 연출하는 나
문재 카페를 만난다. 큰 규모에 단체석이 마련되어 있
어 각종 모임을 하기 좋다. 시그니처 메뉴는 스무디. 블
루베리요거트스무디는 디저트인 콰트로치즈토스트, 앙
버터, 바질어니언베이글 등과 잘 어울린다. 쇠섬 곳곳은
갤러리를 방불케 하는 조각들도 볼거리다. 기회가 된다
면 섬 안쪽의 나문재 펜션에 머물러도 좋다. 태안건축
문화상 대상에 선정된 바, 바다를 향한 4개 동의 방향
이 다르게 설계되어 동별 분위기가 다르다.

🏠 충남 태안군 안면읍 통샘길 87-340　　　　📞 041 672 7635
🕐 09:30~18:00(라스트 오더 17:00)
🍽 바질어니언베이글 8,000원, 아메리카노 6,000원, 앙버터 8,000원　　🌐 www.nmjcafe.modoo.at

들뫼풍경

일상을
영화의 한 장면처럼

이름처럼 들과 산의 풍경을 선사한다.
한적한 곳에 위치한 데다, 여름이면 건물이 담쟁이 넝쿨과
초록 잎으로 둘러싸여 신비한 산속 정원을 거니는 것 같다.
내부에는 수제로 만든 작품 덕분에 특유의 분위기가 있다.
옛것의 멋스러움이랄까. 고창IC에서 자동차로 5분 거리니
꼭 한번 들러봄 직하다.

_ 길지혜

과로로 허해진 기력 보충하는 쌍화탕은
심신 재충전에 효과가 있다.
감초, 당귀, 황기 등 여러 한약재로
구성된 쌍화탕은 기혈이 손상됐을 때
이를 보하는 약 처방으로도 쓰인다.
조선 후기 무렵에는 대표적 보약으로
자리매김하면서 사대부를 중심으로
아침저녁으로 즐기던 차였고,
이후 은은하게 달인 약차 형태로
쌍화차가 대중화됐다.

전통찻집 안으로 들어서면 '고즈넉하다'란 말이 무심코
나온다. 누구와 함께 오든 편안하고 안온한 상태가 되
는 마법의 장소다. 매뉴얼대로 뚝딱 만들어 낸 기계적
공간이 아닌, 오랜 시간 공들여서 정성과 손길이 닿은
윤이 나는 공간이다. 이 특유의 감성은 배우 공유가 '고
창에서 살아보기' 테마로 만든 고창 여행 영상에 잘 드
러난다. 메뉴판은 부채. 쌍화탕, 대추탕, 마즙, 오미자,
생칡즙, 생강차 등 메뉴만 읽어도 건강해지는 느낌. 들
뫼복빙수와 단팥죽은 계절 메뉴로 판매한다. 음료를 주
문하면 잘 구운 가래떡과 고창 조청이 곁들임으로 나온
다. 쌍화탕 한 잔은 '밥 한 끼'의 포만감과 맞먹는다. 숟
가락을 휘저어 보면 그득한 밤과 대추, 은행이 뜰 때마
다 한가득이다. 오래 달인 듯 재료마다 향이 진하게 배
어 있다.

📍 전북 고창군 고창읍 전봉준로 108
📞 010 3089 3405
🕐 월~금 12:00~21:00, 토 12:00~19:00, 매주 일요일 휴무
🍵 쌍화탕／대추탕／마즙 8,000원

043

카페베리

곰소만과 고창 갯벌을
내려다보는 최고의 뷰 맛집

고창 심원면 산자락의 카페베리는 일품 뷰로
소문난 곳이다. '이런 곳에 카페가 있다고?' 하는 생각이
들 정도로 농로를 거쳐 산속으로 올라가야 한다.
반신반의하며 올라온 방문객들에겐 서해를 조망하는
탁 트인 뷰가 보상된다. 카페 주인은 뜻밖에도
블루베리 농사를 짓는 젊은 농군이다.
_ 김수남

카페베리가 위치한 심원면에는
풍천 장어 맛집들이 몰려있다.
장어집과 카페는 찰떡궁합이다.
장어 요리의 느끼함을 커피 같은
음료들이 잡아주기 때문이다.
그래서 식사 후에 이곳으로
올라오는 손님들이 많다.
차 한잔하면서 방금 식사했던 식당을
찾아보는 것도 잔재미다.

2014년에 귀농한 젊은 부부는 먼저 블루베리 농사를
짓다가 뒤늦게 카페를 열었다. 많은 사람이 전망을 즐
기고자 방문하지만 음료나 디저트도 모자람이 없다. 시
그니처 메뉴는 유기농 블루베리를 활용한 생블루베리
요거트스무디, 블루베리수제요거트 등이다. 여닫을 수
있는 자바라 형태의 유리문을 사이로 실내 공간과 실
외 공간으로 나뉘어 있다. 문을 열어놓기도 하지만 많
은 손님이 실외를 선호한다. 이곳의 매력이 잘 드러나
기 때문이다. 바로 뒤가 선운산도립공원에서 가장 높은
경수봉(444m)이다. 서쪽에 내려다보이는 풍경은 칠산
바다와 곰소만 그리고 세계 자연 유산으로 등재된 고창
갯벌과 부안군 변산반도국립공원이 한 상 차림을 이룬
다. 낮에도 멋지지만 해가 떨어지는 해 질 녘에는 내려
오기 싫을 정도로 아름다운 석양을 만날 수 있다.

🏠 전북 고창군 심원면 심원로 270-66　　📞 010 5542 7673
🕐 12:00~일몰 때까지, 매주 화·수요일 휴무
🍴 아메리카노 5,500원, 생블루베리요거트스무디 8,000원, 블루베리수제요거트 8,000원

전
북

미안커피

너무 맛있어서 미안

너무 맛있어서 미안이라니 당돌한 이름에 웃음이 난다.
남원 토박이 청년이 운영하면서
'미술관 안에 있는 카페'라 이름 붙였다고 한다.
언어유희로 끝나지 않고 방문객에게 화두를 던진다.
이름만 떠올려도 먹먹해지는 미안한 사람에게
이번 기회에 연락해 보길, 위안에 닿길 바란다.

_ 송윤경

원래 이름은 '화첩 기행 북카페'. 김병종 화가가 쓴 『화첩 기행』 연작을 모티브로 꾸몄다. 세계를 누비며 신문에 연재했던 시와 그림, 기행을 모아 만든 책이다. 한 면은 그가 기증한 예술과 인문학 관련 도서가 진열돼 있다. 찬찬히 읽어보고 싶은 책이 수두룩하다. 화가가 미술관에 기증한 작품도 일정 기간마다 바꿔 전시하고 있다. 정면과 측면은 통창으로 외관 경치를 안으로 들여왔다. '자갈 호수'는 경사면을 따라 만든 계단식 연못에 물을 얕게 채웠다. 카페 테라스 좌석에 앉으면 물 위에 앉은 듯 인상적인 장면이 연출된다. 내부는 감각적인 소품과 유머러스한 타이포그래피가 어우러져 사진 찍기 좋다. 원두가 기본적으로 맛이 좋고 달콤한 크림 위에 서리태크럼블이 올라간 고소한 서리태라떼가 인기다. 직접 만든 케이크와 쿠키도 권한다.

남원 시립 김병종 미술관은 남원 출신 화가이자 작가인 김병종의 작품을 기증받아 일부를 상설 전시하고 있다. 단색화 위주인 동양화에 색채를 더해 실험적인 작품, 〈생명의 노래〉 시리즈가 대표적이다. 남원에서 보낸 유년 시절을 담은 작품도 눈여겨보자. 시립 미술관으로 전시는 무료다.

전북 남원시 함파우길 65-14 미술관 1층　　0507 1334 4882
10:00~18:00, 매주 월요일 휴무　　서리태라떼 6,300원
@miancoffee

045

외할머니솜씨

손주에게 맛난 간식을 주고
싶은 외할머니 마음

콩나물국밥과 비빔밥, 피순대와 길거리 음식까지
먹기만 해도 24시간이 모자란 전주다.
더 이상 음식이 들어갈 자리가 없다고 위가 손사래를 쳐도
디저트 배는 따로 있는 법. 손주를 향한 외할머니의
따스한 마음을 담아 정성껏 낸 간식을 맛보러
'외할머니솜씨' 문을 두드려 보자.
_ 송윤경

무척 고급화되어 호텔에서도 파는
빙수지만 과거 서민들의
여름 필수 메뉴였다.
일제 강점기에 일본식 단팥죽인
젠자이(ぜんざい)가 우리나라에
들어오면서 생겼는데 정확히는
오키나와식이다. 얼음을 갈아 단팥과
모찌를 올리고 과일 시럽을 뿌렸다.
요새 빙수는 망고부터 멜론,
초콜릿까지 재료 변신은 물론
시연까지 열리며 끊임없이 진화 중.

전주 한옥마을에 있다가 외곽인 지금 자리로 옮기며 한
옥마을 정취와 고즈넉함은 그대로 가져왔다. 매끈한 기
둥과 견고한 서까래, 안뜰의 연못까지 옛집의 모습이
다. 여름 한철 생각나는 흑임자 팥빙수가 이곳의 대표
메뉴다. 다들 사계절 내내 찾는 메뉴인 듯하다. 일정한 온
도로 3일 이상 얼려 갈아낸 얼음은 입자가 포슬포슬 곱
다. 팥소는 100% 국내산 팥으로 매일 아침 끓인다. '할
매 입맛'이라면 홍시보숭이도 맛보자. 경북 청도에서 가
져온 홍시를 냉동했다가 셔벗처럼 갈아낸다. 정겹고 푸
짐한 음식이 마치 냉장고 깊숙이에서 꺼내주시는 마음
같아서 입꼬리가 올라간다. 이 외에도 몸에 좋은 약초
를 넣어 달인 쌍화탕과 품이 많이 들어도 맛있어서 포
기 못 한다는 외솝약식혜도 있다. 가족들이 둘러앉아
입맛 걱정 없이 이야기를 나눌 수 있는 공간이다.

🏠 전북 전주시 완산구 오목대길 81-8
🕐 월~목 11:00~18:00, 금~일 11:00~21:00

📞 063 232 5804
🍽 옛날흑임자팥빙수 9,000원, 홍시보숭이 8,000원

046

백운차실
(이한영차문화원)

오랜 차 문화를 전하다

한겨울이면 남도 끝자락, 강진을 떠올린다. 민낯의 월출산이 있어서다. 장쾌한 산자락이 바다로 가닿기 전 태평양 차밭이 있다. 차 꽃은 겨울에 피어 봄이 올 즈음 진다. 차밭 근처 백운동 별서에서 이시헌이 스승인 다산 정약용에게 보낼 차를 빚던 마음도 이러했을까. 다행히 그 마음을 더듬어볼 기회가 있다.

_ 송윤경

백운동 별서는 월출산 옥판봉 백운곡 기슭에 있다. 차 이름이 된 그 옥판봉이다. 별서는 원주 이 씨, 이담로(1627~1701)가 지어 후손 이시헌으로 이어졌다. 강진으로 유배 온 정약용이 초의선사와 함께 월출산을 오르고 내려와 묵었다. 초의선사가 '백운동도'를 그리고, 별서와 원림을 극찬한 시 '백운첩'을 선물할 만큼 아름다운 이곳을 직접 만나보자.

다산 정약용과 다신계(茶神契)를 맺은 제자 이시헌은 곡우 때마다 차를 지어 보냈다. 후손 이한영까지 100년을 이어오다 현재는 고손녀 이현정이 차 문화원을 운영한다. 다산 정약용이 전수한 삼증삼쇄 떡차 제다법으로 차를 빚는다. 당시 일본 이름으로 유통되던 우리 차에 이한영이 한국 최초로 상표를 제작한 '백운옥판차'도 있다. 그해 가장 먼저 솟아난 어리고 순한 잎인 맥차(麥茶)로 빚는데, 향이 그윽하다. 다산 정약용이 전수한 월산떡차는 진하게 우려 밀크티로 마시면 더 좋다. 말린 꽃을 함께 넣어 향을 더한 '꽃피는 월산떡차'는 이곳에서만 먹을 수 있는 베리에이션 차. 뭐든좋으니 월출산이 보이는 백운차실에서 즐겨보자. 시린 손으로 감싼 뜨끈한 찻잔의 온기에 손가락이 저릿하며 풀린다. 그럴 땐 고민 따윈 아무래도 좋다는 생각마저 든다.

전남 강진군 성전면 백운로 107
10:00~18:30, 매주 월요일 휴무
1st-tea.kr

0507 1345 4995
백운옥판차 15,000원, **월산떡차** 7,000원
@okpancha

3917마중

1939년의 숨죽임을
2017년 문화로 꽃피웠다

1939년에 지어진 집을 2017년 젊은 문화 활동가 부부가
복합 문화 공간으로 만들었다. 의미 있는 두 해의 연도와
늘 공손히 마중하는 마음으로 이름 지었다.
부부는 어느 한순간도 초심을 잃지 않고자 했다.
혹자는 전화번호를 상호에 붙여 부르는 거라고
의기양양하게 말하지만 아니다.
깊은 뜻의 숫자를 전화번호로 선택한 것뿐이다.

_ 윤용성

나주 여행을 계획했다면
카페와 같이 복합 시설 내에 옛 고택을
활용한 숙박 시설이 있으니
이용해 보길 추천한다.
나주는 옛 읍성 내 야경 투어가 가능하다.
어둠이 내려앉고 어둑해질 즈음
조명이 켜지고 나주의
또 다른 매력이 피어난다.

그냥 대형 카페라고 부르기에는 이곳에서 할 수 있는
일들이 많다. 숙박과 문화 체험, 커피와 차를 즐기는 것
까지 가능해서 복합 문화 공간이다. 1939년에 지어진
집에서 그 시대 사람이 바스락거리는 나뭇잎 소리를 들
으며 잠을 청하고 아침 새소리에 잠에서 깨어났던 것처
럼 하룻밤을 청할 수 있는 숙소가 있다. 테이블에 둘러
앉아 낯선 것을 배우고 체험해 보는 옛 공간이 있고 한
복을 입어볼 수 있는 의상실, 커피와 차, 디저트를 즐길
수 있는 훤칠한 카페가 있다. 이 집에서 특히 애지중지
정성을 다하는 메뉴가 있다. 나주의 특산물인 배를 이
용한 음료와 디저트다. 메뉴에도 많은 노력을 기울이며
체험 프로그램을 통해 널리 알리는 데도 힘을 다하고
있다. '3917마중'을 목적지로 나주를 찾는 발걸음이 줄
을 잇고 있다. 부부의 마중은 그칠 날이 없을 것 같다.

🏠 전남 나주시 향교길 42-16　　📞 0507 1322 3917　　🕙 10:00~21:00
🍴 나주배크림라떼 8,000원, 나주배양갱 2,800원, 나주배빵 6,800원
🌐 blog.naver.com/3917majung　　📷 @3917majung_official

048

카페마당

한옥 기와의 색다른 변신,
그 파격적인 첫인상에 반하다

넓은 마당에 많은 객이 채워지길 바라는 마음을
이름에 담았다. 카페로 들어서려면 솟을대문을
지나야 하는데 지붕의 색이 예사롭지 않다.
분홍 기와다. 카페로 사용되는 안채 지붕은 알록달록
파스텔 톤이 다채롭다. 마당 한 켠에 아담한 인공 폭포와
분수가 작은 연못에 잠겨 있다.
볕이 좋은 여름 한낮에는 장관을 연출한다.
_ 윤용성

소모임을 할 수 있는 개별룸을
구비하고 있다.
접근성의 호불호가 상관없다면
소모임의 약속 장소로 정해볼 만하다.
때론 조금 먼 길을 나서서 만남을 가질 때
즐거움을 더할 수도 있다.
그리고 소모임에 필요한 식사와 음료가
다채롭다.

어느 거리를 지나다 들르는 입지가 아닌, 입소문을 듣
고 찾아가야 하는 카페다. '여기 카페가 있긴 한 건가'
싶다. 넓은 주차장에 들어서면서야 안도감을 느낀다. 오
는 내내 의아했던 기분이 커피 향에 묻힌다. 한옥의 기
둥과 천장의 서까래를 남긴 채 손님맞이용으로 여러 방
을 텄다. 천장의 높이가 높고 오래 있어도 편한 소파로
채운 좌석, 잠시 차 한 잔 마시고 나서기 편한 테이블 세
트 좌석 등 다채롭게 채워져 있다. 대형 카페가 이런 거
구나, 하고 호탕하게 외치고 싶어진다. 메뉴의 구성이
대형 카페답다. 커피를 기본으로 웬만한 음료와 전통
음료까지 있다. 파스타, 샐러드, 피자, 돈가스 등 든든한
식사 메뉴까지 다양하다. 넓은 카페에서 친구를 만나고
즐거운 수다로 시간을 잊고 싶을 때 마당은 편안한 자
리와 요깃거리를 내어줄 것이다.

🏠 전남 나주시 남평읍 풍림죽림길 86　　📞 061 336 2326　　🕙 10:00~21:00(라스트 오더 19:30)
🍽 **아메리카노** 5,500원, **카페라떼** 6,000원, **쌍화차** 13,000원, **달보드레크림파스타** 20,000원, **쌈돈가스** 20,000원,
연어샐러드 19,000원

낼름

청년 사업가의 달콤한 도전이 담양의 명물이 되었다!

혀를 날쌔게 내밀었다 들이는 모양을 사투리로 '낼름'이라고 쓰는 지역이 있다. 어느 젊은이의 위트 있는 작명이 이 집을 찾는 이들의 혀를 바쁘게 한다. 유능한 담양의 젊은 여성 CEO는 담양에서 정통 이탈리안 젤라또를 직접 제조하여 소신 있는 도전장을 내놓았다.
_윤용성

영업시간이 짧다.
일부러 가는 길이라면 영업시간을 확인하고 방문하는 것이 옳다. 재료가 소진되어 영업을 조기 마감하는 경우가 있다. 천연 재료를 사용하기 때문에 동절기에 가끔 생기는 일이라고 한다.

추운 겨울 눈을 뭉쳐 입에 넣고 혀로 녹여 먹어본 적이 있는가? 아무 맛이 없던 눈에 우유와 꿀을 넣어 먹게 된 것이 아이스크림의 기원이라는 이야기가 있다. 그럴듯하다. 아이스크림보다 낮은 유지방을 가진 이탈리아식 아이스크림을 젤라또라 부른다. 젊은 여성 사업가는 과감히 이탈리아 본토에서 젤라또 제조 기계를 들여와 아귀 요리 식당이었던 지금의 매장을 손수 설계하고 시공 업자를 직접 고용하여 인테리어를 마쳤다. 공간만 남긴 채 거추장스러운 것들을 비우고 힙하게 꾸민 것이 세련 됐다. 젤라또는 8가지 맛이다. 단출하지만 어느새 혀를 꿈틀거리게 하는 종류로 엄선됐다. 그중에 지역색을 담은 댓잎 맛 젤라또가 있다. 아메리카노가 커피 단일 메뉴고, 댓잎젤라또에 에스프레소를 얹은 아포카토가 있어 커피와 젤라또를 같이 즐길 수 있다.

🏠 전남 담양군 담양읍 중앙로 90-1　　📞 0507 1338 0359　　🕚 11:30~18:30, 매주 화요일 휴무
🍨 젤라또컵 2가지 맛 5,000원, 댓잎젤라또아포카토 5,500원, 아메리카노 3,500원
📷 @nell_reum_

050

아키올로지

자연과 문화
모두 누릴 수 있는 곳

전남 담양에 위치한 아키올로지는 '카페'만으로
정체성을 한정하기에는 아쉽다.
목적에 따라 캠핑장으로 사용할 수도 있고 도서관처럼
이용할 수도 있다. 여름에는 어린이를 위한 물놀이장을
운영하고 할로윈 파티를 연다. 비정기적이지만,
지역 축제와 연계한 프로그램도 진행한다.

_ 채지형

새로운 메뉴와 **빵**을 자주 선보이는데다,
'불멍데이'나 '할로윈 파티' 등
이벤트를 자주 열어,
색다른 재미를 누릴 수 있다.
야외 공간은 반려견 동반 가능하며,
인스타그램 포토상 이벤트도 진행한다.
아키올로지 앞에는 유적을 조사 발굴하는
대한 문화재 연구원이 있으며,
주차 공간도 넓다.

들어서자마자 거대한 이집트 벽화가 맞이한다. 밖에는
이스터섬 모아이 석상 모형이 우뚝 서 있다. 유물 전시
관도 있다. 박물관처럼 유물 보존을 위해 온도와 습도
를 유지한다. 천마총에서 발굴된 코발트색 U자형 유리
컵에서 착안해 만든 컵 기념품도 판매한다. 겨울에는
옹관 모양 빵을 선보인다. 카페의 많은 책은 대여 및 희
망도서 신청이 가능하다. 아이들이 마음껏 뛰어놀 수
있는 넓은 마당에는 야외 테이블과 텐트가 놓여 있다.
주중에는 호젓하게 책을 읽고 여유를 즐기는 이들이,
주말에는 피크닉을 하러 온 가족들이 많이 찾는다. 옥
상에 마치 애니메이션 <스즈메의 문단속>에 나올 법한
문도 포토존으로 사랑받는다. 아메리카노를 비롯해 바
다소녀라떼, 블루레몬에이드 등 30가지 이상의 음료를
내고 있으며, 빵 종류도 전문 베이커리만큼 다양하다.

🏠 전남 담양군 월산면 도개안길 75
🕐 월~금 11:00~19:30, 토·일 11:00~20:30
📷 @cafe.archaeology_

📞 0507 1439 7288
🍽 에이드 7,000원, **브라운치즈크로플** 10,000원

051

오프더커프

대나무 숲이 있는
비건 베이커리 카페

담양 카페 중 비건 베이커리로 인기를 구가하고 있는 곳이 오프더커프다. 100% 식물성 재료만 사용한 베이커리로 안전한 먹거리를 찾는 이들에게 보물 같은 곳이다. 아이들이 신나게 놀 수 있는 모래놀이터, 앉으면 초록이 한눈에 들어오는 창, 하늘을 향해 쭉쭉 뻗은 대나무 숲까지, 마음을 사로잡기 충분하다.

_ 채지형

카페에 들어올 때보다 나갈 때 무겁게 가는 이들이 적지 않다. 빵을 포장해 가는 이들 때문이다. 식빵부터 화려한 쇼콜라갸또까지 선택의 폭도 다양하다. 원두와 빵은 스마트스토어에서도 판매해 주문해서 맛볼 수도 있다.

담양에는 대나무를 인테리어에 사용하는 카페가 꽤 있다. 그러나 오프더커프는 차원이 다르게, 대나무 숲이 있다. 키 큰 대숲 안에 의자가 두 개 놓여 있다. 주인장의 배려다. 자연 옆에 트렌디한 건물에서 맛보는 건강한 먹거리까지 3박자를 모두 갖추고 있다. 1층은 소파가 있어 편안한 분위기인 데 반해, 2층은 화이트 톤으로 깔끔한 느낌이다. 눈여겨볼 것은 2층의 칸막이. 사람이 많아도 혼란스럽지 않다. 넓은 창이 있어 비 오는 날 특히 분위기가 좋다. 1천 8백여 평이나 되는 야외 정원은 어린이들이 흙 놀이를 할 수 있는 모래놀이터와 킥보드, 장난감 자동차 등도 마련되어 있다. '웰컴 키즈 존'일 뿐만 아니라, 반려동물도 함께할 수 있다. 커피는 매장에서 직접 볶은 원두를 사용하며, 20가지 이상의 비건 빵을 맛볼 수 있다.

🏠 전남 담양군 대전면 추성1로 425-9   📞 0507 1324 1990   🕙 11:00~20:30
🍴 **아메리카노** 6,000원, **카페라떼** 6,500원, **비건당근케이크** 8,000원, **비건소금빵** 3,500원
🌐 www.smartstore.naver.com/ywwcompany(네이버 스마트스토어)   💬 @offthecuff_cafe

052

루만스토리

여행을 이야기하다

루만(累萬)이란 여러 만이란 뜻으로,
아주 큰 수를 이르는 말이라고 한다. 그래서 루만스토리는
많은 객이 모여 많은 세상 이야기를 나누는 공간을 그리며
지은 이름이라고 한다. 어떤 이야기라도 좋지만
여기 카페지기는 여행에 진심이다.
그래서 여행을 두고 하는 이야기가 끊이지 않길 바란다.

_ 윤용성

여행객 숙소를 같이 운영하고 있다.
목포의 갓바위권 여행지에
도보로 닿을 수 있다.
목포의 갓바위권 여행지는 갓바위,
평화광장, 자연사박물관,
해양유물전시관 등이 인접하여 있다.
숙소를 이용하면 음료 및
주류가 할인된다.

루만스토리의 콘셉트는 여행자카페다. 목포가 관광의
도시라서 목포 여행자를 위한 카페라고 얼른 생각할 수
있지만 여기 카페지기의 생각은 조금 다르다. 그게 전
부는 아니라는 말이다. 카페지기는 목포의 여행자들이
꼭 한번 들러보고 싶은 카페가 되기를 소망하며, 여행
을 좋아하는 이웃들이 이곳에서 여행의 뒷이야기를 나
누거나 언젠가의 여행을 계획하거나 이런저런 여행 이
야기를 맘껏 나누기를 원한다. 루만스토리에서는 목포
여행자들의 유쾌한 여행을 위하여 유익한 정보를 제공
하려는 준비를 계속하고 있다. 여행을 좋아하는 이웃들
에게도 여행을 계획할 때 참고할 여행 관련 서적을 큼
지막한 책꽂이에 빼곡히 준비하고 있다. 카페와 펍을
같이 운영하고 있다. 낮에는 커피와 음료 위주로 영업
을 하고 밤에는 주류도 같이 판매한다.

전남 목포시 하당로 30번길 16 1층
010 3797 0036
11:00~22:00
에스프레소 4,000원, 아메리카노 4,500원, 카푸치노 5,000원, 크로플 7,000원

공감

음악 그리고 낭만 인생이
커피 향이 되었다

지긋한 나이에도 멋스러움을 잃지 않고
7080 대중가요를 통하여 공감을 나누며 살고 싶은
목포의 멋쟁이 카페지기가 있다. 목포 토박이로
소싯적 음악에 진심이었고 그만의 공간에서 나름 행복한
음악인의 삶을 살고 있다. 편안한 분위기와 커피 향이
그윽한 카페에서는 저녁 무렵 라이브 공연이 펼쳐진다.
_ 윤용성

주차장이 없는 카페 공감에
차량을 가지고 방문하려면 어딘가
주차하여야 하는데 목포역 광장 옆에
유료 주차장을 이용하거나
카페 인근에 있는 '만인계'라는
복합 문화 시설 주차장에 자리가 있다면
무료로 주차할 수 있다.
평일에도 빈자리가 없을 만큼
이용자가 많은 편이긴 하나
운이 좋기를 바라보자.

목포역 주변 원도심에는 목포의 옛 멋을 찾는 이들의
발걸음이 갯벌에 물이 차고 빠지듯 반복된다. 카페 '공
감'도 이곳에 있다. 세월의 씻김으로 허름해진 낮은 건
물들 틈에 애써 멋 부린 듯한 모양새. 입구 쪽은 검은색
과 회색, 통창이 시원한 벽에는 노란색으로 대비를 줘
서 도드라진다. 꾸밈이 편하여 어느새 분위기에 스며든
다. 구석에 마련된 작은 공연 무대가 반전이다. 피아노,
기타, 스탠드 마이크, 스피커가 자리를 채우고 있다. 어
둠이 내려앉으면 누군가 애절한 유행가를 부를 참이다.
카페지기는 노래가 좋아 모이는 사람들과 어울리는 공
간으로 이름나기를 원하는 것 같다. 커피 메뉴도 준비
되어 있고 차와 에이드도 가능하다. 이 집의 커피에는
특별한 소스, 아마추어 가수들의 조금은 서툰 음정과
멜로디가 공감으로 스며 커피와 하나된다.

🏠 전남 목포시 마인계터로 44
📞 010 5243 2256
🕐 월~토 11:30~22:00, 일 11:30~17:30
☕ **아메리카노** 4,000원, **카페라떼** 5,000원, **자몽티** 5,000원, **자몽에이드** 6,000원

054

일로일로

바람만 휑하던 무안군 일로의
밭을 문화 공간으로 일구다

인터넷이 손안에 있는 세상에서는 카페를 창업할 때
입지를 운운하지 않게 되었다. 도심에서 멀더라도
매력적인 시설에 입맛에 맞는 음료와 디저트를 제공하여
홍보가 유효하면 멀리서 온 손님이 자리를 채운다.
인터넷 혁명이라 할 수 있는 사회 변화.
그 예시로 꼽는 곳이 일로일로다.

_ 윤용성

SNS 핫플답게 포토존이 많다.
포토존으로 의도하고 만들어 놓은
곳도 있지만 규모 있는 시설답게
여기저기 멋진 자리들이 제법 많다.
요즘 무거운 카메라 대신
핸드폰 카메라로 사진을 찍지만
잠자고 있는 DSLR 카메라가 있다면
둘러메고 나와도 좋다.
오랜만에 출사 여행이 즐거워진다.

무안군은 도시민과 농어민이 공존하며, 최근 신도시의
발달로 인구가 증가 중인 몇 안 되는 군이다. 목포와 경
계에 남악신도시가 발달하며 주변 일로읍이 주목받자,
한 사업가는 일로일로라는 카페를 열고 인터넷을 통해
부지런히 존재를 알리고 있다. 대규모 시설에서 전시회,
음악회, 소모임 등 문화 활동이 가능한 일명 복합 문화
공간이다. 본관 1층에 커피를 만드는 바가 있고 오페라
하우스를 연상시키는 구조로 1~2층에 객석이 마련되어
있다. 시그니처 메뉴인 일로일로라떼는 카페라떼에 미
숫가루가 첨가된 맛이다. 프랑스 정통 치즈로 직접 만
드는 빵 종류도 많은데, 이미 디저트 맛집으로 입소문
이 자자하다. 사진 찍기도 좋아서 젊은 층 방문객이 많
다. 수려한 내부 장식과 다양한 커피 메뉴와 디저트가
있어 찾아오는 차량의 행렬이 길어질 듯하다.

🏠 전남 무안군 일로읍 삼일로613   📞 010 3156 9663
🕐 10:00~22:00(라스트 오더 21:00)
☕ 에스프레소 4,000원, 아메리카노 5,800원, 일로일로라떼 6,500원

전
남

소금항카페

짭쪼름하면서 달콤한
커피가 있다, 특별하다

신안군 증도에 단일 염전으로는 전국 최대인
태평 염전이 있다. 여의도 2배 규모로, 넓은 염전,
3km에 걸쳐 길게 늘어선 소금 창고가 장관을 이루며
소금박물관과 염생식물원, 소금밭 전망대가 여행객의
발걸음을 분주하게 한다. 잠시 멈추고 커피 한잔의 여유를
맛볼 소금항카페도 이곳에 있다.

_ 윤용성

카페를 운영하는 같은 회사에서
소금 동굴 체험장을 운영하는데
카페와 연결되어 있다.
천일염을 활용한 여러 가지
힐링 프로그램을 운영하고 있다.
저렴한 족욕 체험 정도는
부담 없이 즐길 수 있다.
색다른 경험이 가능한 카페인 것이다.

넓은 정원과 테라스를 둘러보다 탁 트인 바다와 카페를
배경으로 사진을 찍고 소란을 피우고 난 후에야 안으로
들어선다. 안으로 들어서면 소금 창고가 연상되는 멋스
러운 천장에 시선이 붙들린다. 길게 뻗은 통로 양쪽으
로 좌석을 시원스럽게 길게 배치했다. 카페 입구 반대
편에 소금 동굴 체험 시설을 운영하고 있는데 연결 통
로로 바로 출입할 수 있다. 밀물 때는 바다 전경을, 썰물
때는 갯벌을 눈앞에서 볼 수 있는 테라스 테이블도 있
다. 날이 좋으면 테라스를 차지하려는 눈치 싸움이 치
열하다. 소금 생산지답게 시그니처 메뉴는 소금라떼다.
천일염을 넣어 단짠의 맛을 느낄 수 있다. 쉽게 접할 수
있는 메뉴가 아니니 그 조합이 궁금하면 기꺼이 경험해
보라. 호불호가 있을 수 있다. 그대는 어느 쪽인가? '호',
'불호'? 상상만으로는 정할 수 없다.

전남 신안군 증도면 지도증도로 1053-11
10:00~18:00

061 261 2277
아메리카노 5,000원, 소금라떼 6,000원, 소금빵 2,900원

056

모이핀

탁 트인 오션 뷰를 배경으로
즐기는 여수 최초의 대형 카페

맛은 기본이고 잊지 못할 경험을 선사하는
카페를 찾는 즐거움이 있다. 여수 최초의 바다 조망
대형 카페 모이핀이 있다. '안녕, 핀란드!'라는 뜻으로,
시원하게 탁 트인 바다를 배경으로 마치
동남아 휴양지 같다. 어디서 찍든 인생 사진이 되고,
커피 한잔의 여유를 누릴 수 있다.

_ 이진곤

5백 평 4층 규모의 여수 최초의
대형 카페답게 넉넉한 실내와 야외 공간이
돋보인다. 여수 앞바다를 품고 있어
일출과 일몰을 통창으로
감상할 수 있는 매력적인 공간이다.
바다를 배경으로 현재 새하얀 건축물인
모이핀 오션에 이어 위쪽으로
모이핀 스카이가 오픈했다.
모이핀은 아시아 최대의
카페 규모를 자랑하는
복합 문화 공간으로 거듭나고 있다.
오션점은 현재 리모델링 중이다.

매년 1월 1일 새벽이면 일출을 보기 위한 사람들로 카페
가 북적인다. 여수 최초 해돋이 행사다. 모이핀은 손님
들이 새로운 변화를 즐기도록 매년 인테리어를 바꾸고
음료 개발에도 힘쓴다. 대표 메뉴는 몽돌라떼와 동백
숲라떼. 몽돌라떼는 여수의 상징인 검은 모래 해변에서
착안하여 흑임자를 넣은 음료다. 여수의 동백숲을 형상
화한 동백숲라떼는 상큼한 수제 딸기청과 말차가 어우
러져 많은 사랑을 받고 있다. 아메리카노 등 커피뿐만
아니라 다양한 음료와 디저트를 맛볼 수 있다. 리조트
를 운영했던 경험으로 위로를 주는 공간인 미디어 전시
관 '핀 포레스트'도 선보였다. 모던한 인테리어로 편안
함을 주고, 통창을 통해 여수 바다를 감상할 수 있도록
했다. 모이핀만의 차별화된 음료와 분위기를 즐기며 인
생 사진도 남기고 구경하는 재미가 쏠쏠하다.

🏠 전남 여수시 돌산읍 무술목길 50　　📞 061 644 9313　　🕐 09:00~19:00(라스트 오더 18:30)
🍵 **몽돌라떼** 8,000원, **동백숲라떼** 9,000원, **루비자몽스파클링** 9,000원, **아메리카노** 7,000원
🌐 www.모이핀.com　　📷 @cafe_moifin

카페 라피끄

여수 최대 규모의
오션 뷰 카페

카페 라피끄는 여수 돌산 굴전마을 안쪽 깊숙한
해변가에 위치해 있다. 여수의 핫플인 예술랜드를 찾으면
쉽게 찾아갈 수 있다. 하얀 건물과 푸른 남해 바다가
어우러진 풍경은 지중해 어느 해변에 온 듯한
착각에 빠지게 한다. '라피끄'는
'먼 길을 함께할 동반자'라는 뜻의 아랍어에서 따왔다.
_ 변영숙

베이커리와 음료 주문하는 곳이 다르니 참고할 것. 라피끄도 1인 1 음료를 원칙으로 한다. 베이커리는 유기농 밀가루를 사용한다. 한 층 내려가면 3면이 통창으로 꾸며진 대형 메인홀이 나오는데, 웅장하면서도 고풍스러운 분위기를 풍긴다. 빨간색 샹들리에 덕분에 마치 파리의 어느 궁전파티장으로 향하는 기분이 든다. 눈앞의 푸른색 바다는 이국적이면서도 몽환적이다. 방문객들이 많음에도 규모가 커서 번잡한 느낌이 없다. 엘리베이터를 타면 힘들이지 않고 아름다운 몽돌 해변에 가닿는다. 해변가 산책도 라피끄에서 누릴 수 있는 특권이다. 건너편 별관 카페동과 연결 통로에도 전망 좋은 자리들이 많아 어디서든 인생 사진을 담아낼 수 있다. 생과일 듬뿍 넣은 라피끄요거트볼이 대표 메뉴. 계절 과일로 만든 주스와 에이드도 인기 만점이다.

◇

돌산대교를 건너면 여수에서 가장 큰 섬 돌산이다.
돌산읍 초입 무슬목해변과 계동으로 이어지는
해변가에 대형 카페들이 우후죽순으로 들어서고 있다.
여행자의 입장에서는 멋진 카페가 많아지는 것이
반갑지만 무분별한 개발에 걱정이 앞서기도 한다.
어쨌거나 카페 라피끄는 여수 오션 뷰 카페 중 최고다.
여수 여행 중에 놓치면 후회하는 핫플 중에 핫플이다.

🏠 전남 여수시 돌산읍 무술목길 142-1　　📞 061 924 1004　　🕘 09:00~20:00(라스트 오더 19:30)
☕ **라피끄라떼** 8,000원, **라피끄요거트볼(토핑)** 11,900원, **아메리카노** 6,500원, **카페라떼** 7,000원
📷 @cafe.rafik_official

058

사느레 정원

식물원에서 직접 재배해 만든
수제 주스

드넓은 정원과 열대 식물원 안에서 상큼한 음료를
즐길 수 있는 이색 테라피 카페가 바로 영주에 있다.
열대 식물을 구하러 제주도, 따뜻한 남쪽 지방을 누볐던
사장님의 노력 덕분에 탄생한 아름다운 식물원 카페다.
'사느레'라는 카페의 이름은 이 동네의 옛 지명인
모래 '사(沙)', 내 '천(川)' 자의 음을 따서 지었다.
_ 강한나

입장료는 없지만 1인 1 음료가 원칙이다.
너무 춥지도 덥지도 않은 봄과 가을에는
야외 정원에서도 음료를 즐겨보자.
드넓은 야외 정원에는
오두막과 흔들의자도 있지만,
음료 주문 시 피크닉 매트 대여를
요청하면 실외 정원에서
한적한 피크닉을 즐길 수 있다
(대여료 무료).

열대 과일을 직접 재배하여 갓 만든 신선한 음료를 즐
길 수 있는 이색 카페. 1천 3백여 평에 달하는 넓이를 자
랑하는 이곳의 핵심은 바로 열대 식물원이다. 하우스로
이루어진 식물원 내에 조성된 폭포에는 토종 민물고기
가 헤엄치고 희귀한 꽃과 식물, 과일들이 사시사철 자
라난다. 식물원 안에서 따스한 햇살을 듬뿍 즐기고 있
노라면 마치 지상 낙원 같은 기분이 들기도 한다. 모든
과일음료 재료는 직접 공수한다. 식물원에서 재배한 파
파야, 바나나와 패션후르츠 등으로 스무디를, 인근 블
루베리 농장에서 갓 재배한 블루베리로 요거트 음료를
선보인다. 신선한 재료로 직접 담그는 과일청 음료는
알알이 껍질을 까는 정교한 작업을 거쳐 만든다. 바쁜
일상을 떠나 싱그러운 물씬 풍기는 열대 숲 속에서 상
큼한 과일음료를 마시며 건강한 여유를 즐겨보자.

📍 경북 영주시 문수면 문수로 1363번길 30
🕐 화~일 11:00~19:00, 매주 월요일 휴무
📷 @cafe.saneure

📞 054 635 7474
🍴 **아메리카노** 6,000원, **패션후르츠에이드** 7,000원,
계절전통차 7,000원

059

브라운핸즈
백제

100년의 역사를 커피
한 잔으로 담아주는 곳

부산의 겉면은 역동적이고 다이내믹한 관광 도시지만, 속내를 들여다보면 근현대사의 격동과 상처가 서린 도시다. 특히 중앙동과 보수동 원도심에는 근현대 건물이 곳곳에 자리해 오랜 이야기를 들려준다. 건물의 외벽부터 골조, 내부 장식까지 고스란히 옛 모습이 남아 있는 브라운핸즈백제도 그중 하나다.
_ 여미현

브라운핸즈백제 건물은 1972년 화재로 5층이 불타 철거된 후 현재는 4층까지 남아 있다.
건물은 역사적 가치를 인정받아 국가 등록 문화재 제647호로 지정되었다. 가구 업체인 브라운핸즈가 시공을 맡았고, 건물 2층은 도서 문화 공간인 창비 부산이 임대하여 운영 중이다. 작가의 방, 창작 홀, 비평 홀, 계간지방 등 책과 관련한 다양한 문화를 체험할 수 있다.

1927년 부산 최초의 근대식 개인 종합 병원이었던 '백제병원'이 카페 건물의 모태다. 현재까지 개화기 건축물의 원형을 보존하고 있으며, 내부 역시 병원의 공간 구성 그대로 남겨두었다. 이곳이 독특한 점은 시간에 따라 분위기가 사뭇 다르다는 것이다. 낮에는 창으로 들어오는 밝은 햇살이 카페의 현재를 밝히고, 밤에는 조명에 반사된 내부 공간의 그림자가 부산 근현대사의 격동과 상처를 드러낸다. 세월의 무게만큼 커피 맛은 깊고 진하다. 원두는 시기별로 조금씩 다르다. 다크초콜릿과 견과류의 고소함이 어우러진 미드나잇과 과일 향과 산미가 풍성하게 퍼지는 메이페어 2가지 중에서 취향에 맞게 고르면 된다. 도장을 찍을 때마다 완성되는 그림 쿠폰은 소소한 즐거움을 준다. 커피와 곁들이기 좋은 케이크도 판매한다.

📍 부산 동구 중앙대로209번길 16 1층
📞 051 464 0332
☕ 에스프레소 5,300원, **아메리카노** 5800원, **브라운라떼** 7,300원
🕐 10:00~21:30
📷 @brownhands_baekje_

060

카페히타로

야구장에서
말차라떼 한 잔

맥주도 아니고 라떼를? 사직 야구장을 찾는 사람에게는
이상하게 들릴 것이다. 야구장에서 도보로 10분 정도
거리에 있는 카페히타로에는 특이한 야구용품이 장식되어
있다. 한때 롯데자이언츠 소속이었던 외국인 선수가
기증하고 떠난 야구 배트. 야구선수가 자주 찾는 카페로
유명해졌지만, 이전부터 말차라떼로 유명했다.

_ 여미현

녹차는 찻잎을 우려낸 물을 마시므로
찻잎의 영양소를 40% 정도 섭취한다.
반면, 말차는 새싹이 올라올 무렵부터
햇빛을 차단한 밭에서 재배하고,
찻잎 가루를 통째로 물에 풀어 마시므로
찻잎 안에 있는 좋은 성분을
100% 섭취할 수 있다.
녹차보다 떫은맛이 적은
점도 말차가 인기를 끄는 이유다.

일본 규슈를 여행할 때 작은 마을 히타가 마음에 들어
일본 가옥 카페를 열었단다. 카페 이름은 '히타' 마을에
'로(路)'를 붙여 히타로라고 지었다. 일본 가정집 느낌의
실내에서는 신고 온 신발을 벗고 실내화로 갈아 신는
다. 늘 얼굴에 웃음을 띤 주인장은 주기적으로 일본을
방문해 말차와 장식용 소품을 구입하고, 계절별로 카페
소품을 조금씩 바꿔 다른 분위기를 연출한단다. 교토의
우지 지역 말차를 사용하고, 설탕 대신 천연 감미료와
과일에서 추출한 당을 배합하여 라떼를 만들기 때문에
부드러운 풍미의 진한 말차 향을 제대로 느껴볼 수 있
다. 직접 만든 마들렌(말차, 얼그레이, 초콜릿)은 아메리
카노와 마시면 제격이다. 지하 공간은 시네마 콘서트를
하거나 소모임이 이루어지는 곳이다. 야구 경기가 없는
월요일에는 카페도 휴무.

🏠 부산 동래구 사직북로 42 1층　　　📞 0507 1302 5708　　　🕙 10:00~21:00, 매주 일·월요일 휴무
📷 @cafe_hitaro　　　🍵 말차라떼 5,500원, 말차비엔나 6,000원, 아메리카노 4,000원,
　　　　　　　　　　　　　말차/얼그레이/레몬/초콜릿마들렌 3,000원, 플레인마들렌 2,500원

061

옵스(OPS)

슈크림빵만은
이곳에서

옵스는 남천동에서 '삼익제과'라는
작은 동네 빵집으로 처음 문을 열었고, 옵스라는 이름은
1994년부터 사용됐다. 음식은 추억으로 먹는다는데,
옵스 빵이 내겐 그렇다. 이 집 슈크림빵만은
전국의 빵순이에게 달콤한 추억으로 남으면 좋겠다.
_여미현

옵스 본점인 남천점 입구 출입문에는
사진 촬영 불가 스티커가 붙어 있다.
매장이 협소한 이유도 있고,
말하지 못하는 사정도 있어 보인다.
부산에는 옵스 매장이 9개 정도 있는데,
본점을 제외하고는 대부분 촬영을
허가하는 편이다.
서울, 경기, 인천, 양산,
울산 롯데 백화점에 입점한
옵스 매장에서는 사진 촬영이 가능하다.

옵스 슈크림빵의 슈는 커스터드크림이다. 달걀 노른자
와 우유를 섞어 만든 크림에 바닐라 향을 섞었다. 옵스
의 슈크림빵이 노르스름한 색을 띠는 이유다. 여기 슈
크림빵이 유명해진 이유는 묵직한 슈 때문이다. 바삭
한 빵 껍질은 얇고, 고소한 커스터드크림은 터질 듯하
게 가득 차 있다. 처음 본 사람은 크기에 먼저 놀라고,
한 입 베어 물었을 때 입안에 가득 퍼지는 크림 맛에 두
번 놀란다. 약간 눅눅해진 느낌이 든다면, 냉동실로 고
고! 살얼음이 살짝 끼면 흡사 아이스크림 같다. 용돈을
아껴 사 먹었던 빵은 이제 조카 간식이 되었다. 옵스가
변하지 않은 덕분이다. 최근에는 고객들의 요구에 맞춰
다양한 빵을 개발한다. 시그니처가 넘쳐나는 느낌이라
살짝 아쉽지만, 그래도 멈추지 않고 계속해서 슈크림
빵을 만들어 주세요. 모두의 추억이 될 때까지.

🏠 부산 수영구 황령대로489번길 37
🕐 08:00~22:00
🌐 www.ops.co.kr

📞 051 625 4300
🍞 슈크림빵 2,300원, 명란바게뜨 2,800원, 학원전 2,300원
📷 @opsbakery_

테라로사
수영점

공간 미학과 커피 맛

모두 최고!

커피 한 잔을 통해 새로운 가치와 문화를 만들어 가는
'테라로사(TERAROSA)'. 내부 공간의 미학과 커피 맛으론
전국 최고로 꼽히는 스페셜티 커피 전문점이다.
강릉에 본사를 둔 테라로사는 전국에 22곳의 직영 매장을
운영 중이며, 부산 수영점은 10번째로 문을 연 곳이다.
_ 이승태

포르투갈어로 '붉은 땅'을 가리키는 '테라로사(TERAROSA)'는 2002년, 커피 원두를 볶아 카페 등에 공급하던 커피 공장으로 영업을 시작했다. 알음알음 입소문이 났고, 그 맛을 잊지 못하고 찾아오는 이들이 하나, 둘 늘면서 카페도 겸하게 됐다. 테라로사 수영점은 고려제강이 45년간 와이어로프를 생산하던 공장에 들어섰다. 1963년에 지어진 이 공장은 2016년 중고서점, 식당, 갤러리, 카페 등을 갖춘 복합 문화 공간 'F1963'으로 거듭났다. 손몽주 작가의 와이어를 이용한 설치 작품을 시작으로 기존 공장의 오래된 철판을 되살린 커피 바와 테이블, 기능을 다한 발전기와 보빙이 이곳의 정체성을 보여준다. 한 시대를 풍미하며 한국의 성장 동력의 중요한 축이 되었던 고려제강의 역사를 고스란히 활용한 테라로사만의 인테리어가 여간 멋진 게 아니다.

널찍하고 세련된 공간에서
세계 산지별 신선한 커피와 매일 굽는
천연발효빵과 디저트를 맛볼 수 있다.
특히 수십 년 동안 철을 다뤄온
기업의 '오리진'을 그대로 살리며
공간 미학을 보여주는 공간이어서
커피 한 잔의 여운이 더 진하고 깊다.

부산 수영구 구락로123번길 20 F1963   📞 051 756 1963   🕘 09:00~21:00(라스트 오더 20:30)
🌐 www.terarosa.com   ☕ **아메리카노** 5,300원, **카페라떼** 6,000원, **핸드 드립** 6,000~10,000원,
아메리칸피칸파이 6,000원, **휘낭시에트리오** 7,000원, **티라미수** 6,000원

063

돌창고
프로젝트

직접 제작한 도자기에
정성을 담다

남해의 근대 건축물 대정돌창고를 보존해 만든
복합 문화 공간이다. 1920년에 일제가 쌀을 수탈하기 위해
만든 양곡 창고로 건축되어 백여 년을 숨 쉬어 왔다.
1층은 도자기 작업장 및 남해 지역 예술가의
전시 판매장으로 운영하며, 2층에 카페를 운영한다.
1층에서 제작한 도자기에 특별한 음료와 디저트를 제공한다.
_ 강한나

남해에는 일제 강점기에 생긴
돌창고들이 여럿 있다. 육지와 연결되는
다리가 없이 외딴섬이었던 시절,
남해에는 물자가 귀해 곡식을 보관하는
창고가 필수였다.
지역 주민들이 직접 돌을 운반, 가공하여
지었던 돌창고는 그들의 추억이 살아
숨 쉬는 곳이자 삶의 현장이었던 곳이다.
이제는 이 창고들에 곡식 대신
남해의 청정 재료로 빚어낸 별미와
사람들의 온기로 가득 찬다.

방앗간 감성의 공간답게 여러 메뉴 중에서도 남해의 곡
류로 만든 식음료가 단연 베스트셀러. 향이 진하고 당
도가 높은 남해 유자로 담근 전통차와 직접 만든 식혜,
미숫가루 등 다양하다. 시그니처 메뉴인 돌창고미숫가
루는 유기농 곡물과 검정콩, 설탕을 첨가해 진하면서
고소한 맛을 극대화했다. 이와 잘 어울리는 디저트로
는 덩어리쑥떡을 추천한다. 찰진 식감이 일품인 쑥떡은
1978년에 개업해 2대째 이어지는 45년 전통의 '전국 4
대 떡 맛집' 남해 중현 떡집의 떡이다. 남해안 일대의 어
린 봄 쑥만 사용해서 빚어내고, 친환경 우렁이 농법으
로 직접 재배한 남해 유기농 재배 찹쌀만을 사용한다.
고소한 콩고물과 생크림, 요거트, 연유를 조합한 이 집
만의 달콤한 특제 소스에 떡을 굴려서 입안 가득 베어
먹으면 말랑쫀득한 식감과 고소한 풍미가 느껴진다.

🏠 경남 남해군 서면 스포츠로 487
🕐 목~월 12:00~17:00, 매주 화·수요일 휴무
📷 @dolchanggo_project

📞 055 863 1965
🍽 돌창고미숫가루 5,000원, 돌소금커피 6,500원, **덩어리쑥떡** 3,500원

064

쿤스트라운지

독일 마을 대표
브런치 카페

파독 광부, 간호사 등 독일 교포들이 퇴역 후 일군 정착지에 그들이 실제 거주하던 마을을 재현한 '독일 마을'.
각 가게에서는 독일식 요리와 맥주를 판매한다.
한국 속 작은 독일의 중심에는 쿤스트라운지가 있고,
남해 바다가 시원하게 내다보이는 경치에서 독일의 맛을 느끼기 위한 관광객들로 늘 문전성시를 이룬다.
_ 강한나

종류만 1천 2백여 가지가 넘을 정도로 소시지에 진심인 나라 독일.
남해의 독일 마을 곳곳에서도 쉽게 만날 수 있는 독일의 국민 간식 '커리부어스트'는 구운 소시지 위에 케첩을 올리고 그 위에 카레 가루를 살짝 뿌려 먹는 대중적인 길거리 음식이다.
제2차 세계대전 이후 베를린에서 한 군인으로부터 얻은 카레를 케첩과 믹스해 수제 소시지 위에 올린 것이 시초가 되었다.

독일 마을에서 가장 유명한 브런치 카페 중 하나다. 대형 건물로 층고가 높고 유리 통창 전면을 개방할 수 있어 시야가 확 트이는 공간이 인상적이다. 고즈넉한 마을과 아름다운 바다를 감상하며 더치아메리카노, 수제 남해토종유자차 등 남해를 담은 메뉴를 즐길 수 있다. 식사로도 손색없는 다양한 독일 전통 음식들도 취급한다. 맥주에 졸인 돼지 다릿살을 30여 분 동안 굽는 독일식 족발 '슈바인학센', 삶은 수제 소시지와 빵을 수제 커리 소스와 곁들여 먹는 '커리부어스트'까지 독일의 맛을 그대로 옮겼다. 특히 수제 소시지는 소금, 후추, 허브로 간한 국내산 돼지고기로 만들었다. 통실한 소시지는 한 입 베어 물면 입안에서 육즙이 팡팡 터지는 맛이 별미다. 거품이 풍부하고 목 넘김이 부드러운 독일 생맥주 한 잔과 곁들여 먹으면 더 맛있다.

경남 남해군 삼동면 독일로 34   070 4111 4058
일~목 10:00~21:00, 금·토 10:00~22:00
커리부어스트 16,000원, 슈바인학센 36,000원, 더치아메리카노 4,500원

065

카페 울라봉

발칙하게 유쾌한 카페

통영에 내 돈 내고 욕을 먹는 이색 카페가 있다.
진지하게 들으면 기분 나쁘니 적당히 돌려 까주는,
그래서 손님이 수용할 수 있는 선의 센스 있는 유쾌함을
선사하는 카페 울라봉이 바로 그곳이다.
- 신지영

낮에는 카페, 밤에는 PUB으로
하이볼과 생맥주 등을 판매한다.
술안주 메뉴판은 별도로 없고,
사장님이 직접 설명해 준다.
같은 건물 2층에는 파티룸과
게스트하우스도 운영 중이다.
게스트하우스도 깔끔하다.
관광지 주변에 자리하고 있으니,
이곳에서 숙박을 해보는 것도 좋겠다.

동피랑 벽화마을 근처에 있다. 외부는 딱히 특별할 게 없지만, 안으로 들어서면 다르다. 카페는 전체적으로 재기발랄한 느낌이다. 자리마다 주문서가 있어서 정보를 적고 카운터로 가져가니, 직원 분이 내용을 살펴보고 이것저것 세세하게 물어본다. 쌍욕라떼에 중지쿠키와 카이막도 주문했다. 사장님이 손수 가져다준다. 욕먹는데 기대가 되고 이상하게 설렌다. 드디어 받아본 쌍욕라떼. 보자마자 웃음이 터진다. 누군가는 굳이 왜 욕먹으러 가냐고 할지도 모르지만 커피 맛도 좋고, 여럿이 함께 방문하면 더욱 재미있는 기억으로 남을 듯하다. 직접 만든다는 카이막은 꿀을 곁들여 먹는 디저트다. 담백하고 부드러워 꿀 없이도 라떼와 먹기에 부담 없다. 일상이 심심하고 재미없을 때, 이런 독특한 카페에서 유쾌한 추억을 만들어 보자.

경남 통영시 동문로 51 1층
11:30~19:00, 매주 화요일 휴무
@woolabong

0507 1401 3824
커피/음료 4,500~7,500원, **디저트** 5,000~8,500원

066

카멜리아

작은 어촌 마을에서 즐기는
브런치

한적한 항구 앞, 인적 드문 통영의 작은 어촌 마을에
브런치 카페가 생겼다. 이렇다 할 관광지나
예쁜 카페거리가 있는 곳은 아니지만,
영화나 소설 속 한적한 바닷가에서 브런치를 즐기는
장면이 연상되는 곳이다. 조용하게 즐기기에 좋은
브런치 카페 카멜리아를 소개한다.
_ 신지영

통영 카멜리아에서는
멸치강정을 직접 만든다.
맛은 보통의 견과류강정과
크게 다르지 않다.
오히려 멸치 때문에 훨씬 고소해,
멸치를 못 먹는 성인이나 아이들도
거부감 없이 먹기 좋다.
1층 카운터에서 판매하고 있다.

통영 연기마을, 바닷가 쪽 아담한 2층 건물이 보인다.
외관은 그다지 특별할 게 없지만 동백꽃을 닮은 동그
란 간판이 잘 어울린다. 1층에는 카운터와 주방이 있고,
카페는 2층이다. 2층으로 올라가니 의외로 넓은 공간
이 펼쳐진다. 전체적으로 화이트와 옅은 파스텔 색조로
꾸며 밝고 화사하다. 먼 길을 달려온 지라 슬슬 배가 고
파온다. 아담한 항구와 마을의 낮은 지붕이 보이는 곳
에 자리를 잡고 앉아 음식과 음료를 주문했다. 테이블
을 채우는 음식들은 플레이팅이 하나같이 예쁘고 양도
많다. 재료는 대부분 지역 농산물과 특산물을 이용하
고, 허브·민트·상추 등은 직접 재배하여 사용한다. 특히
멍게밥샐러드는 매년 5월~6월 사이에 통영에서만 채취
가능한 견내량 미역을 넣는 시즌 메뉴다. 시골 마을처
럼 한적한 카멜리아에서 맛과 시간을 즐기면 좋겠다.

🏠 경남 통영시 용남면 연기길 322 📞 0507 1482 3386
🕐 월·수~목·일 09:00~20:00 매주 화요일 휴무
🍽 멍게밥샐러드(시즌) 12,800원, 루꼴라마리네이드 12,000원, 브리오슈프렌치토스트 14,800원, 샥슈카(에그인헬) 15,000원

067

카페루시아 본점

박수기정의 절경을 품은
오션 뷰 카페

카페 루시아는 다양한 연령대의 가족이 함께 가도
나이를 떠나서 모두 즐거운 시간을 보낼 수 있다.
야자수가 심어진 넓은 정원은 아이들이 뛰어놀기 좋고
카페 앞으로 펼쳐진 서귀포 바다는
어느 누구라도 좋아할 만큼 멋진 풍광이다.
_ 김영미

서귀포시 안덕면의 카페루시아. 야외 테이블에 앉으면 멋진 제주 해안 풍경이 펼쳐진다. 제주의
바다가 루시아의 정원 같다. 커다란 통창이 있는 1층 카페, 야자수가 가득한 잔디밭, 야외 테라
스, 2층의 루프톱까지 어디 한 곳도 탁 트인 바다가 안 보이는 곳이 없으니 오션 뷰 카페임이 틀
림없다. 파도의 철썩거림도 더욱 세차게 들린다. 돌과 야자수는 이곳이 제주임을 실감케 한다.
이곳은 제3회 SRC에서 입상한 임수연 바리스타가 로스팅한 원두를 사용하기 때문에 유독 커피
가 맛있다. 직접 담근 청귤청으로 만든 청귤에이드도 추천한다. 베이커리는 천연 발효 버터인 프
랑스산 고메버터만을 사용하며 소금빵과 제주감귤빵, 깜빠뉴가 인기가 있다. 석양이 지는 바닷
가를 '즐감'할 수 있는 노을 맛집이니 일몰 시간을 확인하고 방문하는 것을 추천한다.

✦ ✧
제주 올레 8코스와 이어져 있는
대평리가 바로 곁이다.
잠시 시간 내어 제주의 햇살을 느끼며
카페루시아가 있는 대평리 골목길을
자박자박 걸어보자.
높지 않은 돌담이 있는 아담하고
한적한 마을을 걷다 보면 마음이 평온해진다.

🏠 제주 서귀포시 안덕면 난드르로 49-17　　📞 064 738 8879
🕐 09:30~20:30(6~9월 09:30~21:00)　　💰 **아메리카노** 6,000원, **아인슈페너** 8,000원, **청귤에이드** 9,000원
📷 @jeju_lucia_

브라보비치
성산일출봉

제주 여행의 쉼표

종달구좌 해안 도로는 제주에서 가장 긴 바닷길이다.
달리다가 해외 리조트 같은 이국적인 모습이
눈길을 끈다면, 거기가 바로 브라보비치다.
여행 일정에 지친 몸과 마음에 쉼이 필요할 때 잠시 여기
멈춰 제주 서쪽 풍경이 전하는 이야기에 귀 기울여 보자.

_ 허준성

068

제주 서부를 대표하는 베이커리 카페인데 빵보다 먼저 뷰에 빠져든다. 너른 잔디밭 주변으로 이국적인 카바나가 둘러싸고 있고, 건물 앞에는 2명이 편히 누울 수 있는 베드들이 지친 여행자를 기다리고 있다. 위치가 좋아서 멀리 제주 바다와 성산일출봉, 그리고 우도가 한눈에 들어온다. 솔솔 불어오는 바닷바람에 이 정도면 완벽한 여행의 쉼표가 아닐까 한다. 시그니처 메뉴는 브라보버거세트로 탑처럼 토핑을 쌓아 올린 버거에 감자튀김과 콜라가 함께 나온다. 버거는 도저히 손으로 들고 먹지 못할 정도로 두툼하다 못해 거대하다. 해외 휴양지 분위기에 제주 바닷바람이 더해지면 버거는 고급 요리로 변한다. 추천 음료로는 크림이 듬뿍 올라간 제주쑥라떼가 좋다. 눈이 번쩍 뜨일 만큼 부드러운 크림과 향긋한 쑥의 맛이 묘하게 잘 어우러진다.

자릿값이 포함되어서 음식과
음료 가격이 제법 높다.
가성비는 아닐지라도 '가심(心)비'가
좋으려면 아무래도 날씨가 좋은 날이나 바람이
강하지 않는 날에 찾도록 하자.
날씨가 좋은 날 오후에는 대기가
길어지기도 하니 참고하자.

🏠 제주 서귀포시 성산읍 해맞이해안로 2614　　📞 064 782 8448
🕐 09:00~19:00(라스트 오더 18:30)　　🍔 **브라보버거세트** 18,000원, **제주쑥라떼** 9,000원
📷 @bravo_beach

제주
아베베베이커리

제주 지역 특징을
재해석하다

남원청귤요거트크림도너츠, 우도땅콩크림도너츠,
영실목장순수우유크림빵, 제주오메기떡소보로도너츠.
이름만 들어도 제주스러운 아베베베이커리의 메뉴다.
특색을 살리고 지역 먹거리를 활용한 다양한
음식이 있지만, 여기만큼 제주의 색과 맛을 함께
담은 곳은 흔치 않다.

_ 허준성

공항과 가까운 동문시장에 있어
제주 도착했을 때나 떠날 때 들르면 좋다.
보통 대기 시간이 1시간 정도는
훌쩍 넘어가는 경우가 많다.
주차는 '동문공설시장 공영 주차장'에
하면 되며 동문시장 12번 게이트 입구로
나오면 매장이 있다.
따로 홀이 없어 포장만 가능하며,
당일 먹고 남은 도넛은 냉동했다가
자연 해동하여 먹으면 크림이
젤라또처럼 쫀득해진다.

처음 동문시장에 아베베가 문을 열었을 때 꼭꼭 숨기
고 싶었다. 한 번 맛보면 바로 단골이 되어버리는 마약
(?) 같은 맛에 이제는 줄을 한참을 서야 맛볼 수 있는 곳
이 되었다. 아베베베이커리는 제주의 지역 특징을 살린
다양한 도넛이 주력이다. 시그니처 메뉴인 우도땅콩크
림도넛은 쇼트케이스에 넣기가 바쁘게 빠르게 빠져나
간다. 빵은 식감을 살릴 정도의 두께에 나머지는 크림
으로 가득 채워 넣었다. 각 지역의 특색을 작명에 반영
하고 맛으로까지 이어지게 만드는 센스가 놀랍다. 도넛
은 19종류가 있고, 빵도 13종류에 달한다. 하나하나 제
주 각 지역의 특징과 특산물을 살렸다. 당일 만들어진
크림이 듬뿍 들어간 만큼, 바로 먹는 것이 맛이 좋다. 도
넛과 함께하면 좋은 커피도 저렴한 편이고 제주 청귤로
만든 우유도 있다.

🏠 제주 제주시 동문로6길 4 동문시장 12번 게이트 옆
📍 10:00~21:00(라스트 오더 20:30)
📷 @bakery_abebe

📞 010 8857 0750
🍴 크림도너츠 2,900~3,200원, 빵 3,300~4,500원

070

오드씽

해외 휴양지에서 쉬는 느낌

너도나도 앞다투며 바닷가에 들어서는 카페들과 달리, 중산간 한가운데 자리 잡아 한라산을 앞마당으로 끌어들이며 파노라마처럼 펼쳐놓았다. 다 똑같아 보이는 바다 뷰가 식상했다면 한라산이 주는 편안함과 이국적인 풍경이 인상적인 오드씽이 답이 될 수 있다.

_ 허준성

카페로는 오전 11시부터 저녁 7시까지 운영되고 저녁 6시부터 자정까지는 펍으로 함께 운영된다.
매일 이어지는 디제잉에 어깨춤이 절로 들썩이게 되지만, 저녁에는 다소 음악 소리가 큰 편이기도 하다. 여행 중 편안하게 쉬러 간다면 저녁보다는 낮 시간이 더 어울린다.

카페가 자리 잡은 오등동은 옛날 '오드싱'이라고도 불렸는데, 마지막 글자를 'Sing(씽)'으로 바꿨다. 밤에는 DJ가 함께하는 펍으로 변신한다. 제주에서 여기보다 큰 카페가 있나 싶을 정도의 대형 카페로 피자, 파스타와 같은 식사류 그리고 다양한 칵테일까지 주문 가능하다. 공간이 주는 시원함이 특히 마음에 든다. 오드씽의 시그니처는 단연 마당에 있는 커다란 풀장. 해외 휴양지를 떠올리게 만드는 이국적인 풍경을 연출해 인생 사진을 남기기에 최적이다. 제주에 숨 막힐 듯한 더위가 찾아오는 7월부터는 이용객 대상 무료로 수영을 즐길 수도 있다. 일정 금액 이상 주문해야 이용 가능하니 음료에 식사 메뉴를 일부 추가하면 된다. 펫 프렌들리 매장으로 야외의 펫 존과 실내 동반 구역이 있어 반려동물과 편안하게 즐길 수 있는 것도 마음에 든다.

제주 제주시 고다시길 25
11:00~19:00(음식 라스트 오더 18:00)
@oddsing_jeju

070 7872 1074
아메리카노 6,000원, 오드브런치 15,000원

Part 4

즐거운 맛
실비 메뉴

001

웰빙마차

평택 사나이의 손 큰 상차림이
끝을 모르고 계속된다

옛적에 비닐 포장을 쳐놓고 '포장마차'라고 불리던
주점이 있었다. 저렴한 주전과 낭만적인 분위기를
좋아 찾아 드는 서민들의 아지트 노릇을 해주었는데
위생 문제와 도시 미관 문제로 도심에서 퇴출되어
버린 것이다. 하지만 그 영업 형태는 '○○마차'라는
이름으로 제대로 된 영업장에서 여기저기서
성황리에 자리를 잡고 있다.

_ 윤용성

어느 이름난 유튜버의 취재 영상이
인터넷에 올라오면서 찾는 발길이
많아지고 또 다른 취재가 이어지고
당당히 유명 맛집 반열에 올랐다.
이제는 미리 예약하지 않으면
자리를 차지할 수 없게 되었다.
방문 전 예약이 필수다.

일본에 주방장에게 주문을 일임하는 '오마카세'라는 문
화가 있다. 우리나라에도 '맡김차림'으로 쓰이고 있다.
이 집도 단품 메뉴가 있지만 사장님이 일정 금액을 받
고 차려주는 상차림으로 입소문 났다. 격하게 감동한
손님들이 '오마카세', '삼촌카세'라는 별칭을 붙여준 것
이다. 메뉴판에는 없는 단골손님들 사이의 비밀스러운
주문이자 고민하는 손님을 위한 사장님의 필살기 메뉴
인 셈. 일단 주문을 해보면 다양한 해산물 안주가 회로,
숙회로, 찜으로, 튀김으로 연이어 나온다. 통닭집도 겸
해서 느닷없이 해산물 술상에 통닭이 날아들기도 하고
달걀말이도 나온다. 육해공 안주가 모두 깔리는 순간이
다. 마무리할 즈음 얼큰한 매운탕과 해산물라면까지 차
려지면 '사장님 이렇게 하셔도 괜찮으세요?'라는 공통
질문이 쏟아지고 통큰 사장님을 춤추게 한다.

🏠 서울 금천구 삼성산길3　　　📞 02 892 5797　　　🕐 14:00~22:00
🍴 **시사모튀김** 15,000원, **낙지숙회** 40,000원, **갑오징어숙회** 45,000원, **문어숙회** 45,000원,
　사장님 특선 상차림 50,000원

서
울

002

낙원순대할머니

50년 한결같은 맛으로
가성비가 훌륭한 노포 맛집

남을 의식하며 살다가 사람들의 눈치에서 벗어나
오랜 식당에서 긴장감을 내려놓고 싶을 때 생각나는 곳,
낙원순대할머니 집이다. 어떤 푸념도, 고된 세상 이야기를
나누어도 나의 이야기에 귀를 기울여 줄 것 같은 곳.
낙원동 낙원상가 지하에 있는 노포 낙원순대할머니 집으로
발길을 향한다.

_ 이진곤

낙원순대할머니 메뉴 중 머릿고기와
비빔국수의 궁합이 좋다.
한 그릇 가득 채운 양념 국수에
얇게 썰어낸 오이와 김 가루 그리고
달걀 반쪽이 올라간다.
약간은 느끼할 수 있는 머릿고기와
새콤달콤한 맛이 조합을 이룬다.
여기에 숨은 일등 공신은
직접 담근 김치다.

낙원순대할머니 집은 시어머니가 시작한 가게를 이어
받아 50년 동안 한자리에서 머릿고기와 순대를 판다.
머릿고기는 주문하면 바로 데워서 나온다. 윤기가 나고
육질도 야들야들해 보인다. 함께 나온 새우젓에 살짝
찍어 먹으면 입안에서 사르르 녹는다. 이렇게 부드러운
식감이 비법이라면 비법. 많이 찾는 건 모둠전이다. 효
자 메뉴는 바로 잔치국수와 비빔국수. 그릇 가득한 국
수를 보면 먹기도 전에 행복해지고, 김이 모락모락 피어
오르는 육수에 간장 양념을 넣어 먹으면 헛헛했던 마음
도 채워진다. 간판의 가격표에 종이가 덧붙었어도 여전
히 가격이 착하다. "혼자서 힘드시지요?"라고 묻자 "일
할 수 있을 때까지 우리 가게를 찾아주시는 손님을 위
해서 문을 열어야지"라고 웃으며 답하신다. 언제 찾아
도 오랜 벗처럼 부담 없이 먹을 수 있다.

🏠 서울 종로구 삼일대로 428 낙원빌딩 지하 1층   📞 02 743 2788
🕙 10:00~21:30, 매주 일요일 휴무
🍴 **모둠전** 10,000원, **머릿고기** 10,000원, **잔치국수** 4,000원, **비빔국수** 5,000원

003

나드리식품

을지로 인쇄 골목 사이
숨어 있는 인생 맛집

을지로4가 인쇄 골목 사이에 허름한 점방이 숨어 있다. '이런 데서 뭘 먹는다고?' 의문을 품고 들어선 음식점에서 끊임없이 나오는 음식의 행렬에 드디어 인생 맛집을 찾았다는 얘기가 튀어나온다. 서울 최고 오마카세 선술집인 나드리식품은 100% 예약제다.
_ 황정희

전화 연결 자체가 쉽지 않은데다 최소 한 달 전에는 예약해야 한다. 2인 예약은 힘들고 3명 이상 5인까지 예약을 받는다. 딱 그날 예약한 손님이 먹을 만큼의 음식만 준비한다. 거의 3시간 이상 음식점에 머무르므로 느긋하게 즐기는 여유가 필요하며 음식이 계속 나오기 때문에 초반에 싹싹 비우면 나중에는 배불러서 못 먹을 수도 있다.

'이모카세'의 원조 나드리식품, 이모카세는 '이모+오마카세'의 합성어다. 그날그날 메뉴가 주방장의 재량에 따라 만들어진다. 유명 연예인의 사인과 사진이 현란할 뿐 지극히 레트로한 분위기다. 하루에 6팀만 예약을 받는다. 허름하지만 맛은 미슐랭 부럽지 않다. 6시부터 9시까지 순차적으로 음식이 나온다. 머릿고기, 파강회, 소시지부침, 매운갈비찜, 김밥, 스지탕, 메로구이, 과일은 거의 고정이다. 매운갈비찜은 푹 익은 무가 압권이고 자꾸만 손이 가는 김밥, 푹 곤 스지탕은 배가 부른데도 먹게 된다. 마지막쯤 나온 메로구이도 눈 깜짝할 새 사라진다. 국 하나에 우니, 문어, 전복, 가리비 등 해물류 4~5가지, 추억의 소시지부침 등 부침류 2가지, 두부김치와 제철 음식까지 거의 16~18가지의 메뉴. 자연산 송이가 반찬으로 나오는 행운을 만날 수도 있다.

🏠 서울 중구 을지로33길 38
🕕 18:00~22:00, 매주 토·일요일 휴무

📞 0507 1340 8961, 010 4747 8961
💰 오마카세(이모카세) 50,000원

모아식품

푸근한 식당에서 정겹게
한잔할 수 있는 곳

예나 지금이나 을지로와 충무로를 기준으로 넓게 펼쳐진
이 동네는 각자 개성을 지닌 오래된 가게들이 많아
마치 보물 찾기를 하는 듯한 매력이 있다.
'힙지로'라고 주목받고 있지만 좁은 골목 사이
낮과 밤이 다른 조그마한 가맥집은 맛과 가성비,
분위기까지 잡은 보기 드문 곳이다.

_ 운민

모아식품 메뉴 중 술과 함께
간단하게 즐길 수 있는 안주류도
이곳의 자랑거리다.
특히 후식으로 시켜 먹는 짜파게티가
모아식품에서 인기 있는 메뉴.
반숙 달걀프라이가 올라가 있는
짜파게티는 칼칼함이 더해져
다시 술이 생각나게 하는 신기한 경험을
하게 해준다. 낮 시간에는 두 테이블만
운영되니 사전에 전화로 미리
예약을 하는 게 좋다.

이곳에 가기 위해서는 지하철 을지로3가역에서 나와
인쇄 골목으로 들어가야 한다. 별미집닭곰탕 옆 좁은
골목길에서 '모아식품'이 나온다. 본관과 별관 두 채로
구성되어 있는데, 오후 5시 이전까지는 테이블이 2개만
있는 본관만 문을 연다. 별관은 인쇄소와 같은 건물을
써서다. 겉으론 구멍가게처럼 보이는 이곳의 특별함은
뭘까? 먼저 등심 또는 차돌박이, 삼겹살을 주문해야 하
는데 가격에 놀랄 수 있다. 하지만 기준이 600g이니 3
인분이 넘는 양이다. 주문하자마자 풍부한 밑반찬이 나
온다. 특히 오이를 통째로 담근 오이소박이는 술을 시
키지 않을 수 없을 정도로 영롱하다. 맥주와 소주를 한
잔하며 주위를 돌아보면 특유의 정겨운 분위기가 느껴
진다. 차돌과 등심을 구우며 술잔을 기울이다 보면 이
순간만큼은 모아식품이 주는 행복에 빠져든다.

🏠 서울 중구 마른내로 61-6 　　　📞 02 2273 0922
🕐 월~목 13:30~24:00, 금·토 13:00~01:00(라스트 오더 평일 20:30, 토 18:30), 매주 일요일 휴무
🍽 **등심(600g)** 40,000원, **차돌박이(600g)** 40,000원, **감자짜글이+스팸** 20,000원

희야수퍼

005

날이 좋아서 거리에
낭만을 차렸다

남산타워 회전 레스토랑이 안 부럽다. 격식 차리지 않아도
좋은 사이라면 헐거운 주머니 사정을 고려하여
슈퍼에서 술과 안주를 마련하고 가게 한 켠에 마련된
테이블을 빌려 소박한 한 상을 벌릴 수 있다. 날이 좋으면
소박한 한 상은 당당히 도시의 거리를 차지하는
낭만의 한 상으로 거듭난다. 어느 주점도 부럽지 않은
낭만 주점을 우리는 '가맥'이라 부른다.

_ 박동식

아직도 카드를 안 받는 가게가
있나 싶겠지만 이 집이 그렇다.
가성비가 좋아 따지지 않고
값을 내게 되는데 자칫 현금이 없어
송금해야 하는 번거로운 일이
있을 수 있으니 미리 현금을 준비하고
방문하는 것이 좋다.

충무로 도심 한복판 작은 상가 건물 1층에 슈퍼가 먼저
차려졌다. 그 곁에서 새벽부터 출근하는 직장인들을 상
대로 샌드위치며 김밥이나 라면 등 간편식을 팔아볼 양
으로 안으로는 슈퍼와 통하는 통로를 내고 간편식 포
차가 시작됐다. 주인은 같지만 업종이 다른 두 가게였
는데 시간이 갈수록 경계가 묘연해졌다. 포차의 음식이
슈퍼 한 켠에 차려지다가 이내 '가맥'이 시작됐다. 이 집
의 인기 메뉴는 단연 부추전. 바삭바삭한 식감에 탄복
하며 주인장에게 비법을 묻자 답은 간단하다. 기름을
넉넉히 두른 팬에 부추 반죽을 펴고 노릇노릇 구워내면
그만이다. 마침 비가 오는 날에 자리를 차지할 수 있는
행운을 얻는다면 막걸리 한 잔과 부추전 그리고 빗소리
의 향연으로 인생 술집 분위기도 가능하다. 조촐한 만
찬을 즐기고 만 원짜리 1장으로 값을 치를 수 있다.

서울 중구 서애로29
02 2275 4191   06:00~21:00
채소김밥 3,000원, 꼬마김밥(2줄) 2,500원, 부추전 5,000원, 냄비라면 3,500원

326

006

술상대첩

다양한 안주에
술은 무제한

물가 오른다는 뉴스는 해마다 나오지만,
최근의 물가 인상은 무서울 정도다.
이 와중에 이렇게 팔아서 남는 게 있을까 싶은 곳을 만났다.
술상대첩이다. 상호도 예사롭지 않다.
저렴한 가격으로 술과 안주를 즐길 수 있는
술상대첩은 소규모 회식 장소로도 인기가 많다.
_ 박동식

주문은 2인 이상부터 가능하다.
2인의 경우 안주 4가지를 고를 수 있다.
하지만 첫 주문에는 안주를 2가지만
주문할 수 있다.
2가지 안주를 다 먹은 후에
1가지씩 추가 주문이 가능하다.
음식을 1/3 이상 남기면 환경부담금
5천 원의 벌금도 있다.
술은 무제한이지만 시간은 2시간으로
제한된다. 아무리 적게 마셔도 본전(?)은
뽑는 집이다. 무한 세트가 아니라
개별 메뉴로도 주문이 가능하다.

지하철 7호선 굴포천역 8번 출구를 빠져나가자 먹자
골목이 펼쳐졌다. 술상대첩은 2층에 자리하고 있다. 출
입구의 카운터를 DJ 박스로 꾸미고, LP 판을 걸어둔 벽
에 붉은 스카프를 두른 'DJ 오빠'까지 그려져 있었다. 카
운터뿐만 아니라 내부 벽면 곳곳이 70~80년대를 연상
케 하는 벽화들로 장식되어 있었다. 구멍가게, 분식집,
영화관 같은 것들이었다. '무한A set'를 주문했다. 안주
는 1인당 2가지, 술은 무제한으로 제공된다. 고를 수 있
는 안주는 20여 가지가 넘었다. 출출한 탓에 떡볶이를,
중국 요리가 맛있다는 소문 때문에 유린기를 주문했다.
술은 직접 꺼내 마시면 된다. 안주 맛도 훌륭했다. 추가
로 감바스와 화산전골을 주문했다. 감바스는 양이 적었
지만 제대로 맛을 냈고, 화산전골은 마라 향 덕분에 소
주 안주로 최고였다.

📍 인천 부평구 충선로 203번길 50 로얄프라자 203호 📞 0507 1347 4370 🕐 월~목 17:00~01:00, 금·토 17:00~03:00,
매주 일요일 휴무 🍽 **무한A set** 19,900원, **무한B set** 24,900원, **생삼겹살파무침** 13,900원, **화산전골** 13,900원
🌐 blog.naver.com/wjw0706

뚝방슈퍼

서울에서 가장 빨리
갈 수 있는 시골 노상 가맥집

30번 버스에서 내려 한참을 구시렁대며 걸어야
구멍가게가 나온다. 뚝방슈퍼는 창릉천 옆 둑방길에 있다.
냉장고에서 맥주 2병과 냉기로 희뿌연 유리컵을 들고
평상에 앉는다. 물가의 갈대들이 쑥대머리를 흔들고
그 너머 북한산이 보인다.

_ 송윤경

소주와 맥주, 막걸리까지 주종을 마다하지 않아 안주도 다양하다. 막걸리 안주로 많이 찾는 호박채소전과 김치전은 얇게 펴서 중심까지 바싹 익힌다. 매콤한 비빔국수를 한 그릇 주문해 전에 싸 먹으면 잘 어울린다. 비빔국수 간이 살짝 아쉬우면 함께 나오는 열무김치를 넣어 비벼 먹자. 소주 안주는 잔치국수다. 멸치 육수에 소면만 후루룩 삶아 볶은 채소를 얹고 양념장과 낸다. 인기가 많다 보니 늦게 가면 육수가 동나서 먹을 수 없다. 냉면과 라면, 여름에는 콩국수도 있다. 육개장과 황태해장국까지 있는데, 알고 보니 행주산성 자전거 라이딩의 성지이자 강고산 등산객들이 허기를 달래는 맛집이었다. 입이 심심할 땐 달걀말이나 번데기탕, 황도를 더해보자. 다시 냉장고로 가서 맥주를 꺼내게 된다.

벌써 50여 년 된 슈퍼는 강고산 아래,
마을의 일상 반경 안에 있다.
원래 동네 사람들에게 라면을 끓여 팔다
하나씩 늘어난 메뉴가 20여 가지다.
단골이 끊이지 않는 데는 이유가 있다.
어르신이 전화기 너머로
"응, 오늘도 뚝방이야"라며 너스레를 떠신다.
도시적 열망은 경의중앙선 위 전차에
실어 보내고 소소하고 따스한 풍경에 마음을 놓아본다.

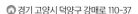

🏠 경기 고양시 덕양구 강매로 110-37   📞 031 970 0461
🕙 11:00~19:30(비 오는 날 휴무)   🍽 **콩국수** 8,000원, **비빔국수** 6,000원, **호박채소전** 6,000원

008

옥집

소주로 전국 일주

수원 성균관대 인근, 대학생부터 중년 주당까지 오랫동안
큰 사랑을 받는 옥집. 한 칸짜리 가게에서 시작해 이제는
대형 술집으로 발전했으니 명실공히 수원 대표 술집이다.
친절하고 스마트한 사장님의 마인드에도 흠뻑 빠진다.
한 번도 안 간 사람은 있지만 한 번만 간 사람은 없다는
수원 주당들의 성지 옥집을 찾는다.

_ 고상환

곳곳에 걸린 표어 같은 문구들이 눈에 들어온다. '작은 이득에 양심을 팔지 않겠습니다', '저도 아직 5~6천 원에 소주를 사 마실 준비가 안 됐습니다' 등 주인의 굳센 걸기마저 느껴진다. 테이블의 반은 대학생, 반은 40~50대다. 이런 풍경을 지닌 술집이 또 있을까. 재미있는 풍경이다. 사실 아재 주당들은 젊은이들이 몰려오면 그 자리를 내어주기 마련인데 여전히 자리를 지키는 것을 보면 옥집은 포기할 수 없는 주당들의 성지인 것이다. 먼저 판매하는 주종이 다채롭다. 가성비 좋은 안주도 옥집의 자랑이다. 특히 오징어 & 제육볶음은 맛깔난 양념에 채소를 수북하게 올려 감칠맛이 풍부하다. 해물어묵탕 역시 어마어마한 양과 시원한 국물 맛이 놀랍다. 원래 가맥 콘셉트로 시작한 주점이라 가맥의 기본인 황태구이와 골뱅이소면도 인기가 좋다.

"제주 먼저? 서울 먼저?" 제주부터 시작한다면
우선 한라산을 먼저 비우고
어디로 상륙할 것인지를 정해야 한다.
진도에 내린다면 잎새주를 마시고 전북의 하이트를 마신다.
다음 충남의 린, 충북의 시원을 마시고
서울에 도착해서 참이슬을 주문한다.
부산에 내렸다면 좋은데이, 화이트, 대선을 마시고
경북의 참, 강원의 처음처럼을 마신다.
주당들이 모이면 소주로 전국 일주를
즐길 수 있는 재미있는 곳이다.

🏠 경기 수원 장안구 율전로108번길 20 2층
🕐 월~금 16:00~01:00, 토 15:00~02:00,
　　매주 일요일 휴무

📞 031 298 5029
🍴 오징어 & 제육볶음 18,900원, 해물어묵탕 16,900원,
　　골뱅이파무침 & 소면 16,900원

우락이네술찜

우리 동네 낭만 술집

009

집 가까운 곳에 단골 술집이 있다는 것은 행운이다. 지친 퇴근길에 동료와, 아니면 우연히 만난 이웃과 가볍게 한잔 나누거나 한밤에 맥주 마시고 싶을 때 그냥 반바지에 슬리퍼 신고 갈 수 있는 술집 말이다. 손님의 대부분이 동네 주민인 작고 아담한 술집, 우락이네술찜이다.

_ 고상환

편안한 분위기, 푸짐한 안주,
사람 좋아 보이는 업주.
우락이네술찜은 괜찮은 동네 술집이다.
자리를 잡고 안주를 기다리는 동안
인근 주민으로 보이는 손님 서너 명이
각각 오징어볶음과 제육볶음 등을
포장해 갔다. 작은 술집에, 그것도
이른 저녁에 포장 손님이 많다는 것은
그만큼 안주 맛이 좋다는 방증일 것이다.

우락이네술찜은 동그란 테이블 5개뿐이다. 하지만 안주가 맛있고 푸짐하면서 가격마저 저렴해 인근 주민들에게 무한 애정을 받는 곳이다. 매콤하면서 진한 냉콩나물국이 나오는데 안주가 나오기도 전에 술잔에 손이 간다. 업주의 추천 메뉴인 두부제육김치는 놀라울 정도로 푸짐하다. 제육볶음 색깔만 봐도 범상치 않지만, 달걀프라이가 압권이다. 엄청난 양에 한 번, 서니 사이드 업과 오버 이지 사이를 넘나드는 조리 스킬에 두 번 놀란다. 따뜻하게 데친 두부는 한 모를 모두 담았다. 맛은 말할 필요도 없다. 새콤한 김치를 돼지고기와 함께 볶았으니 당연히 맛있다. 오픈 시간에 맞춰 왔는데, 어느새 테이블마다 손님들이 가득 찼다. 모두 가벼운 안주에 술 한 병 놓고 도란도란 이야기를 나누는 이웃들이다. 이 집의 단골손님이 되고 싶어졌다.

🏠 경기 수원시 팔달구 화산로 24
🕐 17:00~24:00, 매주 일요일 휴무
📞 031 292 4697
🍴 **두부제육김치** 25,000원, **골뱅이무침** 16,000원, **프라이드치킨** 16,000원

강
원

010

엄지네
포장마차 본점

맛있는 꼬막이 한가득

동그란 그릇에 빈틈없이 박혀 있는 꼬막.
강릉 엄지네포장마차의 꼬막무침이다. 맛깔스럽게 무친
꼬막무침과 같은 양념으로 비빈 밥을 함께 맛볼 수 있는
꼬막정식은 전국에서 강릉으로 여행자들을 불러 모은다.
그릇을 가득 채운 꼬막 사진이 SNS를 타고 널리널리 퍼져,
오늘도 강릉 엄지네포장마차는 문전성시를 이룬다.
_ 채지형

엄지네포장마차가 꼬막무침비빔밥을
개발한 건 2014년으로,
2017년에 특허 출원까지 냈다.
대기하지 않았더라도
2층 대기실에 올라가 보자.
음식점 넓이만 한 대기실이
마련되어 있다.
한쪽 벽면에는 유명한 스타들의
사인이 가득 붙어 있고,
기부를 실천하는 사장님 부부의
기사를 볼 수 있다.

소설 『태백산맥』에서도 '간간하고, 쫄깃쫄깃하고, (…)
그 맛은 술안주로도 제격이었다'라며, 벌교 꼬막을 소
개한다. '꼬막=벌교'라는 공식을 깬 곳이 바로 이곳이다.
대표 메뉴인 꼬막무침비빔밥. 맛깔스러운 꼬막무침과
비빔밥이 큼지막한 그릇에 반반 담겨 있다. 귀한 꼬막
이 촘촘하게 올라간 것만 봐도 기분이 좋고, 고소한 참
기름 냄새가 기대감을 올린다. 입에 넣으면 탱글탱글한
꼬막과 간간한 양념이 어우러져 맛의 향연이 펼쳐진다.
간장 양념이 기본인데 청양고추와 쪽파를 넣어 매콤한
데다, 참기름의 고소함이 더해져 엄지네포장마차만의
맛을 낸다. 여자만과 순천만, 득량만에서 생산된 국산
꼬막 100%다. 사장님 고향이 벌교여서인 듯싶다. 술안
주로 꼬막무침만 주문할 수 있다. 고소한 기름장에 찍
어 먹는 달콤한 육사시미도 인기다.

🏠 강원 강릉시 경강로 2255번길 21　📞 033 642 0178　🕐 11:00~22:00(포장 11:00~23:00)
🍴 **꼬막무침비빔밥** 37,000원 **육사시미** 30,000원 **꼬막무침** 35,000원

011

콜롬보식당

30년 노포의 향기,
연탄 구이 갈매기살

해가 지고 어둠이 내린 시간이었다.
강릉의 중앙시장은 대부분 문을 닫았다.
어두운 시장 골목을 지나 더 한적한 골목으로 들어섰다.
그리고 저만치 간판 하나가 보였다. 어둠 속에서 거의
유일한 불빛이었다. 지나는 사람도 거의 없는
골목 끝자락 즈음에 콜롬보식당이 있었다.
_ 박동식

콜롬보식당이 유명해진 것은
〈허영만의 백반 기행〉에
소개되면서부터다.
방송 직후에는 손님들로 넘쳐났지만
수년이 지나면서 지금은 그 열기가
많이 사그라든 상태다. 하지만
주말이나 겨울에는 오후 7시면
자리가 없을 정도다.
오래된 노포를 좋아하는 여행자라면
적극 추천한다.
카드 결제가 안 된다는 점도
염두에 두면 좋다.

식당 앞에 놓인 파라솔, 그곳에 앉은 두 분이 손님의 전
부였다. 인근에 사는 단골이라고. 더운 여름날, 식당에
에어컨이 없어서 매우 더웠다. 술을 마시기에는 밖이 더
시원했다. 이곳의 메뉴는 간단하다. 갈매기살, 삼겹살,
소고기, 돼지통갈비. 그날 준비된 고기는 갈매기살뿐이
었다. 다행히 주문하려던 메뉴였다. 테이블 세팅도 간단
했다. 3년 묵은 김치, 마늘과 고추, 상추 대신 배추쌈. 연
탄 위에 판이 올라오고 그 위에 갈매기살을 올렸다. 갈
매기살은 전혀 양념하지 않는 것이 이곳의 특징이다. 고
기가 익으면서 말려들어 갈 때는 가운데 힘줄을 잘라주
라며 직접 시연을 보여주었다. 고기는 쫄깃하고 담백했
다. 여름보다 겨울이 성수기며 밥은 볶아 먹을 수 없고,
공깃밥도 운이 좋아야 '얻어먹을 수' 있다. 비수기의 콜
롬보식당은 조금 쓸쓸하고 애틋했다.

🏠 강원 강릉시 중앙시장3길 32
📞 033 642 2543   🕐 11:00~21:00
🍴 **갈매기살**(200g) 12,000원, **삼겹살**(200g) 12,000원, **소고기**(200g) 30,000원

회포차 THE30

푸짐하고 깔끔한 집

회포차 THE30은 강릉 영진 해변에서 도보로
불과 3분 거리다. 바다가 보이는 위치는 아니지만
해변 산책 후 찾아가기 좋은 위치다.
실내는 여느 횟집과 달리 카페가 연상될 정도로 깔끔하고
젊은 분위기다. 테이블은 대여섯 개로 많지 않은 편이다.

_ 박동식

회포차 THE30은 '쓰키다시'를
제공하지 않는다.
대신 저렴한 가격과 깔끔한 음식으로
젊은 여행자들의 발길을
끌어모으는 곳이다.
주차 공간이 없다는 점도 염두에 두자.
하지만 주변이 한산한 주택가라서
주차할 곳을 찾는 것은 어렵지 않다.

오픈 시간부터 이미 두 테이블이 차 있을 정도로 인기
가 많다. 점심 영업을 하지 않는 것도 손님이 몰리는 이
유 중 하나다. 회포차 THE30의 인기 메뉴는 세트. 세
트 메뉴는 모두 4가지로, 3가지는 가격이 동일하고 요
리의 차이가 있다. 회는 동일하게 제공되고 회무침, 매
운탕, 구이, 물회 중에서 2가지씩 포함된다. 나머지 하
나는 회에 위의 4가지 요리와 초밥까지 포함된다. 모든
요리가 포함된 마지막 세트를 주문했다. 가장 먼저 임
연수구이가 놓였다. 그릴에서 노릇노릇 구워 겉은 바삭
하고 안은 촉촉했다. 회무침에는 깻잎과 날치알이 함께
세팅된다. 플레이팅으로도 좋지만 날치알 덕분에 식감
이 더욱 풍부해졌다. 물회와 초밥도 나무랄 것이 없었
다. 이날의 회는 광어, 우럭, 참도미였다. 가격 대비 다양
하고 풍성한 요리였다.

🏠 강원 강릉시 연곡면 영진길 30　　　📞 033 661 0730
🕐 17:00~24:00, 매주 일요일 휴무
🍴 **더30 세트메뉴** 45,000~60,000원, **모둠회** 40,000~60,000원, **해산물모둠** 25,000원, **생선초밥**(10P) 12,000원

013

멕시칸 양념치킨 우암체인점

치킨과 과일의 조화

한국 사람들이 자주 먹는 치킨. 한 입 베어 물면 바삭거리는 튀김옷에 하얀 살코기, 거기에 맥주 한 잔이면 세상 부러운 것이 없는, 하늘이 내린 조화이자 천상의 궁합이라 할 수 있겠다. 그런데 새로운 궁합이 나타났다. 치킨과 과일. 술 못 마시는 사람들과 아이들을 위한 환상의 조합이다.

_ 신지영

멕시칸양념치킨 우암체인점은 사장님의 경영 철학이 확고하다. 자리가 생겨도 주문이 밀려 있을 때는 밖에서 기다려야 한다. 냄새에 질려 맛이 떨어진다는 것이 이유다. 또 오후 3시-5시 30분까지는 청소년이 출입할 수 있지만 오후 6시 이후부터는 미성년자 출입 불가다. 사장님의 말로는 치킨집이 아닌 호프집이라 어른들을 위해 정해 놓은 규칙이라고. 모두가 쾌적하게 즐길 수 있도록 방문 전 꼭 염두에 두자.

멕시칸양념치킨은 1990년 8월, 청주대학교 앞에서 영업을 시작한 체인점이다. 학생들의 가벼운 주머니를 생각에 1993~1994년부터 과일을 서비스로 제공하기 시작했고, 몇 년 전 학교를 졸업한 학생이 유튜브에 올리면서 급속도로 알려졌다. 15시부터 영업 시작이라 16시경 도착하여 가게 문을 열어보니 이미 테이블은 만석. 차례가 되어 자리에 앉아 반반으로 주문한다. 치킨보다 과일이 먼저 나온다. 파인애플, 바나나, 멜론, 수박, 포도, 사과 등 웬만한 과일 안주보다 더 잘 나온다. 과일값이 더 나올 것 같다. 사장님께서 치킨과 꼭 같이 먹어야 한다고 신신당부하신다. 추천해 주신 바나나와 치킨으로 시작했다. 의외로 잘 어울리는 조합. 게 눈 감추듯 먹어 치웠다. 이제부터 치맥이 아닌 '치과'! 청주로 여행을 가게 되면 꼭 들러야 할 곳이 생겼다.

🏠 충북 청주시 청원구 수암로78번길 4-1
📞 043 257 6736
🕐 15:00~02:00
🍗 프라이드치킨 18,000원, 양념치킨 19,000원, 반반 19,000원

014

대박

술만 시키면
안주는 공짜다

업소에 도착한 시간은 오후 6시 전후였다.
이미 모든 테이블이 만석이었다. 왕복 2차선 도로를
사이에 두고 맞은편 신영시장도 한산했고 주변에
유동 인구도 거의 없었다. 오로지 이곳만 손님들로
가득 찬 모습이었다. 다행히 잠시 후 테이블 하나가 비었다.
- 박동식

대박은 실비집이다.
기본 주류만 주문하면 안주는 무료다.
기본 이후 맥주와 막걸리는
1병에 5천 원, 소주와 청하는 1병에
7천 원을 받는다.
대신 안주는 계속해서 리필된다.
단, 기존 안주의 리필이다.
영업 종료 시간은 빠른 편이다.
늦은 오후나 초저녁에 가는 것을
추천한다.

나이 지긋한 어른들은 모두 지역 주민들로 보였고 이미
거나하게 취해 있었다. 테이블에 앉아서 맥주를 주문했
다. 주류는 맥주 이외에도 막걸리, 소주, 청하 등이 있었
다. 맥주와 막걸리는 기본이 4병이었고, 소주와 청하는
기본이 3병이었다. 주류를 주문하고 나니 테이블에 안
주들이 깔리기 시작했다. 홍어회, 병어회, 박대구이, 생
선찌개, 고동, 새우 등 10여 가지가 넘었다. 종류는 계절
과 시장 상황에 따라서 조금씩 달라진다. 홍어회는 삭
히지 않아서 코가 뻥 뚫리는 맛을 기대했다면 아쉬울
수 있겠으나 특유의 삭힌 냄새에 거부감을 갖고 있던
사람이라면 쉽게 접근이 가능하다. 냉동 병어회는 사각
사각한 식감이 느껴졌고 방금 끓인 생선찌개는 얼큰해
서 좋았다. 고급스럽고 풍성하진 않지만 다양한 안주를
맛보는 재미가 쏠쏠했다.

전북 군산시 구시장로 61 1층　　📞 0507 1359 9928　　🕐 14:00~20:30, 매주 화요일 휴무
🍺 맥주(4병) 20,000원, 소주(3병) 20,000원, 청하(3병) 20,000원, 막걸리(4병) 20,000원,
물메기탕 20,000원, 홍어탕 20,000원, 제육볶음 20,000원

제일촌

진짜 노포 바이브(Vibe)

하필이면 동네 이름도 영화동(永和洞)이다.
청요릿집과 룸살롱이 한 집 건너 있던 동네는 늘 화목해
사람들로 북적였다. 지금은 사람 그림자를 찾기 힘드니
동네는 과거의 기억을 품고 조용히 나이 들어가고 있었다.
불 꺼진 번화가에 '제일촌' 간판이 마지막 등불처럼
네온사인을 켰다.

_ 송윤경

제일촌은 술잔을 기울이는
단골들의 사연이 한 잔이고
노포와 너무나도 어울리는
최백호 씨 노래가 안주다.

제일촌은 40년을 바라보는 노포다. 소주 2병과 맥주 7
병. 인원수에 맞춰 대충 술을 넣고 스티로폼 상자에서
파란 바께쓰(?)로 얼음을 냅다 붓는다. 기본 안주인 두
부와 김치는 인원수 상관없이 큰 접시에 두부 두 쪽과
김치가 나온다. 대표 메뉴는 황태. 강원도 속초 등지
에서 잘 마른 황태 1년치를 한꺼번에 사 온다. 폐철길에
서 가져온 레일에 황태를 올려 망치로 두드린다. 노릇
하게 구워내니 결대로 가볍게 찢어진다. 양념장은 과하
게 찍어도 짜지 않다. 황태를 어찌나 잘 말렸는지 양념
장을 스펀지처럼 쭉 빨아당긴다. 목포에서 가져오는 갑
오징어는 시가다. 15분 정도 굽는 갑오징어는 딱딱한
것 같다가도 씹을수록 촉촉하다. 술자리가 익어가면 장
조림햄 안주가 당긴다. 한 입 먹으면 소주의 쓴맛을 확
덮어버려 다시 빈 잔을 채우게 한다.

🏠 전북 군산시 구영7길 133-7   📞 063 445 7312
🕕 18:00~24:00(손님 따라 변동)   🍴 황태 15,000원, 갑오징어 시가

전
북

016

다갈로 가맥

다 같이 모여서
한잔하자!

전주 가맥집들은 시간이 흐르면서 변하기도 했지만
그래도 변치 않는 게 있다면 소박한 분위기다.
인테리어도 소박하고 메뉴도 기본에 충실한, 익숙한
술안주들이다. 그런 편안함이 가맥의 매력일 것이다.
독특한 이름의 다갈로 가맥은 '다같이 모여서 한잔하자'라는
뜻이라고 하니 이름마저 정겹다.

_ 김수남

누군가 전주에는 가맥집이
200~300집이나 된다고 한다.
집집마다 조금씩 색깔이 다른데
다갈로 가맥은 튀김과 치킨을
잘한다고 소문났다.
느끼하면 골뱅이소면도 마무리로
좋고 라면도 주문하면 끓여준다.

보통의 가맥집들은 손님들이 알아서 냉장고 속 맥주를
가져다 마신다. 나중에 빈 병을 헤아려서 계산하는 시
스템이다. 그런데 다갈로 가맥은 주인이 가져다준다. 그
것도 얼음을 가득 채운 양동이에 담아서. 먹을 만큼 먹
고 나머진 반납하면 된다. 기본 마른안주가 나오는데
이 역시 작은 식판에 담겨 나온다. 보자마자 인증 사진
을 찍게 만드니 주인장 감각이 보통 아니다. 자신 있고
반응이 좋은 메뉴에는 별 3개, 4개가 붙어 있다. 덕분에
오래 고민할 필요가 없다. 갑자기 왜 별 5개짜리는 없을
까 궁금증이 생겨 물어보자 주인장도 모르겠다며 웃는
다. 잔웃음이 곳곳에서 팡팡 터지는 재미있는 곳이다.
중년의 부부가 운영하는데 공식 대표는 아내인 김미영
씨로 주방을 책임진다. 홀을 관리하는 남편의 푸근하고
서글서글한 인상이 술맛을 더 좋게 만든다.

전북 전주시 덕진구 동가재미2길 35 063 246 9989 17:00~01:00, 매월 2번째·마지막 월요일 휴무
옛날프라이드치킨 18,000원, 닭발튀김 18,000원, 오징어튀김 15,000원, 골뱅이소면+달걀찜 18,000원,
먹태 17,000원

영동슈퍼닭발

입에 살살 녹는
가맥집 치킨

전주 특유의 외식 문화 중에 가맥이 있다. '가게 맥주'의
준말이라 오래된 가맥집은 슈퍼에서 시작되었다.
 전주 영동닭발의 원래 이름도 '영동슈퍼닭발가맥'이었다.
시그니처 메뉴인 고추통닭은 입안에서 살살 녹을 정도인데
웬만한 호프집, 치킨집보다 경쟁 우위다 보니 시기성
민원 탓에 이름을 줄였다.

_ 김수남

전주의 가맥 문화는 가게에서 맥주와
간단한 안줏거리를 구입해서
테이블에 앉아 먹던 데서 시작했다.
처음엔 쥐포나 오징어, 황태구이 등의
마른 안주였지만 지금은 치킨을 비롯한
다양한 요리로 발전했다.
법적 형식도 슈퍼를 벗어났지만
분위기나 전통은 옛날 슈퍼다.
그래서 대부분의 가맥집들은 술도 손님이
직접 꺼내 마시도록 하고 있다.

1991년에 문을 열어 장인에서 사위로 대물림되면서 30
년 넘게 맥을 이어오고 있다. 이곳의 인기 메뉴는 반죽
에 고추가 들어간 매콤고추통닭이다. 기름도 깨끗하고
잘 튀겨서 식감이 좋다. 육질이 살살 녹을 정도. 역시 대
표 메뉴라 할 만하다. 청양고추가 아니어서 그런지 그
리 맵지는 않지만 혀에 걸리는 고추의 식감이 좋다. 2대
사장 유정석 씨에 따르면 맵기에는 호불호가 있어서 나
름의 방식으로 찾아낸 최적의 비율이라고 한다. 맥주를
3병 정도 주문하면 서비스로 닭발튀김이 나온다. 뼈를
발라낸 닭발을 매콤하게 무친 요리는 흔한데 이곳은 통
째로 튀겼다. 심심풀이 술안주로 좋다. 매장에는 연예인
을 포함한 유명인들의 사인이 빼곡하다. 여행자의 눈에
는 세계 지도 위의 각국의 병따개가 더 흥미롭다. 쳐다
보기만 해도 술맛이 난다.

🗺 전북 전주시 완산구 현무1길 14
◉ 17:00~23:00, 매주 일요일 휴무
🌐 www.cafe.daum.net/jj4997

📞 063 283 4997
🍴 매콤고추통닭 19,000원, 연탄구이황태 15,000원,
　고소한통닭발튀김 15,000원

018

전일갑오
(전일수퍼)

가맥집 근본

전주 한옥마을 뒷동네 어딘가 술꾼들의 곳간이 있다.
퇴근길 동네 친구 불러다 맥주 두 잔을 연거푸 마시기도,
더운 날 마른 목에 급히 맥주를 붓기도 한다.
청량감 넘치는 한 잔만큼 속도 시원하게 풀어주는
가게 맥줏집, 전주를 가맥 도시로 만든 전일수퍼다.
_ 송윤경

가맥이라는 정체성을 고수하며
맥주만 판다. 가끔 전주 전통술인
모주를 팔기도 한다.
그래도 안주와 페어링이 잘되는
술은 맥주다. 맥주는 제조사별로 있지만
금세 동이 난다.
주말에는 줄을 서야 할 정도고
영화제 때는 유명인도 볼 수 있을 만큼
인기가 좋다.

낮에는 슈퍼, 밤에는 가맥집으로 사업자를 따로 만들어 전일갑오로 명했다. 갑오는 갑오징어의 준말이다. 갑오징어를 쇠망치로 두들겨 야들야들하게 구워낸 것이 입소문을 타면서 유명세에 앉았다. 지금은 기계가 두들겨준다. 한여름에도 연탄불을 피우는 전일갑오는 40여 년 동안 변함없이 주문과 동시에 갑오징어와 황태 또는 한치를 굽는다. 잘 팬 황태는 연탄불 주변에 널어두는데 덕분에 속까지 바싹 말라 더욱 바삭하다. 간장에 마요네즈, 참깨, 청양고추를 넣어 달고 짜며 칼칼한 소스가 함께 나온다. 오죽하면 마약 소스라 할까. 시그니처에 달걀말이가 오르지 않을 수 없다. 딱 맞은 간과 배합이 잘 된 채소, 치즈를 넣으면 황금빛 달걀말이가 된다. 안주 종류가 많지 않지만 엄선한 재료로 훌륭한 맛을 연출하는 건 기본기를 중시한 전일갑오의 치트키다.

🏠 전북 전주시 완산구 현무2길 16
🕐 15:00~01:00, 매주 일요일 휴무

📞 063 284 0793
🍽 **황태포** 12,000원, **갑오징어** 20,000~30,000원, **달걀말이** 8,000원

삼일슈퍼

진도의 사랑방, 삼빠

어두운 골목, 간판도 없는 작은 슈퍼가 저녁마다 들썩인다.
이곳이 바로 전남 최고의 가맥집 삼일슈퍼다.
진도 사람들은 삼빠(삼일슈퍼+Bar)라고 부른다.
손님은 술값이나 안줏값을 묻지도 않는다.
그저 마신 병을 세고 주인의 말대로 지불한다.
오랜 시간의 신뢰로 가능한 삼빠만의 셈법이다.

_ 고상환

추자도에 가기 전날 동료 작가들과
삼일슈퍼에서 소맥을 마셨다.
8명이 테이블 하나에 옹기종기 모여 앉아
신나게 수다도 떨었다. 스팸달걀구이가
나오자마자 "와!" 하는 환호성이 터졌다.
"누가 스팸에 달걀물을 입혀서 부쳐요.
귀찮고 힘들게. 그건 엄마가
자식들에게나 해주는 거죠." 듣고 보니
묘하게 설득되며 고개가 끄덕여졌다.

테이블 3개와 조그만 방이 2개 있다. 방 안 냉장고에 술이 가득 채워져 있으니 마음껏 꺼내 마시면 된다. 마치 친구들과 집에서 마시듯 편안한 분위기다. 하지만 인기 좋은 곳인 만큼 예약은 필수다. 대부분 가벼운 안주를 즐기며, 새우 과자나 쥐포 3마리를 주문한다. 추가되는 안주는 보통 스팸달걀구이와 군만두다. 술은 소맥이 잘 어울린다. 가볍게 한 잔 비우고 스팸달걀구이를 토마토케첩에 찍어 한 입에 먹어야 맛있다. 그러면 또 소맥을 부르고, 또 스팸달걀구이를 부르는 무한 반복 마법에 걸리게 된다. 군만두는 만두 한 봉지를 모두 구운 듯 큰 접시에 가득 담겨 나온다. 바삭하게 구웠으니 맛은 물론이요 허기진 술꾼의 속을 든든하게 채운다. 진정한 가맥집 감성에 취해 이야기는 길어지고 빈 병은 쌓여간다.

전남 진도군 진도읍 옥주길 28-1
17:00~05:00

061 544 3362
스팸달걀구이 14,000원, 군만두 10,000원

020

임채환
참치정육점

100g에 8천 원,
가성비 끝판왕 참치 집

"내가 옛날에 배를 탔을 때는 말이야!"
초량전통시장 안에서는 이런 말이 심심찮게 들린다.
60년이 넘는 세월 동안 부산 시민과 함께 동고동락한
초량시장 한편에는 가성비 훌륭한 참치집이 있다.
호주머니가 가벼운 시절에도 참치 한 접시에
소주 한 병 정도는 먹는 사치를 부렸다.
_여미현

초량전통시장은 1960년대부터
부산 근대 역사와 함께 성장했다.
부산역에서 도보로 5분 내외 거리에 있고,
차이나타운, 초량 이바구길 등
관광지가 가까이 있다.
초량시장을 둘러볼 때, 대표 특산품인
명란과 어묵을 맛보길 권한다.

큰 대로를 사이에 두고 참치를 썰어주는 주방과 테이블
이 마주한다. 주문한 참치가 나오면 먼저 소주를 한 잔
마신다. 술상을 세팅하는 동안 냉동실에서 꺼낸 참치
가 사르르 녹아 반짝인다. 부드러운 뱃살 주도로, 붉은
색 속살 세도로, 꽃등심처럼 기름진 대뱃살 오도로. 참
다랑어는 50g부터 주문할 수 있고, 가격에 맞춰 시키면
알아서 넉넉히 썰어주신다. 보통 눈다랑어는 80kg 정
도고, 참다랑어는 150kg 정도 된다. 참치 한 마리에서
나오는 양도 많고 부위별로 맛도 달라지니, 가격이 달
라지는 것은 어쩌면 당연하다. 낙동구이김을 보니 여기
가 부산인 게 틀림없다. 물가만큼만 가격도 조금 올랐
으나, 참치가 비싸다는 고정 관념을 깨고 가성비 좋은
집으로 거듭났다. 시장에서 다른 음식을 사 와서 같이
먹어도 괜찮다는 인심 넉넉한 집이다.

🏠 부산 동구 초량로13번길 12(초량시장 내)   📞 0507 1414 5297   🕐 17:00~24:00, 가끔 일요일 휴무
🍴 참치(100g) 8,000원, 눈다랑어 황새치뱃살(1~2인) 25,000원, 눈다랑어 황새치뱃살+새도로(1~2인) 27,000원,
눈다랑어 황새치뱃살+주도로(1~2인) 33,000원, 눈다랑어 황새치뱃살+오도로(1~2인) 38,000원

021

벌떼집

가성비 미친
해물 마니아 술꾼 아지트

이곳이 맞나 싶을 만큼 골목 안쪽으로 들어가면 나타나는
술꾼들의 아지트, 벌떼집이다.
노포 느낌의 출입문을 열면 내부가 마치 포장마차처럼
꾸며져 있다. 사장님 마음에 따라 해물탕에 투하되는
낙지 수가 달라진다는 소문이 전해지는 집.
이곳에서 해산물 파티를 즐겨보자.

_ 여미현

주메뉴가 뭔지 모를 만큼 각종 해산물과 요리로 메뉴판
이 복잡하다. 반듯하게 프린트된 메뉴도 있고, 종이에
손으로 쓴 메뉴도 있으며, 프린트된 천에 프린트된 종
이를 붙인 것도 있다. 하지만 크게 고민하지 마시라. 우
선 해물탕을 시키면 된다. 홍합, 바지락, 가리비, 꽃게,
새우, 조개, 전복 등이 냄비에 쏟아져 나오고 보글보글
끓을 때쯤 사장님이 큼지막한 낙지를 가지고 와서 투하
한다. 낙지 값이 크게 오르지 않은 날이면 작은 사이즈
를 시켜도 낙지 한 마리쯤 더 넣어주신다. 저렴한 가격
에 신선함까지 잡았다. 시원하고 맑고 뽀얀 해물 육수
는 보는 것만으로 군침이 돈다. 인심 좋게 투하된 낙지
는 쫄깃하고 부드러운 식감을 자랑한다. 사장님의 인심
은 시세 따위와는 담을 쌓은 듯하다. 소주 한두 병쯤은
꼴깍꼴깍 쉽게 넘어간다.

메뉴를 추천해 달라고 하면,
주문받던 젊은 사장님은 주방에 있는
엄마에게 슬쩍 미룬다.
40년 넘는 장사로 이골이 났다며,
사장님은 주방에서 나오시면서
몇 가지 메뉴를 말씀하신다.
제철에 나오는 생선을 먹는 게
제일 낫단다.
수십 가지 메뉴가 있지만, 수많은 사람이
같은 메뉴를 먹는 신비로운 곳이다.

📍 부산 연제구 월드컵대로119번길 7
🕐 11:00~22:00, 매주 일요일 휴무

📞 0507 1327 2549
🍽 해물탕(소) 25,000원, 해물탕(중) 35,000원 *제철 해물은 시가 판매

022

남강실비

실제 비용보다 더 푸짐하게
내주는 한 상 차림

장사 시간에 맞춰 도착했더니 우리가 첫 번째 손님이다.
가게 앞에서 서너 명의 아주머니와 얘기 중이던 사장님은
"손님이 오면 장사해야지!"라며 바지를 툭툭 털고
의자에서 일어서신다. 출입문을 열자 사장님보다
저녁노을이 먼저 가게 안으로 성큼 들어선다.

_여미현

스지는 소의 사태에 붙은 힘줄과
주변의 근육 부위다.
스지는 일본식으로 읽은 것으로,
순화시킨 표현은 '소 힘줄'이다.
스지는 불투명하고 쫀득쫀득한
콜라겐 덩어리다.
소 힘줄보다 스지라고 불러야
말맛과 고기 맛이 제대로 살아나는
느낌이다.

먼저 상을 선점하는 밑반찬이 참 독특하다. 땅콩, 과
자, 비스킷, 귤, 자두, 삶은 달걀 등이 큰 플라스틱 접시
에 나오고, 고동, 게, 생선조림, 오이소박이, 게맛살, 삶
은 브로콜리, 생피망, 어묵전, 김치 등이 술상을 가득 채
운다. 냉장고에 있는 반찬을 다 털어낸 듯하다. 이쑤시
개로 고동을 파먹고 있으면 메인이 등장한다. 이 가격
에 이 정도 퀄리티의 고기를 맛볼 수 있다니, 눈물이 날
뻔했다. 고기는 잡내가 전혀 나지 않고, 야들야들하게
잘 삶겼다. "내 무릎 연골이 다 닳을 만큼 삶은 거야." 사
장님 말이 농담 같지 않다. 한 무리의 손님이 들어온다.
"이모, 적당히 주세요!", "여긴 '이모카세'가 제격이지!"
허물없는 농담으로 보아 꽤 오래된 단골 같다. 사장님
의 나이는 어느새 78세. 일본에서 장사하다가 부산으
로 건너와 17년째 수육을 삶고 있단다.

🏠 부산 중구 흑교로21번길 6-1   🕐 16:30~21:00
🍴 **수육** 25,000원, **스지** 20,000원, **천엽** 15,000원, **똥집** 15,000원, **마구로** 15,000원 *현금 결제*

023

황남주택

과거와 현재를 잇는
요즘 가맥

천년 고도 경주가 요즘 트렌드다.
신라 고분인 황 씨 무덤이 있어 이름 붙은 황남동은
서울 경리단길처럼 황리단길이 되면서 가속이 붙었다.
오래된 건 레트로로, 낭만은 클래식으로 바뀌었다.
'황남주택'도 버려진 한옥을 개조해 옛 정취를 고스란히
느낄 수 있다. 마치 할머니 댁에 온 듯 포근하고 예스러운
분위기에 펍이 가진 힙(Hip)함까지 챙긴 대세 가맥집이다.
_ 송윤경

동네 작은 구멍가게에서 가볍게 맥주 한잔할 수 있는 가맥(가게 맥주)과 전통이 만났다. 이른바 '한옥 맥주'다. 경주 핫플레이스인 황리단길에 괜찮은 맥줏집이 없다고 여긴 조혜진 대표가 결혼 후 경주에 살면서 자신만의 센스를 살려 만들었다. 고즈넉한 경주 여행에 맥주 한 잔으로 마침표를 찍기에 더없이 좋다. 툇마루에 앉아도 좋지만 널찍한 마당 자리가 인기다. 밤이면 지나간 영화를 틀어 무드를 더하고 잘그락대는 자갈 소리도 운치를 더한다. 찬 바람이 불면 마당 한가운데 모닥불을 피운다. 감각적인 인테리어와 분위기에 더한 독특한 이벤트가 눈길을 끈다. 우리 음악일 때도 있고 스포츠 경기일 때도 있다. 안주는 오징어와 쥐포가 기본, 주전자에 내어오는 어묵탕과 학교 앞에서 팔던 불량 식품까지 다양하다.

황리단길에서 조금 떨어진
한적한 곳에 있다.
찾는 손님이 많아 주말이라면
저녁 식사 후 일찍 가서 자리 잡는 걸 추천한다.
아니라면 컵라면으로 요기할 수 있다.
달큰하게 술이 오르면 대릉원과
첨성대를 사부작사부작 산책해 보자.

🏠 경북 경주시 포석로 1050번길 45-8　　📞 0507 1480 5359
🕐 15:00~24:00　　🍴 **오징어** 15,000원, **쫀드기** 2,000원
📷 @hn_house

024

박복심 양곱창

곱창을 맛있게 먹는
최고의 방법!

박복심 씨는 부산 자갈치시장의 곱창 골목에서
40년간 '백화양곱창'을 운영하던 곱창 요리의 달인이다.
4년 전 지금의 자리로 옮길 때 '박복심 양곱창'으로
상호를 바꿨다. 현재 대표는 박복심 씨의 건강이
갑자기 나빠지며 자리를 이어받은 막내 장정욱 씨다.

_ 이승태

양과 곱창, 대창, 염통 등 모든 재료는 어머니가 오랫동안 거래해 온, 김해와 부산의 도축장에 딸린 전문가공업체에서 깨끗하게 손질한 상태로 배달된다. 다른 지역에서는 곱창 껍질을 벗기지 않고 숙성시켜 먹는다. 그러나 부산·경남 지역에서는 껍질을 벗겨 초벌구이를 한 다음 테이블에 내놓는다. 그러면 5kg짜리 곱창이 3kg으로 줄어든다. 여기서 또 지방을 떼면 양이 더 줄지만 더 맛있기 때문에 고집하는 것이다. 양, 곱창은 기름이 남아 있어야 맛있어서 박복심 양곱창은 기름이 빠지지 않는 불판을 쓴다. 기름이 과해도 먹기에 불편해서 주방에서 초벌구이를 해 가장 먹기 좋은 정도로 기름을 빼는 과정을 거친다. 대창도 굽는 과정에서 반으로 잘라서 기름을 빼준다. 곱창은 양쪽 끝에 통마늘이 박혀 있다. 곱이 빠지지 않게 하는 이곳만의 노하우다.

모든 고기는 먹기 편하게 직원들이
직접 굽고, 잘라서 손질까지 해준다.
손님들이 가장 많이 시키는 것은 박복심 양곱창의
모든 메뉴를 한 방에 맛볼 수 있는 A세트.
마지막에 전골 양념에 볶아 먹는
전골볶음밥이 압권이다.
한우곱창과 한우염통에 각종 채소를
듬뿍 넣은 후 비법 소스와 양념을
올려 끓인 전골은 고소하고 얼큰하다.

경남 김해시 함박로 11번길 3-3　055 331 9222　17:00~23:00(라스트 오더 22:00)
특양구이 20,000원, 한우대창구이/곱창구이 18,000원, 한우염통구이 12,000원,
구이모둠 (小) 29,000원, (大) 49,000원, SET A(모둠 大+전골 小) 69,000원

025

할매샌드위치

삼천포 술꾼들의
2차 성지

바다 위로 해가 떨어지면 삼천포 용궁포차촌은 집어등 같
은 불을 밝힌다. 전국에서 몰려든 손님이 하나둘 낚이고 포
차 천막 색처럼 얼굴이 벌겋게 달아오르면 그제야 발길을
옮긴다. 아쉬운 술꾼들은 늦은 시간 부둣가를 배회하다가
아늑한 할매샌드위치로 들어와 술상을 부린다.
_ 송윤경

으레 노포라면 카드 결제가
되지 않을 듯하지만 가능하다.
제로페이도 된다.
다만 할머니가 카드라고 하면
귀가 잘 안 들리시다가 다행히
현금이 있다고 하면
바로 뒤돌아보신다는 점은 알고 가자.
아, 포장도 된다.

용궁포차촌에서 비틀대며 걸어도 3분 거리다. 아담한
내부에는 4인 테이블 2개가 있고 벽면에는 추억을 쌓
듯 낙서가 덧칠되어 있다. 밖에 간이 테이블을 놓고 먹
을 수도 있다. 겉에서 보면 영락없는 분식집이다. 사각
틀에 꼬치어묵이 한쪽으로 쏠려 익어가고 경상도식 가
래떡떡볶이는 용광로처럼 활활 타오른다. 철판이 달궈
지면 식빵 서너 개가 올라간다. 달걀프라이에 값싼 양
배추가 미어지게 올라간다. 케첩과 마요네즈가 씨줄과
날줄로 오가면 완성, 할매샌드위치. 술꾼들이 꾸준히
허기진 이유는 탄수화물이 필요해서다. 그럴 땐 짜파게
티가 답이다. 옹골차게 만 김밥도 정답. 멸치 우린 국물
로 해장까지 도와주는 국수도 옳다. 어떤 선택지 하나
도 실패가 없다. 분식이라면 비싸지만, 안주라면 저렴한
가격에 지갑이 벌렁벌렁 열린다.

🏠 경남 사천시 중앙로 8
🕐 16:00~04:00(변동 가능)

📞 055 833 7515
🍴 **짜파게티** 4,500원, **샌드위치** 3,000원, **국수** 4,000원

026
숙이통술

마산 넘버원 통술

마산에는 통술이 있다. 술이 커다란 통에 담겨 나와서 통술이라는 설이 있고 여러 안주가 통으로 나와서 통술이라는 설도 있다. 드럼통 테이블이라서 통술이라고 주장하는 사람도 있다. 어찌 됐든 다채로운 안주를 푸짐하게 즐길 수 있다. 그중에서도 가성비 좋기로 소문난 숙이통술을 찾았다.

_ 고상환

통술은 마산의 상징이었다.
오동동통술거리는 물론
부림시장 주변 골목에 많은 통술집들이
주당들을 맞이했다.
인근 마산어시장의 풍부한 해산물을
기본으로 특색 있고 푸짐하게 내어주는
통술은 비슷한 술 문화를 지닌
인근 지역과 비교해도 확실히 한 수 위다.
술꾼으로서 마산의 전통 술 문화인
통술이 오래 이어지길 바란다.

미리 예약하고 방문했더니 벌써 한 상 가득 푸짐하게 차려져 있다. 먼저 바다 향 진한 미더덕회와 멍게. 미더덕 껍질 벗기는 게 여간 성가신 일이 아닌데, 하나하나 깨끗하게 정성껏 손질했다. 모두 특유의 쌉싸름한 향이 소주와 찰떡궁합이다. 함께 차린 매콤한 양념게장, 인삼과 꿀 역시 훌륭하고 달달한 배추 알배기와 나물도 반갑다. 여기까지는 기본 차림이다. 고소한 죽을 시작으로 전복구이, 오징어숙회, 참소라, 홍어삼합 등 에이스급 안주들이 계속 나온다. 아직 끝이 아니다. 갯가재와 꽃게찜, 생선조림과 호박전, 장어구이와 달걀찜 등 안주의 파도가 이어진다. 신선하고 주인의 손맛도 좋으니 과음은 기본이다. 겨우 1인 1만 5천 원에 이 상차림이 가능하다니! 그저 놀라울 따름이다. 이쯤 되면 숙이통술이 아니라 '혜자통술'이 더 어울리겠다.

경남 창원시 마산합포구 동서북10길 8 055 223 2888
16:00~24:00
한 상(4인 기준) 60,000원, (2인 기준) 40,000원, 1인 추가 10,000원

이모집

마산 넘버원 실비집

실비는 가볍게 한잔 마시고 가는 술집이다.
대폿집이나 선술집과 같은 의미로, 술 한 병에 안주가
따라 나오는 집도 실비라고 불렀다. 예를 들면 소주 한 병에
1만 원인데, 주문하면 소주 한 병과 멍게 한 접시를 주고,
한 병을 더 주문하면 회 한 접시를 더 내어주는 식이었다.
시대가 변해 모습은 조금 다르지만 마산의 이모집은
요즘 마산에서 가장 인기 좋은 실비집이다.
_ 고상환

이모집은 기본적으로 실비집이다.
가까운 마산어시장 사람들이
불쑥 들어와서 한잔 마시고 가던 집이다.
안주들 모두 가성비 좋지만,
간단히 한잔 마시려면 옛 실비집처럼
주문해 보는 것도 좋다.
달걀말이와 어묵탕만 주문하면
둘 합쳐서 1만 원으로 손님이 많은
번잡한 시간이 아니라면
혼술하기 알맞은 구성과 가격이다.

실비집은 1인당 안주 가격을 받는 형태로 바뀌며 술값
과 안줏값이 저렴한 술집을 통칭하는 의미로도 발전했
다. 오동동문화거리와 마산항 사이의 이모집은 유난히
지역민이 많이 찾는데 단골손님들은 이 집을 '이모실비'
라 불렀다. 최근 안주 맛이 좋기로 SNS에서 소문이 나
면서 주말이면 어김없이 줄을 서야 한다. 이모집의 메뉴
판은 '모든 안주 중(中) 1만 8천 원'. 해석하면 닭도리탕,
알탕, 호래기무침 등 이모집의 모든 안주 사이즈가 '중'
이며 가격도 동일하다는 말이다. 철마다 구성이 바뀌는
'해물모둠'만 2만 3천 원이다. 문어숙회와 한치숙회, 호
래기회와 미더덕회 등 구성도 알차고 선도 좋은 해산물
특유의 감칠맛이 좋다. 그런데 사실 간판 메뉴는 서비
스로 나오는 달걀말이와 어묵탕이다. 이 달걀말이와 어
묵탕을 먹으러 온다는 손님도 많다.

경남 창원시 마산합포구 복요리로 15
16:00~24:00

055 222 5303
모든 안주(中) 18,000원, 해물모둠 23,000원

028

대추나무

통영 가성비 최고의
실비집

술을 시킬 때마다 제철 해산물이나
활어회 등의 안주를 주방에서 알아서 내오는,
통영에서 최고의 가성비를 자랑하는 다찌집 대추나무.
통영의 색다른 동네 주점 문화도 경험하고 제철 해산물
요리를 실컷 맛볼 수 있는 맛집이자 멋집이다.
_ 유철상

대추나무 다찌집은
골목에 있어 강구안 공영 주차장에
주차하는 것이 편하다.
술을 추가로 주문하면
음식이 더 나오기 때문에
천천히 술을 즐기면서 먹고 싶은
안주를 미리 얘기하는 것도 좋다.
다찌집인데 음식 솜씨가 좋아
안주가 모두 싱싱하고 맛있다.

다찌는 "다 있지"라는 뜻의 통영 지역 방언으로 반다찌
는 저렴한 다찌를 가리킨다. 대추나무는 반다찌로 강구
안에 있어 통영 주민들이 많이 찾는 동네 주점이었다.
지금은 색다른 지역 문화로 알려져 관광객들도 즐겨 찾
는다. 안주는 그때그때 다른데, 신선한 생선회와 해산
물을 기본으로 전, 탕, 구이, 볶음, 찜 등 다양하고 푸짐
한 메뉴가 나온다. 재료가 떨어지면 초저녁에도 문을
닫는 경우가 허다해 예약하는 게 좋다. 식당은 생각보
다 작아 6개의 테이블에 두 분이 바삐 음식을 내온다.
가격이 아깝지 않게 다채롭고 맛난 솜씨를 보여주는
데, 워낙 푸짐해서 다 못 먹고 나올 수밖에 없어 섭섭해
지곤 한다. 되도록 빈속으로 찾아가 멍게, 해삼, 가오리,
갈치, 참돔회, 광어회 등 한 상 가득 바다의 맛을 제대로
경험하는 것도 좋다.

🏠 경남 통영시 항남1길 15-7
🕐 18:00~24:00, 매주 월요일 휴무

📞 055 641 3877
🍴 다찌 2인 80,000원

또바기 반다찌

애주가가 아니라도
호감이 간다

맘 맞는 이들과의 술자리는 만족도가 높지만, 이따금
안주 선택에 이견이 생기기도 한다. 그럴 땐 절충 끝에
누군가는 희생을 감수한다. 또바기 반다찌 같은 술집이
많다면 그럴 일도 없다. 남녀노소를 막론하고
누구나 만끽할 수 있는 음식이 펼쳐진다.

_ 박지원

또바기 반다찌는 2017년 소규모로
개업했다. 입소문이 매출 상승으로
이어져 현재의 자리로 확장 이전했다.
기존 반다찌집의 식상함과 가격 부담을
무너뜨린 덕분에 통영의
유명 음식점으로 자리매김했다.
이곳은 각자 선호하는 음식이 다를 때
누구 하나 불만 없이 음주를
즐길 수 있어서 매력적이다.
그나저나 가격이 너무 싸서 남는 게
있을까 걱정이다.

반다찌집 하면 적당히 허름하거나 투박한 분위기가 연
상되는데, 여긴 카페처럼 모던한 느낌으로 꾸며졌다. 젊
은 층부터 어린이를 동반한 가족 단위 손님도 즐비하
다. 왜일까? 대표 메뉴 '한 상'을 보면 알 수 있다. 누구
나 거부감 없이 젓가락을 들이댈 음식이 여럿이다. 계절
에 따라 종류가 달라지는 숙성 생선회, 불볼락 등을 노
릇하게 구운 생선구이, 짭조름한 가자미조림, 한 입에
쏙 들어가는 가리비구이는 반다찌다운 구성이다. 알맞
게 매콤한 해물파스타, 감자전, 어린이가 특히 열광하
는 콘치즈는 여느 반다찌집과는 뚜렷한 차이다. 이 모
든 건 또바기 반다찌 대표의 의도다. 그는 "기존 반다찌
집과 달리 누구나 거부감 없이 먹을 수 있는 음식의 비
중을 늘렸다"고 말한다. 누구든 데리고 간다면, 동행인
이 투덜댈 일은 없다.

경남 통영시 광도면 죽림2로 76-133
16:30~01:00(라스트 오더 24:00), 매주 일요일 휴무
한 상(4인 기준) 35,000원, 1인 추가 5,000원, 해물라면 5,000원

055 642 7765

@ddobagi_bandaggi

술독에빠진 사람들

통영 술꾼들의 집합소

030

'다찌'란 서서 술을 마시는 일본식 선술집인 '다찌노미'에서 유래했다는 설이 가장 유력하다고 한다. 뱃사람들이 서서 해산물을 안주 삼아 술을 마시던 문화에서 비롯됐다고. '반다찌'는 다찌에 비해 저렴한 대신 해산물 가짓수는 적다. 반다찌로 유명한 술독에빠진 사람들을 찾았다.

_ 박지원

이곳은 술을 좋아하는데, 해산물까지 선호하는 사람들에게 권한다. 반다찌집 특유의 분위기를 즐기려는 사람들에게도 좋다. 여러 가지 해산물이 나오는 세트 메뉴 외에 단품으로 파는 안주도 몇 가지 있다. 인근에 통영중앙전통시장과 충무김밥거리가 있어 연계 여행이 손쉽다.

술독에빠진사람들은 통영 사람들 사이에서 꽤 알려져 있던 곳이다. 외관은 적당히 허름해 정취가 있다. 내부는 소규모 포장마차처럼 원형 테이블 예닐곱 개와 플라스틱 의자가 있다. 항상 손님들로 가득 차 초저녁부터 오밤중까지 떠들썩한 분위기 덕분에 활기가 넘친다. 가게가 좁아 자리에서 일어날 때 옆 테이블 손님과 의도치 않은 스킨십이 발생하기도 한다. 하지만 누구도 크게 개의치 않는다. 대표 메뉴는 '아무거나'. 고정 메뉴도 있지만, 재료에 따라 바뀌기도 한다. 반다찌답게 해산물 위주다. 어른 손바닥 두 개를 합친 크기의 대구찜, 살아 있는 보리새우, 수조에서 바로 건져 구운 모둠생선구이, 전복과 문어 등이 어우러진 해물찜, 고소한 참기름을 두른 낙지탕탕이 등 여러 해산물이 상에 오른다. 덕분에 애주가라면 원 없이 마시고 취하기 좋다.

경남 통영시 장좌로 42 성진산업

055 644 4241

18:00~03:00

세트1 해물통찜/세트2(스페셜) 150,000원, 다찌 1인 30,000~50,000원

한국여행작가협회

강한나

새로운 세계에 대한 탐구를 참 좋아하는 사람. 특기는 생존. 2014년 생애 처음으로 시베리아 횡단열차에 오른 뒤 10여 년간 러시아와 몽골의 구석구석을 탐방했다. 대학 시절부터 개인 블로그에 '시베리아 횡단 여행기'를 연재하며 글을 쓰기 시작했고 『리얼 몽골(2022~2023)』, 『리얼 블라디보스톡(2019~2020)』 등의 저서를 썼다. 신문·잡지·사보에 여행 칼럼을 쓰며 여행작가학교 및 지자체·기관 강연, 유튜브 등을 통해 독자와 경험을 나눈다.
인스타 @hannakang_k | 블로그 blog.naver.com/hnk2530 | 유튜브 유랑한나

고상환

여행을 '일상' 카테고리로 분류하는 대한민국 여행자 중 한 명. 몇 곳에 여행 기사와 칼럼을 연재 중이며 대중교통 맞춤형 관광 콘텐츠, 'FIT특화 콘텐츠, 고령층 맞춤형 관광 콘텐츠 등을 기획/구축한다. 길 위의 인문학, 화성여행학교, 경기도 스타트업 콜라보레이션 등에서 여행관련 강사로 활동했다. 수원의재발견 '미식수원'과 경기관광공사 '추천 가볼 만한 곳' 담당 작가이며 (사)한국여행작가협회 대외협력이사로 팸투어와 외부 협력사업을 담당한다.
인스타 @trip4fog | 페이스북 facebook.com/sanghwan.ko.33

김수남

마을이 지닌 다양한 가치와 콘텐츠를 여행자의 시선으로 풀어보려고 고민하는 마을 여행가. 서울에서 체험학습 전문여행사와 관광 컨설팅 회사를 운영하다가 2011년 선운산 뒷자락으로 귀농하여 또 다른 의미의 마을여행을 즐기고 있다. 고창에서는 지역관광 활성화를 목적으로 주민공정여행사를 설립 운영하고 있다. 주요 저서로는 『여행의 재발견, 구석구석 마을여행』, 『인생 2막 귀농귀촌 꿈을 이루다』 등이 있다.
블로그 blog.naver.com/sackful

김영미

통계학과 전산학을 전공하고 박사학위를 받았고 교수로 강의까지 하면서 늘 바쁘고 분주한 삶을 살았다. 잠시 쉬어 가려고 산에 첫발을 디딘 게 12년 전. 첫 일탈은 삶을 흔들어 놓았고 여행작가로 제2의 삶을 살고 있다. 배낭 하나 달랑 메고 도보여행으로 국내뿐 아니라 전 세계를 떠도는 중이다. 출판사 여담 대표. 저서로는 『남미가 나를 부를 때』와 『점점 단단해지는 중입니다』 등이 있다.
인스타 @roadwriter | 블로그 blog.naver.com/rose0626 | 페이스북 facebook.com/roadwriter

길지혜	이름처럼 '길'위에서 삶의 '지혜'를 찾아가는 여행자다. 아메리카대륙 종·횡단을 시작으로 전 세계 180여 개 도시를 홀로 여행하며 음식의 맛을, 두 딸을 키우며 엄마가 직접 담근 된장의 의미를 알게 됐다. 저서로 『아메리카 대륙을 탐하다』, 『박물관여행 101』, 『죽기 전에 꼭 먹어야 할 디저트 100가지』, 『베베 고고』 등이 있고, SBS 〈스타킹〉에서 여행고수로 출연했다. 삼성전자, 경찰대학 등 여행 강연과, 기업체 사외보, 잡지, 일간지에 여행 칼럼을 쓴다. 인스타 @travelkil

박동식

카메라를 들고 길을 떠나는 유목여행자이며 글과 사진을 통해 세상과 소통하길 원하는 작가다. 감성적인 글과 사진으로 많은 팬의 가슴을 어루만지는 서정적인 작업을 해왔다. 세상 곳곳에 숨겨진 보물을 찾아내는 것을 즐기며 때로는 돌아서서 혼자가 되기 위해 애쓴다. 잡지, 사보, 신문 등 다양한 매체에 글과 사진을 연재하고 있으며, 저서로는 『내 삶에 비겁하지 않기』, 『여행자의 편지』, 『열병』, 『오늘부터 여행작가』, 『저스트고 대한민국』 등이 있다.
블로그 blog.naver.com/photonstory

박지원

여행은 물론 술과 담배를 좋아한다. 가족력이 없고, 전과도 없다. 사실 집도 없다. 신문사와 잡지사 등에서 10년 남짓 기자로 일했다. 직장을 관둔 후부터 줄곧 여행작가로 활동 중이다. 주로 한국관광공사 등에서 진행하는 과업을 수행하며 연명한다. 단행본으로는 공저서 5권을 냈는데, 괴롭게 만든 기억뿐이라 애착이 없다. 『전국 맛집 가이드북』 덕분에 내세울 만한 공저서가 생겨 기쁘다.
페이스북 facebook.com/PJW3358

변영숙

땅의 역사와 그 땅에 사는 사람들의 모습이 보고 싶었다. 길을 나서기 시작했다. 그러다 보니 어느덧 여행작가가 되어 있었다. 여행은 결국은 '사람의 풍경'을 찾아 나서는 일이다. 저서로는 『소울풀 조지아』와 일제 강점기 강제 징용된 사할린 한인들을 기록한 포토에세이 『사할린』이 있다. 가끔 사진전에도 참여한다. 《오마이뉴스》 등 인터넷 매체에 여행 글을 기고하며, '다음 브런치' 작가로 브런치북 『팔순의 내 엄마』를 발행했다. 여행을 쉬는 날에는 탁구를 친다.
블로그 blog.naver.com/rubrain | 브런치 brunch.co.kr/@rubrain

송윤경

뜀박질에 숨이 차서 걸음을 멈추었더니 알고 있지만 보지 못했던 풍경이 눈에 들어왔다. 가랑비가 땅을 적시고 구름이 지난 흔적을 지켜보는 순간이었다. 그리고 여행작가가 되었다. 저서 『셀프트래블 포르투갈』, 『셀프트래블 이탈리아』, 『동유럽 100배 즐기기』, 『아이좋아 가족 여행』을 내고 누구든 쉽게 여행을 떠날 수 있도록 나름의 방식으로 알리며 SNS를 통해 독자들과 소통하고 있다.
인스타 @songjiro | 블로그 blog.naver.com/jiroonly

신지영

시간을 즐길 줄 모르고 오로지 일만 하는 보통의 직장인으로 10년을 보냈다. 30대 후반, 첫 번째 해외 여행을 계기로 여행작가의 길에 들어섰다. 엉뚱하고 유쾌한 여행을 추구하며, 우연히 만나는 일상 속 풍경과 오래된 골목 사진 찍기를 좋아한다. 『전국일주 가이드북』, 『소설, 여행이 되다』 『소설이 머문 풍경』을 공저로 출간하고, 삼양·한라·코오롱·현대오일뱅크 등 기업 사보 및 인터넷 신문에 기고했다.
인스타 @alleyway_sj

에이든 성

서울에서 태어나 사진작가, 여행작가로 활동하며 신문, 잡지, 사보 등에 글과 사진을 기고하였다. 어느 날 한국을 떠나 목적지 없이 10년 이상을 방랑하다 2018년 귀국하였다. 대학에서 마케팅, 미디어, 문예창작을 전공했고 현재는 콘텐츠 제작, 스토리텔링, 광고 등을 강의하며 프리랜서로 활동하고 있다.
페이스북 facebook.com/aidenseong

여미현

공간은 누구와 함께 하느냐에 따라 맛이 달라진다. 외식에 깐깐한 엄마, 술을 즐기는 동생, 인스타 핫플을 줄줄 꿰고 있는 큰조카, 한식을 좋아하는 작은 조카, 다정한 작은아버지와 작은어머니, 한적한 곳을 찾는 나까지. 모두와 함께 먹고 마셨다. 이 책을 선택한 분들도 책에 소개된 공간의 맛을 누구와 같이 즐기시기를 바란다. 저서로는 『교실 밖 교과서 여행』, 『대한민국 드라이브 가이드』, 『대한민국 자동차 캠핑 가이드』 등이 있다.
인스타 @batasa_mee_yeo

운민(이민주)

역사여행작가, 칼럼리스트. 《오마이뉴스》를 통해 대중들에게 알려지기 시작했으며, OBS 라디오 〈운민의 여기저기거기〉 팟캐스트 진행을 맡고 있다. 각종 매체에 기고, 강연, 방송을 하며, 문화해설 활동도 하고 있다. 저서로는 『우리가 모르는 경기도』, 『멀고도 가까운 경기도』, 『여기 새롭게 경기도』, 『붉은작약에서 피어나는 의로운향기』 등이 있다.
페이스북 facebook.com/woonmin87

유철상

(사)한국여행작가협회 부회장이며, 신문과 잡지, 사보에 여행칼럼을 쓰고 여행기를 연재했다. KBS, EBS, YTN 등에서 아름다운 우리나라를 소개했고, 《경인일보》 레저전문위원을 지냈다. 2018년 문화체육관광부장관 표창을 수상했다. 저서로는 『아름다운 사찰여행』, 『전국일주 가이드북』, 『주말엔 서울여행』, 『괌·사이판 셀프트래블』, 『대한민국 럭셔리 여행지 50』, 『행복한 가족여행 만들기』, 『호젓한 여행지』 외에 21권의 공저가 있다.
페이스북 facebook.com/yoocheolsang

윤용성

여행이 삶의 그늘에서 젖은 마음을 뽀송하게 말리는 양지의 볕과 같다고 믿게 되었다. 그 믿음을 여행과 글을 통하여 세상과 어우러지는 공명으로 증명하고 싶다. 한양대학교에서 관광학 석사학위를 받고 특급호텔에서 20여 년을 근무하면서 여행자를 돌보고 살았다. 대학에서 호텔, 관광 강의를 10여 년 진행했고 2020년 전라남도 목포시에 정착하여 여행자 숙소 호스텔업을 운영하며 전라남도 여행 관련 콘텐츠 창작 활동을 이어가고 있다.
페이스북 facebook.com/lowfence1253

이승태

캠핑, 등산, 트래킹을 즐기며 나그네의 삶을 지향하는 여행자다. 산악전문지 〈사람과산〉 기자, 편집장을 지냈고, 지금은 제주 오름에 빠져 행복한 나날을 보낸다. 인문학습원 '오름 학교' 교장이며, 『북한산 둘레길 걷기여행』, 『제주 오름 트레킹 가이드』 등의 책을 썼다.
블로그 blog.naver.com/jirisan07 | 이메일 jirisan07@naver.com

이진곤

"여행, 그 한번 아름다운 생"이라는 모토로 여행한다. 여행에 삶의 모든 과정이 담겼다는 생각으로 시작과 끝이 있는 짧은 인생과 같은 여행을 탐미한다. 여행을 꿈꾸는 수많은 사람에게 길 위에서 배운 경험과 이야기를 나눈다. 여행의 경험을 살려 독립출판, 글쓰기, 출판 디자인 등 강의를 한다. 자연이 좋아서 숲 관련 잡지의 편집위원으로 활동하고 있고, 생태 이야기를 기고하며 자연을 소개하고 있다. 『대한민국 다시 걷고 싶은 길』 외 다수의 공저가 있다.
이메일 krjglee@gmail.com

채지형

모든 답은 길 위에 있다고 믿는 여행작가. 30년 동안 90여 나라를 여행하고 『지구별 워커 홀릭』을 비롯해 『안녕, 여행』, 『제주맛집』, 『인생을 바꾸는 여행의 힘』 등 공저 포함 20여 권의 책을 냈다. 시장 구경과 인형 모으기를 특별한 낙으로 삼고 있으며, 축제 컨설팅, 글쓰기 강의 등 여행을 주제로 한 다양한 작업에 참여하고 있다. 현재는 묵호의 매력에 빠져, 동해에 작은 책방 '잔잔하게'를 열고 매일 파도 소리를 들으며 살고 있다.
인스타 @cookielovestravel, @zanzan_bookshop

허준성

여행작가. 한국여행작가협회 정회원. 10년 넘게 캠핑카를 끌고 가족과 함께 전국을 누비며 '들살이'를 하고 있다. 국내외 여행 정보를 공유하고자 잡지 기고와 단행본 출간 작업을 이어가고 있다. 저서로는 『프렌즈 제주』, 『대한민국 드라이브 가이드』, 『교실 밖 교과서 여행』, 『대한민국 자동차 캠핑 가이드』 등이 있다.
인스타 @junsung.hur

황정희

'꽃작가'라 불리길 좋아하는 여행작가다. 제주 오름에 핀 야생화와 첫 만남 후 20년, 여전히 낯선 여행지에서 만난 들꽃 한 송이에 가슴이 떨린다. 작은 피사체를 보고 느낀 기쁨이 나무와 숲, 바다와 마을, 세계로 더 넓고, 더 깊어졌다. 행복하려면 감동 요소가 많아야 한다고 여겨 새로운 곳에서 어제와 다른 감동으로 하루를 시작하는 노매드의 삶을 즐긴다. 〈아이러브제주〉 취재 기자로 12년 근무했으며 저서로는 『대한민국 꽃 여행 가이드』가 있다.
인스타 @blueribbon_4u | 블로그 blog.naver.com/achanhee

전국 맛집 가이드북

전문 여행작가의 베스트 맛집 300곳

초판 1쇄 2024년 5월 10일

지은이 | (사)한국여행작가협회

발행인 | 유철상
책임편집 | 김정민
편집 | 김수현
디자인 | 박미영
마케팅 | 조종삼, 김소희
콘텐츠 | 강한나
펴낸곳 | 상상출판
출판등록 | 2009년 9월 22일(제305-2010-02호)
주소 | 서울특별시 성동구 뚝섬로17가길 48, 성수에이원센터 1205호(성수동2가)
전화 | 02-963-9891(편집), 070-7727-6853(마케팅)
팩스 | 02-963-9892
전자우편 | sangsang9892@gmail.com
홈페이지 | www.esangsang.co.kr
블로그 | blog.naver.com/sangsang_pub
인쇄 | 다라니
종이 | ㈜월드페이퍼

ISBN 979-11-6782-195-89 (13980)

©2024 (사)한국여행작가협회